Jubelt/Schreiter Gesteinsbestimmungsbuch

VEB Deutscher Verlag für Grundstoffindustrie
Leipzig

Gesteins-
bestimmungsbuch

Von Doz. Dr. rer. nat. habil. Rudolf Jubelt
und Doz. Dr. sc. nat. Peter Schreiter

8., durchgesehene Auflage

Mit 105 Bildern, davon 35 Farbfotografien
und 32 Schwarzweißfotografien; 44 Tabellen
und 4 Beilagen

Annotation

Jubelt, Rudolf: Gesteinsbestimmungsbuch / von Rudolf Jubelt u. Peter Schreiter. – 8., durchges. Aufl. – Leipzig : Dt. Verl. für Grundstoffind., 1987. – 198 S. : 105 Bild., teils farb., 44 Tab., 4 Beil. [Fotomechanischer Nachdr.]
NE: Schreiter, Peter:

In dem vorliegenden Buch wird in einer Kurzfassung die Welt der Gesteine, ihre Entstehung, Erscheinungsweise und Bestimmung behandelt.
Während sich der einleitende Teil mit den wesentlichsten Grundbegriffen der Gesteinskunde befaßt, findet der Leser im zweiten, alphabetisch geordneten Teil eine Auswahl der wichtigsten und häufig vorkommenden natürlichen und technischen Gesteine mit Angaben zur Zusammensetzung, Entstehung, Verbreitung und praktischen Bedeutung. Ein Schlüsselschema und die Beilagen des Buches enthalten tabellarische Zusammenstellungen, die die Bestimmung und Einordnung der Gesteine in die Gesteinssystematik erleichtern.

ISBN 3-342-00239-5

8., durchgesehene Auflage
© VEB Deutscher Verlag für Grundstoffindustrie, Leipzig 1972
Bearbeitete Auflage: © VEB Deutscher Verlag für Grundstoffindustrie, Leipzig 1982
Fotomechanischer Nachdruck 1987
VLN 152-915/74/87 D 112/86
Printed in the German Democratic Republic
Gesamtherstellung: INTERDRUCK Graphischer Großbetrieb Leipzig, Betrieb der ausgezeichneten Qualitätsarbeit, III/18/97
Lektor: Dipl.-Krist. H. Schwarz
Layout des Schlüsselschemas: P. Zappe, Leipzig
Redaktionsschluß: 9. 4. 1986
LSV 1429
Bestell-Nr.: 542 025 2
01200

Vorwort

Feste und lockere Gesteine gestalten die Erdoberfläche. Die Gesteinswelt begegnet uns im Gebirge, in Bergwerken und Steinbrüchen als Felsen, in Flüssen, Tälern und an der Küste in Form von Blöcken, Geröllen, Sand und Schlamm. Unsere Städte, Dörfer und Siedlungen sind aus natürlich entstandenen oder technisch hergestellten Gesteinen gebaut.
Die Gesteine sind Heimstatt und Rahmen der nutzbaren Erze und Minerale und bilden auch häufig selbst wichtige mineralische Rohstoffe. Sie sind die stoffliche Grundlage des gesamten Bauwesens. Denkmal- und Verblendgesteine mit ansprechenden Farben sind ein wesentlicher Faktor architektonischer Gestaltung, der seit jeher Baustile in Zweckmäßigkeit und Repräsentation beeinflußt. Schließlich sei des ästhetischen Genusses gedacht, den die vielfältigen farbenprächtigen Gesteine, durch Flüsse und Meeresbrandung oder durch Menschenhand geschliffen und poliert, dem besinnlichen Betrachter gewähren.
In dem vorliegenden Buch wird in einer Kurzfassung die Welt der Gesteine, ihre Entstehung und Erscheinungsweise behandelt. Es wurde für Freunde der Geologie, Mineralogie, Geographie und für alle, die diesen Gebieten Interesse entgegenbringen, geschrieben. Gleichzeitig dient es als Informationsquelle für Geowissenschaftler, Lehrer, Studenten, Schüler, Geologie- und Geophysikingenieure, Bauingenieure, Bergleute und Mitarbeiter von Industriebetrieben, die mineralische Rohstoffe gewinnen und verarbeiten. Das Buch soll aber auch Interesse an der Gesteinswelt erwecken, zum Sammeln und Beschäftigen mit den Gesteinen anregen.
Wir haben den Titel »Gesteinsbestimmungsbuch« gewählt. Dazu müssen wir feststellen, daß die exakte Bestimmung eines Gesteins eine wissenschaftliche Aufgabe darstellt, die nur von erfahrenen Fachleuten nach eingehender mikroskopischer Untersuchung, nach der Bestimmung von qualitativem und quantitativem Mineralbestand sowie Gefüge erfolgreich gelöst werden kann. Sie ist weitaus aufwendiger und komplizierter als die Bestimmung von Pflanzen und sogar Mineralen und ohne Zuhilfenahme des Mikroskops objektiv unmöglich. Man kann jedoch mit Erfahrungen im Bestimmen der gesteinsbildenden Minerale auch ohne spezielle aufwendige Hilfsmittel eine Zuordnung zu einer Gesteinsgruppe erreichen, besonders wenn Anleitung durch bereits geübte Gesteinskenner gegeben wird. Diese Möglichkeit ist über die in allen größeren Städten vorhandenen Arbeitskreise »Geologie/Mineralogie« des Kulturbundes der DDR vorhanden und sollte in diesem Sinne genutzt werden. Ohne Vorkenntnisse ist es aus den genannten Gründen jedoch nicht möglich, mit dem vorliegenden Buch Gesteine zu bestimmen. Auch für den nicht mineralogisch vorgebildeten Leser kann es aber im Sinne eines informativen Nachschlagewerkes (Lexikon der Gesteine) dienen, wenn man sich über Gesteine bei Kenntnis ihres Namens unterrichten will. In der vorliegenden Auflage wurde ein neu entwickelter Schlüssel

zur Bestimmung von Gesteinen aufgenommen, der nur einfachste Hilfsmittel und keine weiterreichenden Spezialkenntnisse erfordert. Mit der Gestaltung als Ablaufschema und den beigegebenen Erläuterungen hoffen wir, auch dem weniger vorgebildeten Leser eine Erleichterung bei der Einarbeitung in die Gesteinsbestimmung zu geben. Der Umfang der Mineralkenntnisse und die Sicherheit bei der Gesteinsbestimmung werden mit dem Üben wachsen, bis eines Tages unser Buch sein im Titel gegebenes Versprechen – ein Bestimmungsbuch zu sein – für den Gesteinsfreund in vollem Wortsinn erfüllt.

Das Buch ist in zwei Hauptteile gegliedert. Der erste Teil gibt einen Überblick über die Gesteinsentstehung und Gliederungsmethoden nach geologischen, chemischen und mineralogischen Gesichtspunkten. Er befaßt sich mit den Gefügemerkmalen der Gesteine und geht auf ihre chemischen und physikalischen Eigenschaften ein. Der zweite Teil (Gesteine von A bis Z) informiert lexikographisch über Gesteine und Gesteinsgruppen einschließlich der Mondgesteine und der technischen Gesteine. Chemische Zusammensetzung und Mineralaufbau der Gesteine werden in zahlreichen Tabellen in den Text eingefügt, um auch im Taschenbuchformat größtmögliche Information zu bieten. Eine Gesamtübersicht über die wichtigsten magmatischen, sedimentären, metamorphen und technischen Gesteine vermitteln die im Buch angefügten Beilagen.

Das erstmals 1972 erschienene »Gesteinsbestimmungsbuch« hat eine sehr lebhafte Aufnahme bei den interessierten Lesern gefunden und entspricht einem Informationsbedürfnis, das die rasche Folge weiterer, zunächst nur wenig geänderter Auflagen in den Jahren 1974, 1975 und 1977 bedingte. Es hat aber auch nicht an kritischen Hinweisen der Fachkollegen gefehlt. Deshalb erfolgte für die 1980 erschienene 5. Auflage eine eingehende Überarbeitung. Die 1982 veröffentlichte 6. Auflage wurde durch ein neues Schlüsselschema zur leichteren Identifizierung und Einordnung der Gesteine in die Gesteinssystematik ergänzt. Ihr folgte 1984 eine 7., durchgesehene Auflage.

Berücksichtigung fanden bei der Überarbeitung die durch Standard für den Bereich der DDR festgelegten Gesteinsbezeichnungen. Um die Handhabung des Buches auch dem geowissenschaftlich nicht geschulten Leser zu erleichtern, wurden die häufigsten, in älteren Lehrbüchern, geologischen Karten und im Umgangssprachgebrauch anzutreffenden, heute nicht mehr zulässigen Gesteinsbezeichnungen mit entsprechender Kennzeichnung und einem Hinweis auf die jetzt festgelegten Gesteinsnamen mit erwähnt und in das Gesteinsregister am Ende des Buches aufgenommen.

Besonderer Dank gilt Kollegen Dr. *Walter Gläßer*, Halle, für fruchtbringende Diskussionen speziell im Zusammenhang mit der Erarbeitung des Gesteinsbestimmungsschlüssels sowie den Mitarbeitern des VEB Deutscher Verlag für Grundstoffindustrie für ihr großes Bemühen um die Form des vorliegenden Buches. Möge auch die nunmehr 8., durchgesehene Auflage des »Gesteinsbestimmungsbuches« eine gute Aufnahme in breitem Leserkreis finden und zur Belehrung, Freude und Entspannung im Beruf und in der Freizeitgestaltung beitragen.

Peter Schreiter

Inhaltsverzeichnis

Gesteine – Beschreibung und Entstehung 9

Einleitung 10

Gesteinsbeschreibung 18

Chemische Zusammensetzung der Gesteine 18
Mineralbestand der Gesteine 19
   Qualitativer Mineralbestand 19
   Quantitativer Mineralbestand 21
Gefüge der Gesteine 22
   Struktur 22
   Textur 29
   Porosität 32
Physikalische Eigenschaften der Gesteine 34

Gesteinsentstehung 36

Magmatische Gesteinsentstehung 36
   Plutonische Folge 38
   Vulkanische Folge 41
Sedimentäre Gesteinsentstehung 41
Metamorphe Gesteinsentstehung 45
   Kontaktmetamorphose 45
   Regionalmetamorphose 46
Künstliche Gesteine 47

Bestimmung und Bezeichnung von Gesteinen 50

Magmatische Gesteine 50
Sedimentgesteine 53
Metamorphe Gesteine 54

Schlüsselschema zur Bestimmung von Gesteinen 60

Gesteine von A bis Z 75

Quellenverzeichnis 191
Gesteinsverzeichnis 192

Bild 1. Kreislauf der Stoffe in räumlicher Darstellung (von links nach rechts in endloser Wiederholung fortlaufend, nach *H. Cloos*)

Vorgänge und Bereiche:

- *I* Verwitterung und Abtragung
- *II* Verfrachtung (Transport) durch Flüsse
- *III* Ablagerung und Verfestigung von Verwitterungsschutt (Sedimentgesteine)
- *IV* Umwandlung durch gesteinbildende Vorgänge, Auffaltung von Gesteinsmassen (Dynamo- oder Dislokationsmetamorphose)
- *V* stärkere Umwandlung durch erhöhten Druck und erhöhte Temperatur (Regionalmetamorphose)
- *VI* Bildung neuer Gesteinsschmelzen (Granitisierung)
- *A* Eruptivgesteine (Magmatite)
    - *a* Plutonite (Tiefengesteine)
    - *b* Vulkanite (Ergußgesteine)
- *B* Absätze und Absatzgesteine (Sedimentgesteine, Sedimentite)
    1. Kies, Konglomerat, Schutt, Brekzie
    2. Sand, Sandstein
    3. Ton, Schieferton, mechanisch gebildete (oder klastische) Sedimente, meist mariner Entstehung
    4. Mergel (Kalk-Tonschiefer-Gemenge), Gemenge aus chemisch oder mechanisch gebildeten Sedimenten
    5. Kalkstein und Dolomit
    6. Salze, chemische (marine) Sedimente
- *C* Umwandlungsgesteine, metamorphe Gesteine (Metamorphite) aus Sedimenten

Gesteine – Beschreibung und Entstehung

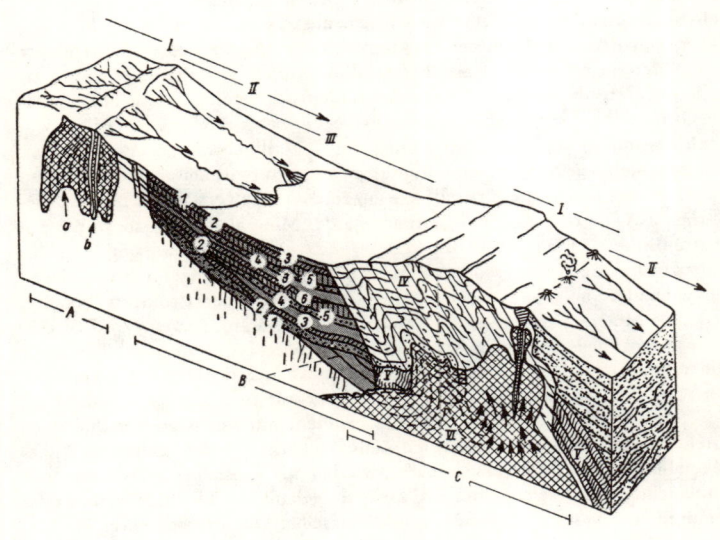

Einleitung

Seit den ältesten Zeiten teilt der Mensch seine Umwelt in die großen Bereiche der belebten und unbelebten Natur ein, wobei bereits frühzeitig erkannt wurde, daß ihre Wechselwirkung von entscheidender Bedeutung für die Entwicklung von Natur und Gesellschaft ist. Ursprung und Grundlage allen Lebens ist die unbelebte Natur, die in ihrem festen Zustand in allgemeinster Formulierung durch den »Stein«, genauer durch die Vielfalt der Gesteine, vertreten wird. Anregungen für die aufmerksame Betrachtung der Gesteine zu geben, Auge und Geist auf das Verständnis für ihre Mannigfaltigkeit, ihr Werden und Vergehen und ihre Bedeutung für unsere Kultur und Technik zu lenken, soll erste Aufgabe dieses Taschenbuches sein.
Sehen wir uns die in den meisten Fällen wenig beachteten »Steine« etwas näher an, so stellen wir fest, daß kaum zwei völlig gleichartige zu finden sind. Um Ordnung und System in diese Vielfalt zu bringen, müssen wir zunächst einige grundlegende Begriffe erläutern. Die »Steine« sind bei genauer Betrachtung nicht homogen, d. h. nicht einheitlich, aufgebaut. Wir können aber feststellen, daß sie aus mehr oder weniger großen Körnern bestehen, die sich bei Verwendung von Vergrößerungsgeräten wie Lupe oder gar Mikroskop nicht weiter unterteilen lassen. Diese kleinsten in sich gleichartigen Komponenten werden als Minerale bezeichnet. Untersucht man sie genauer, so zeigt sich, daß in den meisten die chemischen Elementarteilchen, die Atome, in Form regelmäßiger Gitter angeordnet sind. Diesen im atomaren Bereich geordneten Zustand der festen Materie bezeichnet man als kristallin, Körner von derartigem Bau als Kristalle. Unter besonderen Umständen bilden sich, bedingt durch den atomaren Gitteraufbau, regelmäßige geometrische Formen mit ebenen Flächen, wodurch bei makroskopischer Betrachtung der kristalline Aufbau erkennbar ist. Jedem kristallinen Mineral sind im allgemeinen ein bestimmter Atomgitterbau und eine ganz bestimmte Kristallform zugeordnet, die gemeinsam mit der chemischen Zusammensetzung zur Bestimmung des Minerals herangezogen werden (Ausführlicheres dazu ist in dem Titel *Jubelt* »Mineralbestimmungsbuch« zu finden). Die Minerale werden zu Mineralarten zusammengefaßt, von denen einige hundert in nennenswerter Menge am Aufbau der Erdkruste beteiligt sind. Die Minerale treten in der Natur nicht einzeln auf, sondern sind zu größeren Verbänden aus vielen bzw. mehreren Mineralarten oder seltener einer Mineralart zusammengeschlossen. Von den unzähligen denkbaren Kombinationen von Mineralarten treffen wir in der Natur nur eine begrenzte Anzahl an, die oft große Teilräume der Erdrinde erfüllen. Sie treten an verschiedenen Orten auf und sind zu verschiedenen Zeiten gebildet worden. Derartige Mineralkombinationen (Mineralaggregate) werden als Gesteine bezeichnet. Aus Gesteinen ist die gesamte feste Erdkruste aufgebaut. Sie bilden mittelbar oder unmittelbar den festen Rahmen unseres Daseins. Der Mensch nutzt die Ge-

steine direkt als feste Basis seiner Bauwerke, die aus natürlichen und künstlichen Gesteinen hergestellt werden, er pflastert mit ihnen seine Straßen. Gesteine dienen als Rohstoffe für die gesamte Technik und Industrie, und vor allem bilden die Gesteine nach ihrer Verwitterung zum Ackerboden die Grundlage für das pflanzliche Leben auf unserer Erde.

Wir haben bereits mehrfach den Ausdruck »Erdkruste« als Begriff für den Ort des Vorkommens der Gesteine erwähnt und wollen ihn nun in Beziehung zu unserem gesamten Planeten setzen. Wenn wir uns mit dem Aufbau der Erde beschäftigen, so interessieren in erster Linie ihre geometrische Gestalt, ihr chemischer Gesamtaufbau und die Verteilung der chemischen Elemente innerhalb dieses Körpers. Die Erde kann angenähert als eine Kugel mit einem Radius von 6370 km angesehen werden. Der direkten Betrachtung ist nur eine ganz dünne obere Kruste von etwa 20 bis 30 km Dicke zugänglich, wenn wir bedenken, daß die höchsten Gipfel der Gebirge fast 9 km über dem Meeresspiegel als Nullniveau, die tiefsten Stellen des Meeresbodens etwa 11 km unter dem Meeresspiegel liegen und die tiefsten Bohrungen z. Z. etwa 10 km Tiefe erreichen. Durch Vulkanausbrüche kann Material aus Tiefen von über 100 km an die Oberfläche gebracht werden.

Über den Aufbau der nicht direkt zugänglichen tiefen Bereiche unserer Erde geben uns geophysikalische Messungen Auskunft. Mit Sicherheit ist heute bekannt, daß sich das elastische Verhalten der Materie diskontinuierlich ändert und die Dichte in Richtung auf den Erdkern zunimmt. Durch Kombination der geophysikalischen Meßergebnisse mit den Untersuchungen an Meteoriten (»vom Himmel gefallene Steine« – Bruchstücke eines oder mehrerer ähnlicher Himmelskörper, zusammengesetzt z. T. aus Nickeleisen, z. T. aus Schwermetallsulfiden und z. T. aus Gesteinen ähnlich unseren irdischen) und Mondgestein sowie auf Grund von Modellexperimenten wurden von Wissenschaftlern eine Reihe von Theorien über den inneren Aufbau unserer Erde aufgestellt. Die Forschung ist gegenwärtig bestrebt, unter Einsatz der modernen Rechentechnik ein Erdmodell zu entwickeln, das alle heute bekannten Informationen möglichst widerspruchsfrei zu deuten gestattet.

Im Gegensatz zu der bis vor etwa zwanzig Jahren herrschenden Auffassung von dem glutheiß-schmelzflüssigen Urzustand unserer Erde ist heute mit an Sicherheit grenzender Wahrscheinlichkeit klar, daß unser Planet durch Verdichtung kosmischen Staubes auf kaltem Wege entstanden und mit der Sonne nahezu gleichaltrig ist.

Die Stofftrennung dieses ursprünglich einheitlich zusammengesetzten Körpers vollzog sich unter dem Einfluß einer Aufheizung, die, verursacht durch die physikalische Verdichtung der Materie und den wärmeliefernden Zerfall radioaktiver Elemente, vom Kern nach außen langsam fortschritt.

Die äußerste Zone der festen Erde wird als Kruste bezeichnet; darunter liegt der sogenannte obere Mantel. Durch geophysikalische Messungen wurde zwischen beiden eine relativ scharfe Grenze nachgewiesen, die durch sprunghafte Zunahme der Dichte charakterisiert ist (Mohorovičič-Diskontinuität). Sie liegt im Bereich der Kontinente in durchschnittlich 30 bis 40 km, unter dem Ozeanboden in etwa 10 km Tiefe. Der obere Mantel ist 900 bis 950 km mächtig und zumindest in seinem oberen Teil durch eine relative Anreicherung der Elemente Magnesium und Eisen neben Sauerstoff und Silizium gekennzeichnet. Diese Gliederung bildete bisher den Rahmen für die Erklärung vorwiegend der magmatischen Gesteinsentstehung. In den letzten 10 Jahren ist vor allem als Folge der Erforschung der Ozeanböden eine moderne, die Dynamik der äußeren Schalen erdumspannend betrachtende Theorie entwickelt worden, die globale Theorie der Plattentektonik. Ihre Beziehungen zur Gesteinsentstehung sind zur Zeit noch nicht umfassend geklärt; sie ergeben jedoch bezüglich der Bildung basaltischer (bzw. gabbroider), andesitischer (bzw. dioritischer) und peridotitischer (sowie eklogitischer) Gesteine Hypothesen von hoher Wahrscheinlichkeit. Deshalb werden in diesem populärwissenschaftlichen Buch die Begriffe Erdkruste und oberer Mantel (und nicht Litho- und Asthenosphäre) verwendet, bei den genannten Gesteinen aber Hinweise auf Beziehungen zur Plattentektonik, die im folgenden Absatz kurz dargestellt werden soll, gegeben.

In dieser Theorie unterscheidet man zwischen der äußeren Lithosphäre (grch. lithos – Stein, sphäros – Bereich) und der darunter befindlichen Asthenosphäre (grch. a – gegen, sthenos – Härte, Festigkeit), durch deren Wechselwirkungen die tektonischen Prozesse auf der Erdoberfläche bestimmt werden (Bild 2). Die Lithosphäre umfaßt die gesamte Kruste und Teile des oberen Mantels bis in 70 bis 100 km Tiefe. Während das Material der Lithosphäre eine hohe Festigkeit besitzt, befindet sich die Asthenosphäre in einem Zustand nahe dem Schmelzpunkt und ist in gewissem Grade fließfähig, wodurch Stoffzirkulationen großen Ausmaßes ermöglicht werden. Die Lithosphäre besteht aus relativ steifen Platten, die sich auf der Asthenosphäre »schwimmend« sehr langsam horizontal relativ zueinander verschieben. Zwischen diesen Platten gibt es drei Arten von schmalen Zonen, die sich vor allem durch Erdbebenhäufigkeit (als Ausdruck hoher mechanischer Spannungen) und vulkanische

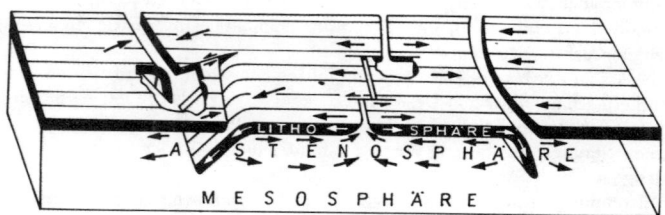

Bild 2. Dieses Blockdiagramm vermittelt nach Meinung einiger Wissenschaftler am besten die Konzeption der neuen Globaltektonik. Die Lithosphäre verschiebt sich als steife Platte auf der plastischen Asthenosphäre. Die Platte wird durch die Asthenosphäre in dem mittelozeanischen Rücken aufgebaut und taucht unter den Inselbögen in den Mantel zurück. Die Pfeile auf den Lithosphärenplatten zeigen die relative Bewegung der Platten. Die Pfeile in der Asthenosphäre weisen in Richtung möglicher Kompensationsströmungen, die in der Asthenosphäre durch das Absinken der Lithosphäre entstehen (nach *Sonnenschejn*, 1978).

Tätigkeit auszeichnen: die mittelozeanischen Rücken (sogenannte Riftzonen), die »Inselbögen« mit vorgelagerten Tiefseegräben und die jungen gefalteten Gebirgsketten. In den mittelozeanischen Rücken wird durch aufquellendes Material der Asthenosphäre neue Lithosphäre gebildet (neuer Ozeanboden basaltischer Zusammensetzung, besonders deutlich im mittelatlantischen Rücken mit Basaltvulkanen von Island über die Azoren bis Tristan da Cunha). Unter den Tiefseerinnen tauchen die ozeanischen Lithosphärenplatten ab und schieben sich unter benachbarte kontinentale Platten. In diesen Subduktionszonen (lat. subducere – hinunterführen), die bis 700 km Tiefe reichen, wird die abgebogene abtauchende ozeanische Lithosphärenplatte erwärmt und teilweise aufgeschmolzen. Es entwickelt sich ein andesitisches Magma, das die Vulkane der Inselbögen speist (besonders deutlich an der Westseite Südamerikas mit Atakamagraben und Andenvulkanismus). Stoßen zwei kontinentale Platten zusammen, so entstehen junge Faltengebirge mit regionalmetamorphen Gesteinsbildungen (Glimmerschiefer, Gneise) bis zur Granitisierung und zum rhyolithischen Vulkanismus (besonders deutlich im Himalaya zwischen zentralasiatischer Platte und indischem Subkontinent oder Alpen zwischen afrikanischer und europäischer Platte). Nach diesen modernen Vorstellungen sind demzufolge großräumige horizontale Bewegungen von Lithosphärenbereichen kontinentalen und ozeanischen Ausmaßes die Ursachen der Gesteinsentstehung, die in ihrer Vielfalt bisher wegen der auf den Kontinenten regional wesentlich geringer ausgedehnten in sich relativ einheitlichen Gesteinskörper mehr in vertikaler Gliederung betrachtet und gedeutet wurde.

Über die Zusammensetzung der tieferen Erdbereiche (unterer Erdmantel und Erdkern) gibt es mehrere Hypothesen, die sich hauptsächlich um zwei Auffassungen gruppieren: Einerseits soll eine Stofftrennung in Sulfidmantel und Eisen-Nickel-Kern erfolgt sein, während die andere Darstellung eine weitgehend undifferenzierte Sonnenmaterie annimmt.

Für die in diesem Buch behandelten Gesteine ist die äußere Zone der Erde als Bildungs- und Lagerungsort von ausschlaggebender Bedeutung.

Die chemische Zusammensetzung der gesamten Erdkruste wurde von *Clarke* und *Washington* aus über 5000 chemischen Gesteinsanalysen berechnet. Es ergab sich, daß nur 12 chemische Elemente 99,39 Masse-% der festen Erdkruste bilden, auf alle übrigen 80 Elemente entfallen nur 0,61 Masse-% (s. Tabelle 1).

Kombiniert man diesen chemischen Grundbestand mit den Erkenntnissen der Kristallchemie und der physikalischen Chemie über die Beständigkeit der Kristallgitter bei den in und auf der Erdkruste herrschenden Drücken und Temperaturen, so läßt sich erklären, daß von den etwa 2000 verschiedenen Mineralarten nur eine geringe Anzahl in jeweils großer Menge, d. h. gesteinsbildend, in der Erdkruste auftritt. Wie die Tabelle 2 zeigt, sind davon mehr als 90 % Si-O-Verbindungen von Al, Fe, Ca, Na, K und Mg, also Silikate, woraus hervorgeht, daß die häufigsten Gesteine Silikatgesteine sind.

Im vorhergehenden Absatz wurde angedeutet, daß die Kristallgitter nur unter bestimmten Druck- und Temperaturverhältnissen stabil sind. Nach den Ergebnissen der physikalisch-chemischen Untersuchungen wandelt sich ein Mineral oder ein Gestein in eine andere Form um, wenn es in den Einfluß von

Tabelle 1. Chemische Zusammensetzung der festen Erdkruste (nach *Clarke* und *Washington*, 1924)

Element	Symbol	Masse-%	Volumen-%
Sauerstoff	O	46,71	94,24
Silizium	Si	27,69	0,51
Aluminium	Al	8,07	0,44
Eisen	Fe	5,05	0,37
Kalzium	Ca	3,65	1,04
Natrium	Na	2,75	1,21
Kalium	K	2,58	1,88
Magnesium	Mg	2,08	0,28
Titan	Ti	0,44	
Wasserstoff	H	0,13	
Phosphor	P	0,118	
Mangan	Mn	0,100	

Tabelle 2
Häufigkeit der Mineralarten in der Erdkruste (nach *Ramdohr-Klockmann-Strunz*)

Minerale	Chemische Verbindung	Masse-%
Feldspate	$Ca[Al_2Si_2O_8]$, $Na[AlSi_3O_8]$, $K[AlSi_3O_8]$	58
Pyroxene	$(Ca, Mg, Fe)_2 [Si_2O_6]$	
Amphibole	$Ca_2(Mg, Fe)_5 [OH/Si_4O_{11}]_2$	16,5
Olivine	$(Mg, Fe)_2 [SiO_4]$	
Quarz	SiO_2	
Glimmer	z. B. $K(Mg, Fe, Mn)_3[(OH)_2/AlSi_3O_{10}]$	3,5
Tonminerale	z. B. $Al_4[(OH)_8/Si_4O_{10}]$	1
Magnetit	Fe_3O_4	
Hämatit	Fe_2O_3	3,5
Calcit	$CaCO_3$	1,5

Drücken und Temperaturen gerät, die nicht mehr seinen Stabilitätsverhältnissen entsprechen. Welche Mineralarten und Mineralkombinationen, d. h. also, welche Gesteine bei einem bestimmten chemischen Bestand stabil sind und demzufolge entstehen, hängt von den Druck- und Temperaturverhältnissen ab. Aus diesem Grunde müssen wir diese Verhältnisse auf und in der Erdkruste betrachten. An der Erdoberfläche herrschen bekanntlich »Normalbedingungen«, d. h. Temperaturen zwischen −50 °C und +60 °C bei Atmosphärendruck. Sowohl aus den Erfahrungen der Bergleute als auch aus Tiefbohrungen wissen wir, daß die Temperatur in der Erdkruste mit wachsender Tiefe zunimmt. Wir bezeichnen diese Temperaturzunahme als *geothermische Tiefenstufe*. Sie beträgt für den Bereich Europas etwa 33 m, d. h., auf 100 m Tiefe steigt die Temperatur um 3 °C. In einer Tiefe von 30 km herrschen also Temperaturen von etwa 900 °C. Das Gewicht der Gesteinsmassen bewirkt, daß auch der Druck mit größerer Tiefe wächst. Da er ähnlich dem Wasserdruck ständig in allen Richtungen wirkt, bezeichnet man ihn als hydrostatischen Druck. Er beträgt in 30 km Tiefe etwa 8 kbar (800 MPa). Die zum Schrecken der Menschheit immer wieder auftretenden Erdbeben, Erdrutsche und Vulkanausbrüche zeigen, daß die Erdkruste kein starres Gebilde ist, sondern daß Bewegungen innerhalb der Erdkruste vor sich gehen, die Spannungen, d. h. einen zusätzlichen gerichteten Druck, erzeugen. Dieser gerichtete Druck wird Streß genannt.

Wenn wir grob zusammenfassen, lassen sich die Zustandsbedingungen der Erdkruste bezüglich Druck und Temperatur in zwei große Bereiche gliedern:

– *endogener* (d. h. innerer) *Bereich*, gekennzeichnet durch hohe Drücke und Temperaturen

– *exogener* (d. h. äußerer) *Bereich*, gekennzeichnet durch Normaldruck und -temperatur im Kontakt mit der Atmosphäre, der Hydrosphäre (Wasser) und der lebenden Materie (Biosphäre)

Da diese Zustandsbedingungen bei bestimmtem chemischem Stoffbestand ausschlaggebend für die Entstehung der Minerale und Gesteine sind, teilt man die Gesteine in endogene und exogene Bildungen ein.

Gerät ein Gestein durch Bewegungsvorgänge innerhalb der Erdkruste in einen Druck- und Temperaturbereich, der seinen Stabilitätsbedingungen nicht mehr entspricht, so wandelt es sich um. Unter bestimmten Bedingungen ist kein fester Zustand stabil; dann existiert eine Schmelze, eine Schmelzlösung oder eine Lösung. Eine tieferen Erdzonen angehörende glutheiße Schmelze bzw. Schmelzlösung heißt Magma. Durch Abkühlung entstehen daraus die *Erstarrungs-* oder *magmatischen Gesteine*. Umwandlungen von Gesteinen, die im wesentlichen im festen Zustand vor sich gehen, unterteilt man in zwei Gruppen: Bei Umwandlung in Richtung auf endogene Bedingungen, d. h. bei Erhöhung von Temperatur und/oder Druck, sprechen wir von *Metamorphose*. Umwandlungen unter exogenen Bedingungen, d. h. unter Einfluß von Normaldruck und -temperatur, Luft, Wasser und Organismen, bezeichnen wir als *Verwitterung* und *Sedimentation* (s. Bild 1).

Die Bildungsbedingungen der Gesteine stehen nicht nur in direktem Zusammenhang mit den auftretenden Mineralarten, sondern auch mit ihren Korngrößen, Kornformen und ihrer gegenseitigen Anordnung. Diese das Gestein wesentlich charakterisierenden Merkmale werden unter dem Begriff *Gefüge* zusammengefaßt. Das Gefüge beeinflußt in besonderem Maße die Eigenschaften der Gesteine, wie Festigkeit, Härte, Wetterbeständigkeit usw., die für die praktische Verwendung ausschlaggebend sind.

Jedes Gestein ist durch die Arten seiner Mineralbestandteile und ihre mengenmäßigen Anteile (Mineralbestand) sowie durch ihre Ausbildungsformen und Verwachsungsverhältnisse und ihre Anordnung im Raum (Gefügemerkmale)

charakterisiert. Diese an jeder Gesteinsprobe objektiv beobachtbaren Sachverhalte sollen als Grundlage der *Gesteinsbezeichnung* dienen. Aus Mineralbestand und Gefüge sowie den geologischen Lagerungsformen werden Aussagen über die Entstehung der Gesteine und ihr Alter abgeleitet. Da derartige Schlußfolgerungen vom Stand der wissenschaftlichen Erkenntnisse abhängen und sich mit ihrer Entwicklung verändern können, sollten sie nicht in die Gesteinsbezeichnungen einbezogen werden. Die Bezeichnung der Gesteine folgt heute international diesem Prinzip. Eine Ausnahme bildet die Grobgliederung in Magmatite, Sedimentite und Metamorphite. Sie ist für den Bereich der DDR durch für alle Wissenschaftler verbindliche Standards (TGL 25 235 Magmatische Gesteine – petrographische Gesteinsbezeichnung, TGL 23 950/01 Sedimentgesteine und TGL 23 951/01 Metamorphe Gesteine) seit 1971 bzw. 1979 festgelegt.[1]

Wissenschaftsgeschichtlich bedingt gibt es jedoch zahlreiche Gesteinsbezeichnungen, mit denen Entstehungsbedingungen, Alter und/oder spezielle Lagerungsformen zum Ausdruck gebracht werden. Diese Gesteinsnamen sind im modernen wissenschaftlichen Schrifttum nicht mehr zulässig. Sie haben jedoch infolge ihrer Verwendung in älteren Lehrbüchern, in geologischen Karten und in der Umgangssprache eine Verbreitung gefunden, die ihre Aufnahme in ein populärwissenschaftliches deutschsprachiges Gesteinsbestimmungsbuch mit dem Verweis auf die jeweils wissenschaftliche exakte Bezeichnung nach Auffassung der Autoren rechtfertigt.

Die Zahl der Gesteinsarten ist nahezu unüberschaubar groß. In einem Buch über Gesteinsbestimmung, das sich an einen breiten Leserkreis wendet, muß notgedrungen eine Auswahl getroffen werden. Wir gehen von dem mengenmäßigen Anteil der Gesteinsgruppen in der Erdkruste (bis 16 km Tiefe) aus (nach *v. Engelhardt* 1936):

- magmatische Gesteine (massige Gesteine) 95 %
- Sedimentgesteine 1 %
- metamorphe Gesteine 4 %

Dementsprechend wird ein Schwerpunkt der Auswahl die Magmatite beinhalten. Unter diesen sollen wiederum die am häufigsten auftretenden besondere Beachtung verdienen. Dazu werden wir diejenigen selteneren Gesteine in den speziellen Teil aufnehmen, die sich durch besonders interessante Mineralkombinationen auszeichnen.

Die Sedimentite als exogene Bildungen sind an der Oberfläche der Erde konzentriert (Anteil etwa 75 %), treten deshalb stärker in Erscheinung und bilden ganz wesentliche Rohstoffgrundlagen der Industrie. Deshalb wird auch ihnen ein bedeutender Anteil bei der speziellen Behandlung eingeräumt.

Von den Metamorphiten werden aus der Vielzahl existierender Arten die häufigsten sowie eine Anzahl mineralisch besonders interessant zusammengesetzter Typen beschrieben.

---

[1] Die Gesteinsbezeichnungen in diesem Buch entsprechen diesen Standards und den heute international üblichen Gepflogenheiten.

Die mannigfaltige Verwendung der Gesteine in der Technik wurde bereits erwähnt. Dabei zeigt sich, daß z. B. die im Einsatz sehr erwünschte hohe Festigkeit und Härte vieler Gesteine ihre Verwendung infolge der schwierigen Verarbeitbarkeit beeinträchtigen. Deshalb hat man schon im Altertum versucht, Gesteine künstlich herzustellen. Das klassische Beispiel dafür ist der gebrannte Lehmziegel, der im Rohzustand aus bildsamem Lehm eine leichte Formgebung, nach dem Brand im Ofen hohe Festigkeit gewährleistet. Der heute im großen Umfang hergestellte Beton ist ebenfalls nichts anderes als ein künstliches Gestein. Die Aufklärung der Entstehungsbedingungen sowie der Zusammenhänge zwischen Gefüge und Eigenschaften der Gesteine hat heute kaum überschaubare technische Bedeutung erlangt. So spannt die moderne Gesteinskunde eine weite Brücke von der im erdgeschichtlichen Dunkel verschwimmenden Entstehung unserer Erde, ihrem steinernen Gebirgsgerüst bis hin zu unserer modernen Technik mit automatischen Hüttenwerken, weltumspannenden Verkehrswegen und Hochhäusern aus Glas und Beton.

Der Leser wird in diesem Buch eine allgemeinverständliche Einführung in die Vielfalt der Gesteinswelt, der natürlichen wie der künstlichen, in ihre Erscheinungsformen, die Gesetze ihres Werdens und Vergehens und ihre praktische Bedeutung antreffen, die dazu dienen soll, durch nähere Betrachtung der Gesteine das Verständnis für die Vielseitigkeit und Dynamik dieser sogenannten »toten Materie« zu wecken.

Gesteinsbeschreibung

Wie in jeder Wissenschaft, die einen vorgegebenen, in vielfältiger Weise erscheinenden Gegenstand zu untersuchen hat, besteht die erste Aufgabe in einer treffenden und möglichst umfassenden Beschreibung der Gesteine, um sie ordnen und später ihre Entstehungsgesetze enträtseln zu können. Gesteine sind wie alle stofflichen Gebilde aus chemischen Grundbausteinen, den Atomen, aufgebaut. Deshalb gehört die chemische Analyse zur Charakterisierung eines Gesteins. Der chemische Bestand ist aber nicht homogen über das Gestein verteilt, sondern abhängig von den verschiedenen am Aufbau beteiligten Mineralen.
Der zweite Schritt der Gesteinsbeschreibung ist die Ermittlung des Mineralbestandes. Dabei interessiert nicht nur, welche Mineralarten auftreten (qualitativer Mineralbestand), sondern auch ihre gegenseitigen Mengenverhältnisse (quantitativer Mineralbestand).
Schließlich ist wegen der in der Einleitung erwähnten großen Bedeutung für die Eigenschaften der Gesteine die Beschreibung des Gefüges (der Mineralanordnung) von besonderer Wichtigkeit. Erst aus einer Vielzahl exakter Gesteinsbeschreibungen lassen sich die Entstehungsbedingungen ableiten. Unsere heutige Kenntnis der Gesteinsbildung gründet sich auf die sorgfältige beschreibende und systematisierende Arbeit mehrerer Generationen von Gesteinskundlern in aller Welt.

Chemische Zusammensetzung der Gesteine

Fast alle chemischen Elemente in den Gesteinen sind an Sauerstoff gebunden (Oxide). Die chemische Zusammensetzung der Gesteine wird deshalb in Oxidform angegeben. Die wichtigsten Oxide, die in Silikatgesteinen immer bestimmt werden, sind:
SiO_2, Al_2O_3, Fe_2O_3, FeO, MgO, CaO, Na_2O, K_2O, TiO_2, P_2O_5, H_2O.
In exogenen Gesteinen findet man daneben Kohlendioxid (CO_2) und Schwefeltrioxid (SO_3), in Erzen und Erzgesteinen vor allem Sulfidschwefel. Bei der Bestimmung des Wassergehaltes wird zwischen der Feuchtigkeit, die an der Oberfläche des Gesteins lose gebunden sitzt und bei Temperaturen bis 105 °C verdunstet, und dem in den Kristallstrukturen fest gebundenen Wasser unterschieden, das erst bei höheren Temperaturen abgegeben wird. In speziellen Fällen werden auch die in geringen Mengen (weniger als 0,5 %) auftretenden Oxide bestimmt.
Die chemische Zusammensetzung wird in erster Linie ermittelt, um verschiedene Gesteine miteinander zu vergleichen und ihnen den zugehörigen Platz innerhalb der chemischen Gesteinssystematik zuweisen zu können. Gesteine

mit hohem SiO_2-(Kieselsäure-)Gehalt werden als sauer, Gesteine mit niedrigem SiO_2-Gehalt (dafür höhere Werte für Magnesium, Kalzium und Eisen) als basisch bezeichnet. Darüber hinaus ist es möglich, aus der chemischen Gesteinszusammensetzung bei Kenntnis der auftretenden Mineralarten einen quantitativen Mineralbestand zu berechnen, der als Gesteinsnorm bezeichnet wird. Bezüglich dieser komplizierten Auswertungsmöglichkeiten muß auf spezielle Lehrbücher der Gesteinskunde (z. B. *C. Burri*, »Petrochemische Berechnungsmethoden auf äquivalenter Grundlage«) verwiesen werden.

Mineralbestand der Gesteine

Qualitativer Mineralbestand

Die Bestimmung der am Aufbau eines Gesteins beteiligten Mineralarten, des qualitativen Mineralbestandes, ist eine der wichtigsten Aufgaben des Gesteinskundlers. Deshalb soll zunächst ein kurzer Überblick über die Methoden der *Mineralbestimmung* in Gesteinen gegeben werden. Sind die einzelnen ein Gestein bildenden Minerale groß genug (gewöhnlich > 1 mm), so können wir bereits ohne Hilfsmittel oder unter Verwendung einer Lupe die Bestimmungsmethoden nach äußeren Kennzeichen anwenden. Hier sei deshalb nur erwähnt, daß wir in diesen Fällen durch Ermittlung von Farbe, Strichfarbe, Glanz, Härte, Spaltbarkeit und Kristallform eine erste Bestimmung der Minerale vornehmen können. Einerseits reichen aber diese Bestimmungsverfahren nicht aus, um ein Mineral mit hinreichender Sicherheit zu identifizieren, andererseits sind die Mineralkörner in den meisten Gesteinen so klein, daß sie nach äußeren Kennzeichen nicht bestimmbar sind. Aus diesem Grunde ist das Mikroskop das Hauptuntersuchungsinstrument des Gesteinskundlers. Fast alle Gesteine, auch die dunkelsten, sind in genügend dünnen Plättchen durchsichtig. Deshalb werden mit einer Gesteinssäge dünne Scheiben von einem Bruchstück abgeschnitten, auf gläserne Objektträger aufgekittet und mit Schmirgel oder Diamantpulver auf Dicken von 2 bis 3 hundertstel Millimeter abgeschliffen. Nachdem noch ein dünnes Deckgläschen aufgekittet wurde, ist der so entstandene Dünnschliff fertig zur mikroskopischen Betrachtung. Es gibt aber Minerale, die auch in dünnsten Schliffen undurchsichtig bleiben. Diese Minerale werden nur an einer Seite feingeschliffen, auf Hochglanz poliert und dann unter dem Mikroskop im reflektierten Licht wie ein Spiegel betrachtet. Durch die Vergrößerung kann man im mikroskopischen Bild Kristallformen sehen, die bei normaler Betrachtung wegen ihrer Kleinheit unsichtbar bleiben.

Außerdem können wir die Größe der Lichtbrechung der einzelnen Minerale messen, indem wir einzelne Körnchen in bestimmte Flüssigkeiten einbetten und ihre Konturen unter dem Mikroskop beobachten. Von besonderer Wichtigkeit aber ist die Eigenschaft der meisten kristallisierten Minerale, das Licht doppelt zu brechen und seine Schwingungsrichtung zu ändern, d. h., das Licht in den polarisierten Zustand zu versetzen. Deshalb ist unser Mikroskop kein gewöhnliches Vergrößerungsinstrument, sondern ein mit einer Polarisationseinrichtung und einem drehbaren Objekttisch ausgerüstetes Meßgerät. Im polarisierten Licht unseres Mikroskops erscheinen normalerweise farblose Kristalle in verschiedenen Farben, woraus die sogenannte Doppelbrechung ermittelt werden kann. Diese Größe ist charakteristisch für jedes Mineral und darum zusammen mit den anderen Merkmalen zur Bestimmung heranzuziehen. Es existieren noch einige andere polarisationsmikroskopische Meßverfahren, die alle zur Mineralidentifizierung herangezogen werden. Wir können in diesem Rahmen nicht näher darauf eingehen und müssen den interessierten Leser auch hier auf Speziallitteratur verweisen (z. B. *H. Beyer*, »Handbuch der Mikroskopie«).

Neben dem Mikroskop spielt für die Mineralbestimmung die Röntgenstrukturuntersuchung eine wichtige Rolle. Auch sie soll hier nur angedeutet werden. Gesteinspulver wird mit Röntgenwellen durchstrahlt, und auf einem Fotofilm wird ein sogenanntes Beugungsbild aufgenommen. Aus dieser Aufnahme kann man die Abstände der Atome in den Kristallgittern errechnen. Da diese Abstände für jede Kristallart charakteristisch sind, ist damit auch das Mineral bestimmbar.

Hat man alle Mineralarten eines Gesteins ermittelt, so gilt es, eine Ordnung in die Vielfalt zu bringen. Die Einteilung der Minerale erfolgt durch den Gesteinskundler anders, als es der Mineraloge gewohnt ist. Für den Gesteinskundler ist in erster Linie das Mineral als Gesteinsgemengteil im Verband mit anderen Mineralen wichtig. Es interessiert die Wirkung der Mineralart auf Gesteinseigenschaften. Auffälligstes Unterscheidungsmerkmal der Gesteine ist die Farbe. Deshalb teilt der Gesteinskundler die Minerale in helle (leukokrate) und dunkle (melanokrate) Gemengteile ein. Zu den leukokraten Mineralen gehören Quarz, Kalifeldspat, Plagioklase, Nephelin, Leucit und andere Feldspatvertreter sowie Muskovit. Die wichtigsten melanokraten Gemengteile sind Olivin, Augit, Hornblende, Granat und Biotit. Sehen wir uns die chemische Zusammensetzung dieser Minerale an, so sind die leukokraten reich an Silizium (Si) und Aluminium (Al), die melanokraten enthalten reichlich Eisen (Fe) und Magnesium (Mg). Es ist leicht einzusehen, daß die hellen Minerale überwiegend in sauren, die dunklen Minerale vorwiegend in basischen Gesteinen anzutreffen sind. Diese Einteilung trifft vor allem für die Gesteine *endogener* Entstehung zu und ist von besonderer Bedeutung, da diesen Gesteinen der überwiegende Anteil am Aufbau der Erdkruste zukommt.

Im *exogenen* Bereich entstehen vorwiegend wasserhaltige Minerale mit Kristallgrößen, die oft nicht einmal mit stärkster Mikroskopvergrößerung bestimmt werden können. Hier spielen besonders Ton- und Glimmerminerale, Chlorite, aber auch Karbonate und Sulfate eine wesentliche Rolle. Wegen der Kleinheit dieser Kristalle ist die Verwendung des Elektronenmikroskops zur Untersuchung unerläßlich. Außerdem werden Wassergehalt und Art der Wasserbindung durch Erhitzungsverfahren (thermische Verfahren wie Differentialthermoanalyse, Thermogravimetrie u. a.) zur Mineralbestimmung herangezogen. Im Laufe der Zeit hat sich dieser Spezialzweig der Gesteinskunde, die Sedimentpetrographie, zu einer fast selbständigen Wissenschaft entwickelt.

Quantitativer Mineralbestand

Die charakteristischen Merkmale eines Gesteins werden nun nicht nur durch die Art der an seinem Aufbau beteiligten Minerale bestimmt. Ausschlaggebend für das Erscheinungsbild ist das Mengenverhältnis der Mineralarten, das wir als quantitativen Mineralbestand bezeichnen wollen. Infolge der statistischen Verteilung der Minerale im Gestein muß ein nicht zu kleines Bruchstück zur Untersuchung benutzt werden. Die Mindestgröße einer Gesteinsprobe für derartige Untersuchungen ist durch den sogenannten Elementarkörper gegeben, einen Gesteinswürfel, dessen Kantenlänge durch Abzählen von zehn Körnern der in geringster Menge vorkommenden Mineralart bestimmt wird.

Durch Ausmessen der Flächen, die die einzelnen Mineralarten auf einer Würfelfläche des Elementarkörpers einnehmen, erhalten wir deren Mengenverhältnis im Gestein, das in Volumenprozent angegeben wird. Für diese Ausmessung ist eine Reihe von Methoden bekannt, von denen die wichtigste das sogenannte Punktzählverfahren ist. Über die zu vermessende Fläche wird ein regelmäßiges Punktnetz gelegt, und die Menge der auf jede Mineralart entfallenden Punkte wird gezählt. Das Punktzahlverhältnis der Mineralarten entspricht ihrem volumenprozentualen Anteil am Gestein. Moderne Geräte, die eine Kombination von Mikroskop, Fernsehtechnik und elektronischer Datenverarbeitung darstellen, erlauben heute die rasche automatische Bestimmung des quantitativen Mineralbestandes und von Gefügemerkmalen der Gesteine. Liegt kein fester, sondern ein lockerer Gesteinsverband (z. B. Sand oder Kies) vor, so trennt man mit Hilfe verschiedener physikalischer Verfahren (im einfachsten Fall durch Auslesen) die einzelnen Mineralarten voneinander und ermittelt durch Auswägen deren Masseprozente im Gestein.

Sind von einer großen Anzahl verschiedener Gesteinsproben die quantitativen Mineralbestände bestimmt, so ordnet man die Mineralarten nach zwei Gesichtspunkten. Zunächst betrachtet man den prozentualen Anteil jeder Mineralart in jeder einzelnen Probe. Diesen Wert bezeichnen wir als Intensität. Eine in einer Gesteinsprobe häufig vorkommende Mineralart besitzt dann große, eine in geringen Mengen auftretende Mineralart kleine Intensität. Vergleicht man das Auftreten der Mineralarten in allen Proben, so erhält man die Verbreitungsweise oder Extensität. Eine in allen Proben vorkommende Mineralart besitzt demzufolge große, eine nur in wenigen oder in einer Probe erscheinende Art kleine Extensität. Nach Intensität und Extensität unterteilen wir die gesteinsbildenden Minerale in drei Gruppen:

1. *Hauptgemengteile* sind Minerale mit großer Extensität und großer Intensität, d. h., sie treten in vielen Gesteinsproben mit hohem prozentualem Anteil auf. Diese Minerale sind typisch für eine Gesteinsgruppe. Ihre Kombination wird in der Bezeichnung einer Gesteinsgruppe ausgedrückt. So wissen wir z. B., daß in allen Gesteinen der Granitgruppe Quarz und Feldspat (Kalifeldspat und/oder natriumreicher Kalknatronfeldspat) als Hauptgemengteile vorhanden sind.

2. *Nebengemengteile* besitzen kleine Intensität, aber große Extensität. Sie sind in geringen Mengen in fast allen Gesteinen anzutreffen. Sie heißen auch

Akzessorien. Zu diesen Mineralen gehören Apatit, Zirkon, Magnetit, Pyrit u. a.

3. *Übergemengteile* treten in großer Intensität, aber in geringer Extensität auf. Sie erscheinen also in großen Mengen, sind aber jeweils an bestimmte Gesteinsvorkommen gebunden, d. h., sie sind für einzelne Vorkommen typisch. Deshalb werden sie dem Namen der Gesteinsgruppe vorangestellt, um eine bestimmte Gesteinsart zu bezeichnen. Ein Turmalingranit z. B. enthält als Übergemengteil in größeren Mengen das Mineral Turmalin.

Aus der Gesteinsbeschreibung erkennen wir somit die Art und Menge der in einem bestimmten Gestein enthaltenen Minerale. Ein Hornblende-Biotit-Granit besteht aus Quarz und Feldspat in großer Menge (da diese Minerale Hauptgemengteile der Granite sind), aus Hornblende und Biotit ebenfalls in größeren Mengen (da der Gesteinsname Hornblende und Biotit als Übergemengteile ausweist) und aus den in allen Erstarrungsgesteinen als Nebengemengteile vorkommenden Mineralen Apatit, Zirkon, Magnetit, Pyrit u. a. in geringen Mengen.

Gefüge der Gesteine

Struktur

Vergleichen wir Proben von Granodiorit (Tafel V) und Gneis (Tafel XIII), so stellen wir fest, daß trotz gleichen oder sehr ähnlichen Mineralbestandes und chemischer Zusammensetzung doch erhebliche Unterschiede im Erscheinungsbild und in den Eigenschaften dieser Gesteine bestehen. Wir bemerken, daß die Unterschiede in den Korngrößen, Kornformen und der Anordnung der Minerale, d. h. in ihrem Gefüge, begründet sind. Diese Gefügemerkmale wollen wir etwas näher betrachten.

Zunächst fällt uns auf, daß die Mineralkörner in den verschiedenen Gesteinen verschiedene Größen besitzen. Wir messen die Korndurchmesser und bezeichnen den Mittelwert als absolute *Korngröße*. Beträgt der mittlere Korndurchmesser mehr als 3 cm, so bezeichnen wir das Gestein als riesenkörnig (z. B. Pegmatite), grob- bis mittelkörnig sind Gesteine mit Korndurchmessern zwischen 1 und 10 mm (Granite), klein- bis feinkörnig zwischen 0,1 und 1 mm (Sandsteine). Gesteine, deren Korngröße man mit bloßem Auge nicht mehr feststellen kann ($< 0,1$ mm), heißen dicht (z. B. Basalte).

Da am Aufbau der Gesteine nicht nur kristalline Minerale, sondern auch amorphe Stoffe (z. B. Gläser) beteiligt sein können, ist auch die Angabe der sogenannten *Kristallinität* von Bedeutung. Besteht das Gesteinsgefüge nur aus kristallinen Mineralen, so heißt das Gefüge holokristallin. Treten daneben auch amorphe Bestandteile auf, so sprechen wir von hemikristallinem Aufbau. Gläser (natürliche, wie Obsidian, und künstliche) sind holoamorph. Wenn wir den kristallinen Aufbau mit bloßem Auge erkennen können (z. B. an Kristallformen oder Spaltflächen), so nennen wir das Gefüge makrokristallin. Für die Untersuchung mikrokristalliner Gesteine (wie Basalte) benötigen wir das

Mikroskop. Kristalle, deren Korngrößen weniger als ein tausendstel Millimeter betragen, sind auch unter dem Mikroskop nicht mehr nachweisbar. Hier hilft nur die Röntgenbeugungsuntersuchung. Diese Stoffe werden als kryptokristallin bezeichnet.

Wollen wir unsere bisher genannten Methoden auf einen Rhyolith anwenden, so zeigt sich, daß die Korngröße durch Angabe eines Mittelwertes nicht eindeutig zu erfassen ist, da deutlich größere, mit bloßem Auge sichtbare Kristalle in einer mikro- bis kryptokristallinen oder gar glasigen Grundmasse liegen. Wir müssen also auch das Korngrößenverhältnis der verschiedenen Minerale, die sogenannte relative Korngröße bzw. die Korngrößenverteilung (das Korngrößenspektrum), berücksichtigen. In einem Granit z. B. besitzen die Minerale alle etwa die gleiche Größe (s. Tafel IV/V/1), weshalb wir ein Granitgefüge als gleichkörnig bezeichnen (Granit von lat. granum – Korn).

Variiert die Korngröße innerhalb der Gesteinsprobe verhältnismäßig stark, ohne daß ein deutlicher Unterschied zwischen Großkörnern und kleinkörnigem Grundgewebe zu erkennen ist, so sprechen wir von wechselkörnigem Gefüge (s. Bild 3). Im Falle des Rhyoliths liegen große Kristalle in einer davon unterscheidbaren bedeutend kleinerkörnigen Grundmasse. Wir haben den namengebenden Typ des porphyrkörnigen Gefüges vor uns (s. Bild 4).

Die bisher genannten Bezeichnungen gelten hauptsächlich für feste Gesteine, für die die Korngrößenangabe eine unter mehreren Gefügecharakteristika darstellt. Für Lockergesteine, d. h. unverfestigte Sedimente wie Sand, Lehm, Kies, Moränen usw., ist die Korngrößenverteilung in den meisten Fällen die einzige Möglichkeit der Gefügebeschreibung. Die Lockergesteine werden durch Auslesen und Sieben in Korngrößenfraktionen zerlegt, und die Korngrößen-

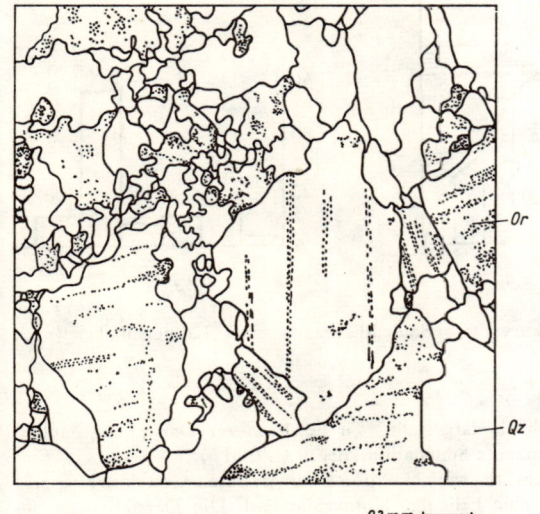

Bild 3
Wechselkörniges
Gefüge
(nach *P. Niggli*)

Dünnschliffbild eines
Aplits vom
St. Gotthard

Qz Quarz
Or Orthoklas

0,2 mm

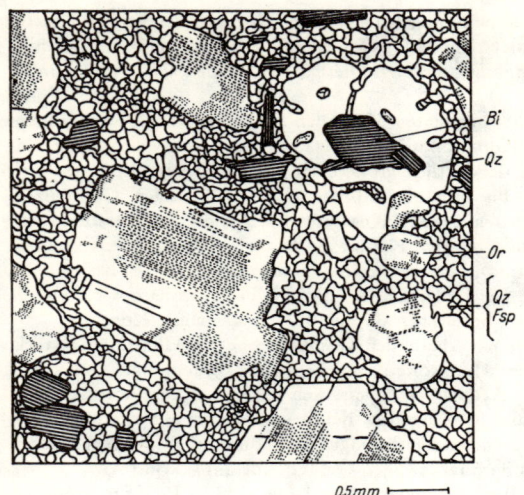

Bild 4. Porphyrkörniges Gefüge (nach P. *Niggli*)

Dünnschliffbild eines Mikrogranits aus dem Odenwald
Bi Biotit, *Qz* Quarz, *Or* Orthoklas, kleinkörnige Grundmasse aus Quarz und *Fsp* Feldspat

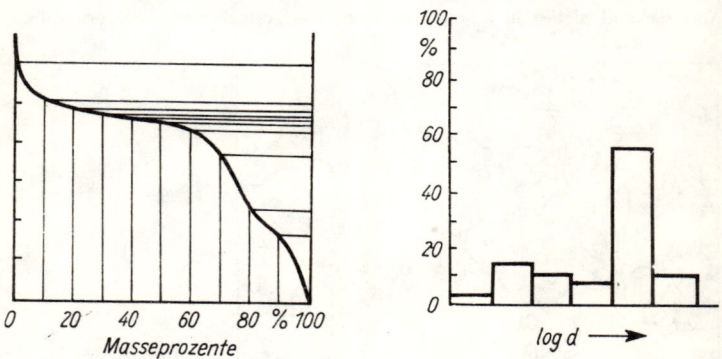

Bild 5. Summationskurve und Säulendiagramm eines Korngemisches (nach P. *Niggli*)

verteilung wird graphisch dargestellt. Wir benutzen zur Darstellung Säulendiagramme oder sogenannte Summationskurven (s. Bild 5).
Aus letzteren ist ersichtlich, wieviel Prozent der gesamten Gesteinsmasse größer bzw. kleiner als eine beliebige Korngröße sind. Die Darstellungen der

Korngrößenverteilung sind nicht nur für die Charakterisierung natürlicher Lockersedimente, sondern vor allem auch für technisch verwendete Korngemische außerordentlich bedeutungsvoll (Formsand, Betonzuschläge, Straßenbaumaterial, keramische Massen).

Betrachten wir nun die einzelnen Gefügekörner etwas genauer. Wir stellen fest, daß sie verschiedene Formen aufweisen, die sich in den meisten Fällen einer von drei idealisierten Grundgestalten zuordnen lassen. *Kristall-* bzw. *Kornformen*, die nach allen drei Raumrichtungen etwa gleiche Ausdehnung besitzen, also der Form eines Würfels oder einer Kugel ähneln, bezeichnen wir als körnig oder isometrisch. Isometrische Formen sind vor allem bei den gesteinsbildenden Mineralen vorherrschend, die dem kubischen (z. B. Granat, Leucit) und rhombischen (Olivine) Kristallsystem angehören oder in ihren Kristallstrukturen räumliche Gerüste aufweisen (Quarz, Feldspäte). Minerale mit Schichtstrukturen bilden vorzugsweise blättrige bis taflige Kristallformen aus (Muskovit, Biotit, Chlorit, Tonminerale). Säulig, stenglig oder nadlig ist eine dritte Mineralgruppe gebaut, die eine bevorzugte Richtung in der Anordnung ihrer Elemente (Ionen, Atome) besitzen (Pyroxene, Amphibole, Andalusit, Sillimanit, Turmalin, Apatit). Wir bezeichnen die Form der Minerale als ihren Habitus (isometrisch-körnig, blättrig, stenglig). Besonders in Sediment-(Absatz-)Gesteinen, die oft nach einem rollenden Transport der Gefügekörner gebildet wurden, ist der Grad der Abrollung, oder allgemeiner der Rundungsgrad, ein wichtiges Merkmal des Gefüges. Die Umrisse der Gefügekörner werden in ebene (planare), nach außen gekrümmte (konvexe) und nach innen gekrümmte (konkave) Abschnitte unterteilt, deren prozentuales Verhältnis in einem gleichseitigen Dreieck dargestellt und als Rundungsgrad bezeichnet wird (s. Bild 6).

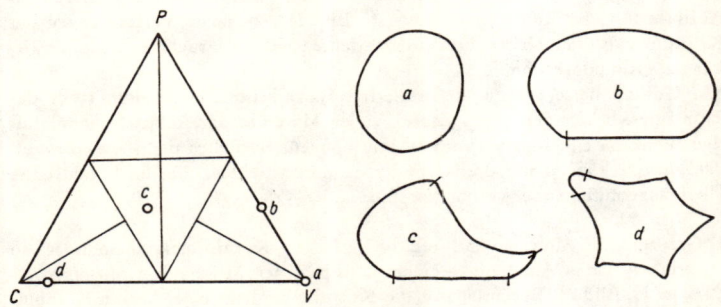

Bild 6. Kornformbestimmungen, Messungen der Umrisse (CPV-Werte) an vier Beispielen (nach *P. Niggli*)

a) rein konvexe Umgrenzung = $C_0P_0V_{100}$
b) planare und konvexe Umgrenzung = $C_0P_{30}V_{70}$
c) konkave, planare und konvexe Umgrenzung = $C_{40}P_{30}V_{30}$
d) fast vollständig konkave Umgrenzung = $C_{90}P_0V_{10}$
e) Darstellung im CPV-Dreieck

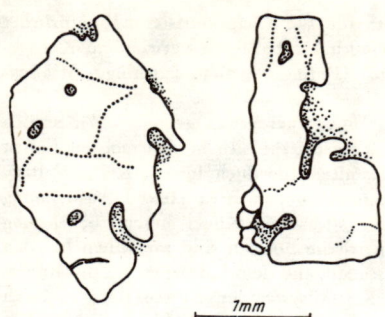

Bild 7
Resorptions-(Auflösungs-)Formen
an Quarzkörnern aus Rhyolith
(nach *Gansser*)

Bisher haben wir rein beschreibende Kennzeichen der Minerale festgestellt, die ein Gestein aufbauen. Die Entstehungs- und Zustandsbedingungen eines Gesteins prägen aber den beteiligten Mineralen bestimmte Formmerkmale auf, aus denen wir auf diese Bedingungen zurückschließen können. Ist ein Mineral durch Ausscheidung aus einem beweglichen Medium entstanden, so konnte es die ihm zukommende Kristallform frei und ungehindert ausbilden, das Mineral ist eigengestaltig (idiomorph). War es während seines Wachstums an einer oder mehreren Seiten durch bereits vorhandene Festkörper (Wände des Kristallisationsraumes oder benachbarte, vorher oder gleichzeitig entstandene Kristalle) behindert, so konnte es seine typische Form nur teilweise ausbilden (hypidiomorph). Keinerlei ebenflächige kristallographische Begrenzungen zeigen fremdgestaltige (xenomorphe) Körner. Gerät ein Gestein unter den Einfluß anderer physikalisch-chemischer Zustandsbedingungen, so können einzelne Minerale instabil werden. Wir beobachten dann charakteristische »zerfressene« Auflösungs- oder Resorptionsformen (s. Bild 7). Plastische Verformungen der Kristalle und/oder Kristallbruchstücke deuten auf nachträgliche Druckeinwirkungen (Kataklase) hin.

Ein Gestein besteht nicht aus isolierten Einzelkristallen, sondern stellt das Zusammenvorkommen (Paragenese) vieler Minerale dar, die auf mannigfaltige Weise miteinander verwachsen sein können. Bezüglich der *Verwachsungsverhältnisse* können wir drei Grundtypen unterscheiden, die durch zahlreiche Übergänge miteinander verbunden sind:

1. Grenzen die Minerale mit relativ einfachen Kornformen aneinander, so sprechen wir in Analogie zu einem künstlerischen Mosaik von *Mosaikstrukturen* (s. Bild 8). Berühren sich die Kristalle, so liegt eine direkte Kornbindung vor, wobei der Zusammenhalt des Gefüges durch die Adhäsion (Oberflächenkräfte) der Kristalle gewährleistet wird. In anderen Fällen bewirkt eine Kittmasse (sog. Basalzement) den festen Gesteinsverband – die Kornbindung ist indirekt. Bei den Übergangstypen zwischen direkter und indirekter Kornbindung geben wir als Kornbindungszahl den Prozentsatz der direkt aneinandergrenzenden Kristalloberflächen an (s. Bild 9). Bei Gesteinen mit indirekter Kornbindung geht die Art des Basalzements in die Ge-

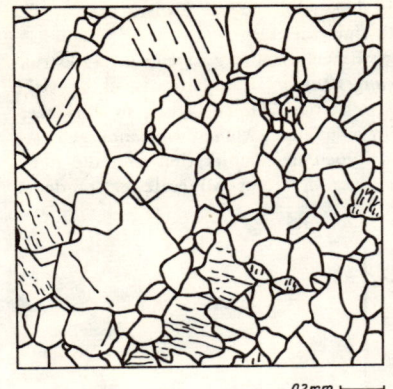

Bild 8
Mosaikstruktur (nach *P. Niggli*)

Dünnschliffbild eines Peridotits, der fast nur aus Olivin besteht

0,2 mm

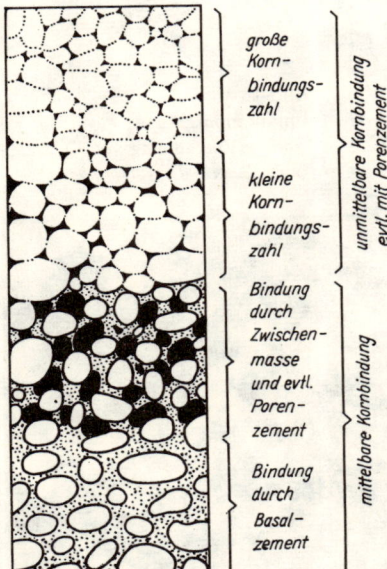

Bild 9
Kornbindungen (nach *P. Niggli*)

weiß – Körner, *schwarz* – Poren, teils mit Zement gefüllt, *punktiert* – feine Zwischenmasse

steinsbezeichnung ein. So ist »toniger Kalksandstein« ein Gestein, das aus Calcitsandkörnern besteht, die durch Tonsubstanz verkittet sind. Ein quarzitischer Sandstein entsteht aus Sandkörnern mit Siliziumdioxid als Bindemittel (Opal, Chalcedon, Quarz).

2. Besteht die Hauptmenge eines Gesteins aus stengeligen oder blättrigen Kristallen, die wirrfilzig angeordnet sind, so bezeichnen wir die Struktur als

intersertal oder *ophitisch*. Dabei ist belanglos, ob die Zwischenräume der Kristalle mit Mineralsubstanz erfüllt sind oder nicht.

3. Durch weitgehende Verzahnung der Einzelkristalle geht eine Mosaikstruktur in eine sogenannte *Durchdringungsstruktur* (Implikationsstruktur, siehe Bild 10) über. Dabei kann die wechselseitige Durchdringung so stark werden, daß die einzelnen Körner nur mit äußerster Mühe auseinandergehalten werden können. Die verbreitetsten Typen der Implikation sind die durch gleichzeitige Kristallisation zweier oder mehrerer Minerale entstandenen eutektischen Gefüge (s. Bild 11).

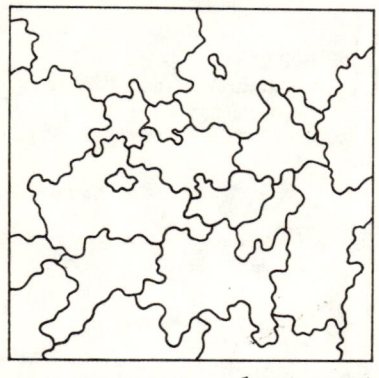

Bild 10
Implikationsgefüge
(innige Verzahnung von Quarz);
(nach *P. Niggli*)

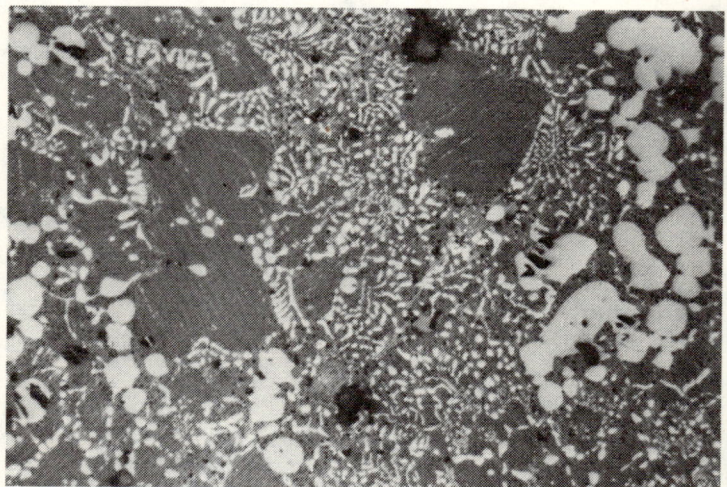

Bild 11. Eutektisches Gefüge
Anschliffbild einer Siemens-Martin-Schlacke, 250fach

Textur

Alle bisherigen Betrachtungen erstreckten sich auf Gefügemerkmale, die von der Anordnung der Mineralkörner in bezug auf die Raumrichtungen unabhängig sind. Die vorstehenden Merkmale betreffen z. B. gleichermaßen einen Granit und einen Gneis, obwohl beide Gesteine deutliche Unterschiede aufweisen. Beim Granit ist es belanglos, ob wir einen Gesteinswürfel von dieser oder jener Seite betrachten, wir stellen immer wieder die gleiche Mineralverteilung fest. Der Gneis dagegen bietet ein anderes Bild. Auf einer Würfelfläche sehen wir vorzugsweise Glimmerblättchen, die annähernd parallel liegen, während wir auf einer dazu senkrechten Fläche einen Wechsel von Glimmer- und Quarz-Feldspat-Lagen feststellen. Die Minerale sind im Raum orientiert angeordnet, d. h., das Gefüge ist anisotrop. Man kann also zwischen geregelten und ungeregelten Gefügen unterscheiden und bezeichnet dieses Gefügemerkmal als Textur. Mit bloßem Auge erkennbare Texturen sind besonders wegen ihrer Auswirkungen auf die Gesteinseigenschaften schon frühzeitig aufgefallen und haben die ältesten Gesteinsnamen geprägt. Granitgefüge sind wegen der vorwiegend isometrischen Gestalt der Hauptgemengteile richtungslos-körnig und zeigen keine bevorzugten Richtungen. Schiefer dagegen bestehen aus parallel angeordneten blättrigen Mineralen, wodurch eine ausgezeichnete Fläche entsteht, nach der sich dünnste Platten aus dem Gestein spalten lassen. Schichtgesteine (der alte Name für Sedimente) sind durch ihren Aufbau aus unterschiedlich zusammengesetzten, gefärbten und strukturierten Schichten gekennzeichnet.

Die Ursachen für die Ausbildung einer gerichteten Textur sind mannigfalter Art. Auf den Wänden von Hohlräumen wachsen senkrecht schön ausgebildete Kristalle, die parallel angeordnet sind und die die von Sammlern begehrten Kristallrasen der Mineraldrusen bilden (s. Bild 12). In fließenden Gesteinsschmelzen (Lava) werden bereits gebildete stenglige oder blättrige Kristalle

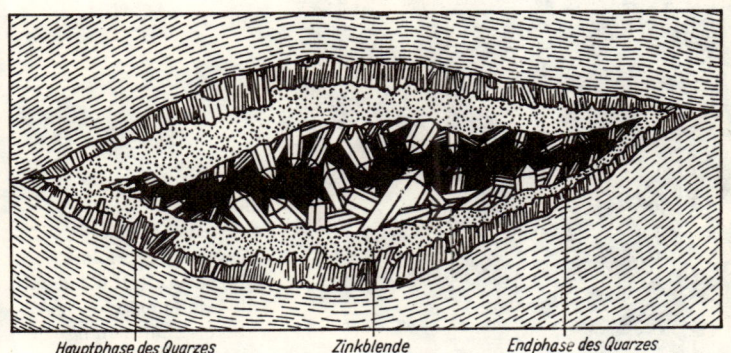

Hauptphase des Quarzes   *Zinkblende*   *Endphase des Quarzes*

Bild 12. Kristalldruse mit Ausscheidungsfolge von Quarz und Zinkblende, in serizitisiertem Gneis liegend (nach *P. Niggli*)

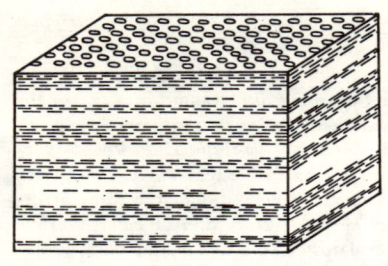

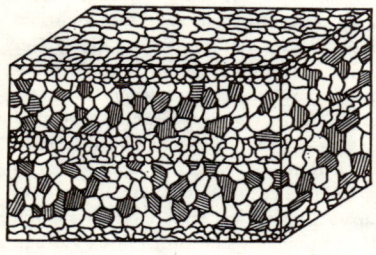

Bild 13
Schiefrige (oben) und schichtige (unten) Textur
(nach *P. Niggli*)

Bild 14
Schmelzwasserkies in der Kiesgrube Beyendorf/Magdeburg (DDR) zeigt die Schichtung von Lockersedimenten infolge unterschiedlicher Strömungsgeschwindigkeit
(Foto *D. Spott*)

und Einschlüsse in Strömungsrichtung orientiert – es entsteht eine Fließ-(Fluidal-)Textur. Wirkt bei der Gesteinsmetamorphose gerichteter Druck, so werden blättrige Mineralarten (Glimmer, Chlorite) senkrecht zur Druckrichtung eingeregelt; es entsteht eine gneisartige bis schiefrige Textur (s. Bild 13). Bei der Bildung von Sedimentgesteinen durch Absinken von Mineralkörnern im Wasser bewirkt die Schwerkraft der Erde eine parallel zur Unterlage ausgerichtete Schichttextur (s. Bilder 13 und 14).

Die exakte Bestimmung der Gefügeregelung erfolgt unter dem Mikroskop, wobei viele Einzelkristalle eines Gesteinsdünnschliffs mittels eines um drei bis fünf Achsen drehbaren Objekttisches (Universaldrehtisch) bezüglich ihrer Lage im Raum eingemessen werden. Zeigt die Mehrzahl der vermessenen Kristalle parallele oder ähnliche Anordnung, so liegt eine geregelte Textur vor.

Regelungen des Gesteinsgefüges treten aber nicht nur im mikroskopischen Größenbereich auf, sondern auch in mitunter gewaltiger Ausdehnung ganzer Gesteinsmassive, die sich in der Ausbildung von oft makroskopisch sichtbaren Rissen (Klüften) äußern. Die Klüftung eines Gesteinskörpers ist von ausschlaggebender Bedeutung für die technische Nutzung der Gesteine und charakteristisch für bestimmte Entstehungsbedingungen. In Erstarrungsgesteinen entsteht die Klüftung oft durch die mit der Abkühlung verbundene Volumenverringerung. In Tiefengesteinen erfolgt die Abkühlung langsam von allen Seiten her. Dadurch entsteht ein System von drei nahezu senkrecht aufeinanderstehenden Kluftflächen, nach denen das Gestein geteilt werden kann (s. Bild 15). Diese Makrotextur bildet die Grundlage für die Möglichkeit,

Bild 15. Wollsackverwitterung des Brockengranits/Harz (DDR) — verursacht durch die quaderförmige Klüftung in Tiefengesteinsmassiven (Foto *D. Spott*)

Bild 16. Säulig erstarrter Dacitlavastrom – die Säulen stehen senkrecht auf der Abkühlungsfläche (Foto *D. Spott*)

z. B. aus Granitgesteinen Quader und Würfel (Bau- und Pflastersteine) ohne allzugroßen Kraftaufwand herauszuschlagen. Bei Oberflächengußgesteinen wird die ausgeflossene Lava vor allem von der kalten Gesteinsunterlage her abgekühlt. Die Schwindungsrisse stehen immer senkrecht auf der Abkühlungsfläche, so daß bei ebenen Deckenergüssen eine säulenartige Kluftbildung angetroffen wird. Diese Erscheinung ist häufig bei den relativ dünnflüssigen Basaltlaven zu finden (s. Bild 16). Diese Gesteinssäulen bilden ein vorzügliches Baumaterial z. B. für Hafen- und Kaianlagen, aber auch für die Grundmauern größerer Gebäude. Wer Basaltgebiete bereist, wird überall im Mauerwerk auf die meist sechseckigen Basaltsäulenstücke aufmerksam.

Porosität

Als letztes gefügebestimmendes Gesteinsmerkmal wollen wir die Raumerfüllung behandeln, die sich in der Porosität der Gesteine widerspiegelt. Als Porosität bezeichnen wir die Gesamtheit aller Hohlräume im Gestein, die mit Gasen oder Flüssigkeiten, aber z. T. auch mit nachträglichen Mineralbildungen gefüllt sind.

Die Porosität wirkt sich wesentlich auf die Gesteinseigenschaften aus und ist in vielerlei Hinsicht von großer Bedeutung. Zunächst setzen die Hohlräume innerhalb eines Gefüges das Raumgewicht in vielen Fällen bedeutend herab. Auch die Festigkeit der Gesteine steht in direktem Zusammenhang mit der Porosität. Das trifft in besonderem Maße für Lockergesteine (Sande, Kiese u. a.) zu. Für die Ermittlung der Tragfähigkeit eines locker geschichteten Baugrundes sind exakte Messungen der Packungsdichte von ausschlaggebender praktischer Bedeutung. Wird ein Gestein als Baumaterial verwendet, so bestimmen die luftgefüllten Poren die Wärme- und Schallisolation der hergestellten Wände. Unsere modernen Wohnbauten bestehen aus hochporösem Leichtbeton und anderen Leichtbaustoffen, und die meisten von uns haben bereits bemerkt, daß dieses Material einerseits ausgezeichnet wärmedämmend, andererseits aber recht schalldurchlässig ist. Durch geeignete Wahl der Porosität muß der Baustofftechniker hier einen möglichst günstigen Kompromiß finden.

Unbedingt erwähnen müssen wir, daß die Porosität von Gesteinskomplexen in der Erdkruste die Möglichkeit schafft, Flüssigkeiten und Gase sowohl aufzunehmen (zu speichern) als auch weiterzuleiten. In Oberflächennähe sind die Hohlräume mit Wasser gefüllt (Grundwasser), das einer der für die volkswirtschaftliche Entwicklung wichtigsten Bodenschätze ist. Ähnlich große Bedeutung auch in perspektivischer Sicht kommt tiefergelegenen Sedimentgesteinen als Erdöl- und Erdgasträger zu. Ferner lassen sich manche Industrieabwässer, wie z. B. Ablaugen der Kaliindustrie, durch Versenken in porenreiche tiefliegende Gesteinsschichten beseitigen.

Die Größe der Hohlräume im Gestein erstreckt sich von selbst unter dem Mikroskop kaum erkennbaren winzigen Poren (Mikroporosität) über mit bloßem Auge sichtbare Abmessungen bis zu meterlangen und -breiten Drusenräumen (Makroporosität). Weiterhin ist entscheidend, ob die Poren untereinander verbunden sind, ob sie ein System von Hohlräumen im Gestein bilden (sog. offene Porosität) oder ob jede Pore in sich geschlossen ist, also keine Verbindung zu weiteren Poren aufweist (sog. geschlossene Porosität). Im ersten Falle können Gase oder Flüssigkeiten im Gefüge zirkulieren, das Gestein ist in mehr oder weniger starkem Maße durchlässig. Da Gase und Flüssigkeiten in den Hohlräumen mit dem Gestein chemisch reagieren können, hängt die Widerstandsfähigkeit gegen äußere Medien (z. B. Verwitterung) bedeutend von der offenen Porosität ab. Um ein Eindringen von Flüssigkeiten in das Gefüge zu verhindern, muß man die Oberfläche mit einer undurchlässigen Schutzschicht überziehen. Deshalb werden z. B. auf keramischen Erzeugnissen (Töpferwaren, Porzellan, Steingut) Glasuren angebracht. Viele Umwandlungsvorgänge von Gesteinen sowohl im Bereich der Erdoberfläche (Verfestigung lockerer Ablagerungen, Zementstein- und Betonherstellung, Frostsprengung) als auch unter erhöhten Druck- und Temperaturbedingungen (Entstehung metamorpher Gesteine, Zerstörung feuerfester Ofenausmauerungen) werden durch die Zirkulation von Lösungen oder Schmelzen in den Porenräumen der entsprechenden Gefüge stark beschleunigt und oftmals erst ermöglicht.

Die Bestimmung der Porosität erfolgt auf verhältnismäßig einfache Weise. Die Makroporosität kann an ebenen Gesteinsflächen durch Ausmessen der Porenfläche ermittelt werden. Meist erhält man die Porosität als Differenz zwischen dem Raumgewicht eines Gesteinsstückes und der genau gemessenen Dichte des gemahlenen Gesteins. Bei diesem Verfahren können offene und geschlossene Porosität nicht voneinander unterschieden werden. Die offene Porosität ermitteln wir, indem wir bestimmen, wieviel Flüssigkeit (z. B. Wasser) das vorher vollständig getrocknete Gestein aufzusaugen vermag. Bei der Kennzeichnung der Eigenschaften technisch verwendeter künstlicher Gesteine (z. B. Feuerfeststeine, Leichtbeton) werden auch Wasser- und Gasdurchlässigkeit und Durchströmungsgeschwindigkeit gemessen.

Physikalische Eigenschaften der Gesteine

Chemische Zusammensetzung, Mineralbestand und Gefüge bedingen die physikalischen Eigenschaften der Gesteine, die ihrerseits die Grundlage für die praktische Verwendung darstellen. Unter der Bezeichnung »physikalisch-technische« Eigenschaften wird in erster Linie die Festigkeit der Gesteine verstanden, die je nach Beanspruchung sehr unterschiedliche Beträge aufweisen kann. Im wesentlichen werden die meist in Zahlengrößen (MPa, früher kp/cm^2) angegebenen statischen Festigkeiten (Druck-, Zug-, Biege- und Scherfestigkeit) von den dynamischen Festigkeitseigenschaften (Schlagfestigkeit, Abnutzbarkeit, Gesteinshärte, Bearbeit- und Bohrbarkeit) unterschieden, die meist nicht in exakte Zahlenwerte zu fassen sind. Mit der Erforschung der Zusammenhänge zwischen den physikalisch-technischen Eigenschaften, dem Mineralbestand und dem Gefüge der Gesteine hinsichtlich ihrer praktischen Verwendung in der Wirtschaft beschäftigt sich das Wissenschaftsgebiet der technischen Gesteinskunde.

Weiterhin sind die physikalischen Eigenschaften der Gesteine von großer Bedeutung für die Erforschung sowohl der Erdkruste als auch der tieferen Erdschichten. Die Kenntnis der petrophysikalischen Kennwerte der Gesteine wie Dichte, Elastizität, Leitfähigkeit für Wärme und Elektrizität, Magnetisierbarkeit sowie Radioaktivität ist im Zusammenhang mit dem stofflichen Aufbau des Gesteins die Grundlage für die Deutung (Interpretation) der geophysikalischen Meßergebnisse. Alle Informationen, die wir heute über den stofflichen Aufbau der Erde in Tiefen von über 100 km besitzen, sind ausschließlich auf den Vergleich von physikalischen Gesteinseigenschaften (die im Laboratorium gemessen werden) und geophysikalischen Messungen zurückzuführen. Die mit seismischen Methoden gemessene Laufzeit von Erdbebenwellen durch tiefe Erdschichten hängt von der Elastizität der Gesteine in diesen Schichten ab. Die durch die Gravimetrie bestimmten Unterschiede in der Erdanziehungskraft sind bedingt durch die unterschiedliche Dichte der Gesteinsmassen in der Erdtiefe. Der Mineralbestand der Gesteine, speziell der Gehalt an magnetisch

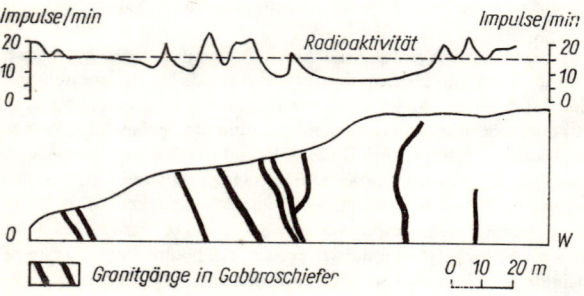

Bild 17. Petrographisches und Radioaktivitätsprofil an der Straße Böhrigen-Berbersdorf (DDR), (nach *A. V. R. Sastry*)

wirksamen Eisenmineralen, spiegelt sich in den gesteinsmagnetischen Messungen wider.

Die große Bedeutung dieser Gesteinseigenschaften liegt darin, daß durch ihre Bestimmung mittels geophysikalischer Methoden Gesteine und damit Lagerstätten aufgefunden werden können, die unter der Erdoberfläche verborgen liegen (s. Bild 17). Der Wissenschaftszweig, der sich mit dieser Problematik beschäftigt, wird als angewandte Geophysik bezeichnet. Wir können im Rahmen des vorliegenden Taschenbuches nicht näher auf dieses interessante Gebiet eingehen und müssen den hierfür interessierten Leser auf Speziallliteratur verweisen.

Gesteinsentstehung

Minerale und Gesteine sind keine starren, unveränderlichen Gebilde, sondern sie sind einem steten Wechsel von Werden und Vergehen unterworfen. Wenn wir ein Gestein nach den im vorhergehenden Kapitel behandelten Merkmalen beschreiben, so fertigen wir eine Art Momentaufnahme an, die nur eine begrenzte Zeit Gültigkeit besitzt. Allerdings müssen wir im Gegensatz zum biologischen Geschehen im Bereich der Gesteine mit ganz anderen Zeiträumen rechnen. Wachstum, Alterung und Zerfall der Gesteine spielen sich im Verlauf geologischer Epochen (sog. Formationen) ab, die nach Jahrmillionen gemessen werden. Daraus erklärt sich, daß unsere »Momentaufnahme« nach menschlichen Zeitmaßen doch für viele Generationen gültig ist. Die Bildungszeiten einiger Sedimente mögen dies verdeutlichen. Im Bereich der Tiefsee werden im Verlaufe von tausend Jahren nur 1 bis 2 cm dicke Kalk-(Globigerinen-)Schlamm- und nur einige Millimeter dicke Tonlagen abgesetzt. Auch die Auflösung der Gesteine dauert sehr lange, so daß selbst in Gebirgsgegenden, in denen die Abtragung besonders rasch erfolgt, im Verlauf von mehreren 100 Jahren kaum eine nennenswerte Veränderung der Oberflächenformen erfolgt. Da Entstehung und Zerstörung bzw. Umwandlung der Gesteine im ständigen Wechselspiel ineinander übergehen, wollen wir sie in diesem Kapitel nur dort trennen, wo es die Übersichtlichkeit der Darstellung erforderlich macht.

Die Gesteinsentstehung gliedern wir nach physikalisch-chemischen und geologischen Gesichtspunkten im wesentlichen in drei Bereiche. Durch Abkühlung und Erstarrung eines silikatischen Schmelzflusses (Magma) entstehen die magmatischen Gesteine. Unter dem Einfluß der Erdoberflächenbedingungen läuft die Verwitterung ab. Aus den Zerfallsprodukten bilden sich die Sedimentgesteine. Durch Umwandlung unter erhöhtem Druck und erhöhter Temperatur entstehen die metamorphen Gesteine. Diese Gliederung ist strenggenommen nur ein Hilfsmittel zum besseren Verständnis der in der Natur ablaufenden komplizierten Vorgänge. Sowohl magmatische und sedimentäre als auch metamorphe Prozesse sind durch zahlreiche Übergänge miteinander verbunden und laufen zeitlich und räumlich nebeneinander ab. Sie beeinflussen sich wechselseitig.

Magmatische Gesteinsentstehung

Ausgangspunkt der Gesteinsentstehung ist das Magma, nach *P. Niggli* eine »dem Erdinneren entstammende, glutheiße Schmelze, die in erkaltetem Zustand größere selbständige Räume der Erdkruste einnimmt«. Diese Schmelze besteht aus zwei Gruppen von chemischen Grundstoffen, die bei hoher Temperatur und hohem Druck (den Zustandsbedingungen in tieferen Erdkrustenteilen) eine homogene (einheitliche) Mischung bilden. Hauptbestandteile des Magmas sind die sogenannten schwerflüchtigen Komponenten, die wegen des überwiegenden Gehaltes an Sauerstoff in Oxidform angegeben werden. Hauptsächlich gehören dazu die Oxide von Silizium, weiterhin in der Reihenfolge abnehmender Bedeutung Aluminium, Eisen, Kalzium, Magnesium, Natrium und Kalium. Der Umfang der Mischungsverhältnisse dieser Bestandteile ist in den Magmen ziemlich klein. Im Gegensatz zu den Sedimenten mit ihren weit variierenden chemischen Zusammensetzungen bilden die Magmen und damit die magmatischen Hauptgesteine eine Gruppe mit relativ eng begrenztem Stoffbestand. Außer diesen Komponenten enthält das Magma die Gruppe der leichtflüchtigen Anteile, die nur unter erhöhtem allseitigem Druck in der Schmelze verbleiben, bei Druckentlastung aber sofort entweichen (abdestillieren). Hierzu gehören außer dem überwiegend vorhandenen Wasser (H_2O) noch Kohlendioxid (CO_2), Salzsäure (HCl), Flußsäure (HF), Schwefelwasserstoff (H_2S), Borsäure (B_2O_3) und eine Anzahl weiterer, in geringen Mengen auftretender Stoffe. Gelangt ein Magma an die Erdoberfläche, so werden infolge der Druckentlastung die flüchtigen Bestandteile an die Atmosphäre abgegeben. Aus Beobachtungen an Vulkanausbrüchen wissen wir, welche Mengen an Gasen im magmatischen Schmelzfluß gelöst sein können. 1943 begann in Mexiko die Bildung des Vulkans Paricutin, die 1952 beendet war. In dieser Zeitspanne entwichen aus dem Vulkankrater etwa 40 Millionen Tonnen Wasserdampf, die in der ursprünglichen Schmelze 1,1 Masse-% ausmachten. Im Vulkangebiet »Tal der 10 000 Dämpfe« in Alaska werden jährlich 1,25 Millionen Tonnen Salzsäure und 0,2 Millionen Tonnen Flußsäure an die Erdoberfläche gefördert. Beim Ausbruch des Vesuvs im Jahre 1906 strömte 24 Stunden lang Gas in die Atmosphäre, das eine zusammenhängende Rauchsäule von 13 km Höhe bildete.

Diese flüchtigen Bestandteile des Magmas sind für die Gesteinsentstehung außerordentlich wesentlich. Während das Gemenge der schwerflüchtigen Kom-

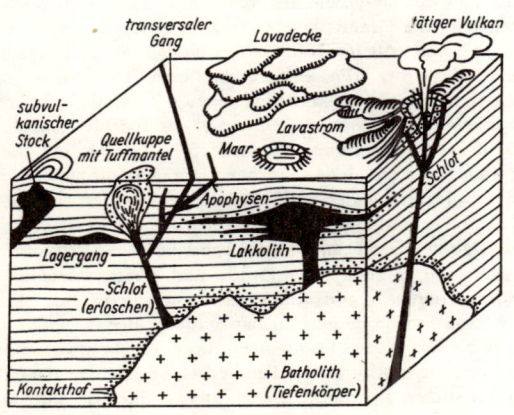

Bild 18
Blockschema der Lagerungsformen magmatischer Gesteine
(nach *Kettner*)

ponenten erst bei sehr hoher Temperatur (über 1000 °C) schmilzt, bewirken die gelösten Gase (bis 8 %), daß das Magma bis zu Temperaturen von 550 bis 600 °C noch flüssig bleibt. Daraus erklärt sich die Schwierigkeit, die Entstehung magmatischer Gesteine experimentell nachzuahmen, da man durch Aufschmelzen eines magmatischen Gesteins wegen der nicht mehr vorhandenen flüchtigen Komponenten niemals ein Magma erhält.
Für die Betrachtung der gesteinsbildenden magmatischen Folge müssen wir zwei grundsätzliche Möglichkeiten unterscheiden (s. Bild 18).

1. Das Magma kühlt innerhalb der Erdkruste allseitig von Nebengestein umgeben ab (Tiefengesteins- oder plutonische Folge).

2. Das Magma dringt an die Erdoberfläche und erstarrt dort (Ergußgesteins- oder vulkanische Folge).

Plutonische Folge

In den letzten 20 Jahren sind durch die Ergebnisse der Geophysik über die Temperatur-, Druck- und Dichteänderungen der Materie in Abhängigkeit von der Tiefe, durch die Erforschung der Ozeanböden und durch physikalisch-chemische Experimentaluntersuchungen zu den Schmelzbedingungen der Gesteine zahlreiche neue Erkenntnisse gewonnen worden. Auf ihrer Grundlage sind neuartige Vorstellungen über die Magmenentstehung und die magmatische Gesteinsbildung entwickelt worden, die nachfolgend kurz umrissen werden sollen (nach *Petrow,* 1974): Nach den Gesetzen der physikalischen Chemie entsteht bei ganz bestimmten Drücken und Temperaturen aus einem festen Mineralgemenge eine Teilschmelze, die auch bei unterschiedlichem Ausgangsmaterial immer die annähernd gleiche Zusammensetzung aufweist. Derartige Schmelzen werden als eutektische Zusammensetzungen bezeichnet. Ihre Zahl ist trotz der großen Vielfalt möglicher Ausgangsgesteinsgemenge gering und erklärt, daß nur wenige Magmengesteinstypen in großer Menge und Verbreitung in der Erdkruste auftreten. Die beiden Hauptvertreter sind die kieselsäurereichen granitischen und die kieselsäureärmeren basischen (basaltischen) Gesteine. Die relativ wasserreiche Granitschmelze entsteht nach den neuesten Ansichten bei Temperaturen von 650 bis 700 °C (920 bis 970 K) und einem Druck von 6 bis 8 kbar (600 bis 800 MPa) entsprechend einer Tiefe zwischen 18 und 30 km (etwas tiefer granodioritische Magmen); die relativ wasserarmen basaltischen Magmen bei 1300 bis 1350 °C (1570 bis 1620 K) und 30 bis 32 kbar (3000 bis 3200 MPa) entsprechend einer Tiefe von 95 bis 115 km. Am Ort ihrer Bildung stehen sie mit dem restlichen nicht aufgeschmolzenen Material im Gleichgewicht. Das bedeutet, daß die Entstehung der entsprechenden magmatischen Gesteine durch Kristallisation der Magmen erst erfolgen kann, wenn diese infolge von Bewegungen oder Brüchen in der Erdkruste in höhere Bereiche aufsteigen, d. h. niedrigeren Druck- und Temperaturbedingungen ausgesetzt werden. Hieraus ergibt sich der wesentliche Einfluß der Tektonik (Dynamik der Erdkruste) auf die Magmatitbildung, der im speziellen Teil (Gesteine von A bis Z) bei den Stichworten Andesite, Basalte, Gabbros, Granite, Granodiorite, Peridotite sowie Kimberlit eingehender dargestellt wird. Das in den klassischen Lehrbüchern der Petrographie wie auch in

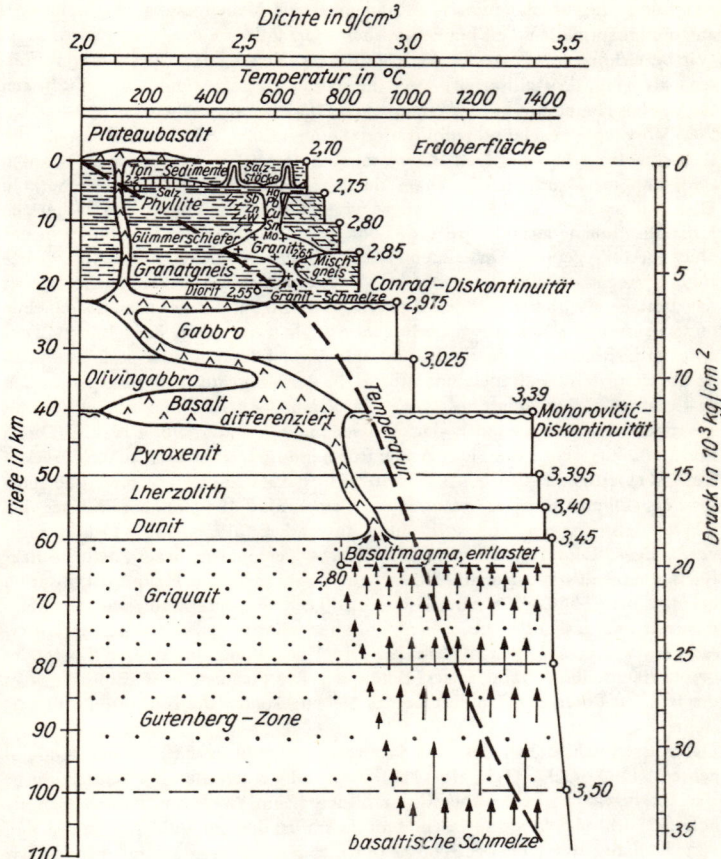

Bild 19. Gliederung der Erdkruste nach Gesteinsentstehung (petrologischen) und geophysikalischen Gesichtspunkten (nach *Borchert* und *Tröger*) (wenig geändert)

den ersten vier Auflagen dieses Buches dargestellte Prinzip der Kristallisationsdifferentiation (Aufspaltung eines Stamm-Magmas in verschiedene Gesteinsarten durch die Aufeinanderfolge und Abtrennung der Mineralausscheidungen) besitzt gewiß Gültigkeit, wirkt sich aber nur in räumlich begrenzten Gesteinskörpern aus und führt zu deren mannigfaltiger Gesteinsausbildung. In gleicher Weise wirken die Vermischung verschiedener Magmen (Hybridisierung) und die Aufnahme und Aufschmelzung von Nebengestein (Assimilation), auf die im speziellen Teil bei zahlreichen Magmatiten eingegangen wird.

Wir bezeichnen die Prozesse, die zur Bildung der magmatischen Gesteine führen, als Hauptkristallisation, weil die hierbei gebundenen schwerflüchtigen Oxide den Hauptanteil der magmatischen Schmelze ausmachen.

Der Vorgang der Hauptkristallisation findet seinen Abschluß, wenn in der Restschmelze die flüchtigen Komponenten dermaßen angereichert worden sind, daß ihr Druck den äußeren, durch das umgebende Gestein bewirkten Druck übersteigt. In diesem Moment verläßt der Schmelzrest den bisherigen Kristallisationsraum und wird oft kilometerweit durch Risse und Poren in das Nebengestein gepreßt. In diesem Stadium müssen einige erklärende Worte zum Aggregatzustand gesagt werden. Hauptkomponente der Restschmelze ist das Wasser als überwiegender Anteil der flüchtigen Komponenten; daneben finden sich Reste der schwerflüchtigen Anteile (vor allem Kieselsäure, Tonerde und Kalium) sowie Flußsäure, Salzsäure, Schwefelwasserstoff u. a. Uns ist bekannt, daß die Siedetemperatur, d. h. der Übergang vom flüssigen in den gasförmigen Aggregatzustand, vom Druck abhängig ist (im Hochgebirge mit niedrigem Luftdruck siedet das Wasser bereits unterhalb 100 °C). Durch Druckerhöhung wird die Siedetemperatur heraufgesetzt. Unter hohen Drücken kann Wasserdampf also bei z. B. 200 °C in heißes flüssiges Wasser überführt werden. Oberhalb einer bestimmten Temperatur (bei reinem Wasser bei 374 °C) läßt sich ein Stoff auch unter Anwendung allerhöchster Drücke nicht verflüssigen. Diese Grenze wird als kritische Temperatur bezeichnet. Sie liegt für die magmatischen Restschmelzen nach Beendigung der Hauptkristallisation bei 400 bis 450 °C. Wir müssen demzufolge den Aggregatzustand der Magmenreste als gasähnlich betrachten und bezeichnen ihn wegen seiner Unterschiede zu echten Gasen als »fluid«. Die Vorstellung des fluiden Zustandes gestattet uns, die leichte Beweglichkeit der Restmagmen beim Eindringen in die feinsten Poren und Hohlräume des Nebengesteins (die Infiltration) zu verstehen.

Der wasserreichste Teil des Magmarestes enthält die leichtflüchtigen Komponenten (H_2O, CO_2, H_2S, HF, HCl) und Schwermetalle, die leichtflüchtige Verbindungen mit Fluor oder Chlor bilden (Zinn, Wolfram, Molybdän). Er befindet sich nach Abschluß der Hauptkristallisation im fluiden Zustand und vermag daher das Nebengestein zu durchdringen. Diesen Prozeß nennen wir *Pneumatolyse* (grch. pneuma – Luft, Gas). Das Nebengestein wird chemisch angegriffen und in neue Gesteinstypen umgewandelt, die wir im Abschnitt über metamorphe Gesteine besprechen wollen. Zusammenfassend bezeichnen wir die an die Hauptkristallisation anschließenden gesteinsbildenden Vorgänge der magmatischen Folge als pneumatolytisches Stadium.

Die heißen fluiden Restlösungen kühlen auf ihrem Weg durch das Nebengestein rasch ab. Sobald sie die kritische Temperatur erreichen, werden sie durch den in der Erdkruste herrschenden Druck verflüssigt. Es liegt nun kein gasähnlicher Aggregatzustand mehr vor, der eine leichte Beweglichkeit durch die Porenräume des Nebengesteins gestattet, sondern eine heiße wäßrige Lösung, die sich vor allem auf offenen Spalten und Klüften des Nebengesteins sammelt. Die Änderung des Aggregatzustandes und die fortschreitende Abkühlung bewirken, daß die im heißen Wasser gelösten Stoffe auskristallisieren. Auf diese Weise entstehen die hydrothermalen Spalten- und Kluftausfüllungen von Quarz, Karbonaten, Flußspat, Schwerspat mit den Erzen von Eisen, Arsen, Blei, Zink, Kupfer, Silber, Gold, Antimon und vielen anderen, die meist kompakte Massen, hin und wieder aber auch sehr schöne Kristalldrusen bilden (s. Bild 12). Die hydrothermalen Gänge werden wegen ihrer Anhäufung von Metallen oder nutzbaren Mineralen als wertvolle Lagerstätten abgebaut. Gegenüber den Gesteinen der Hauptkristallisation treten sie mengenmäßig stark zurück.

Vulkanische Folge

Bereits nach der äußeren Erscheinung gänzlich anders als die Tiefengesteine sind die Ergußgesteine, die durch Abkühlung der Gesteinsschmelze an der Erdoberfläche entstehen. War die Tiefengesteinsentstehung charakterisiert durch langsame Abkühlung unter hohem Druck (in Anwesenheit der flüchtigen Bestandteile des Magmas), so bewirkt der Ausbruch an die Erdoberfläche, daß der Druck schlagartig absinkt, wodurch die flüchtigen Komponenten als Gase sofort in die Atmosphäre entweichen. Die Temperatur der Lava (entgastes Magma) sinkt ebenfalls sehr rasch, so daß die Erstarrung bereits kurze Zeit nach dem Ausbruch erfolgt. Diese Entstehungsbedingungen bewirken einige charakteristische Gefügemerkmale der vulkanischen Gesteine. Bei rascher Abkühlung ist die Zeit für die Kristallisation und das Kristallwachstum sehr kurz. Deshalb sind Ergußgesteine im allgemeinen sehr feinkristallin, häufig sogar glasig erstarrt. Nur vereinzelt treten größere Kristalle auf, die dann bereits in der Tiefe gebildet und in der Lava schwimmend an die Erdoberfläche transportiert wurden. Es entsteht das für Ergußgesteine typische porphyrische Gefüge, das durch größere Einsprenglinge in feinkörniger bis glasiger Grundmasse gekennzeichnet ist. Das sofortige Abdestillieren der Gase bewirkt auch, daß die Ergußgesteine, von bereits in der Tiefe gebildeten Kristallen abgesehen, keine Minerale enthalten, an deren Strukturaufbau flüchtige Komponenten teilnehmen (z. B. Glimmer). Die aus dem Vulkan austretende Lava fließt infolge ihrer mehr oder weniger hohen Viskosität entsprechend dem Gefälle, wobei bereits gebildete Kristalle und auch Schlieren in Fließrichtung eingeregelt werden. Derartige Fließ-(Fluidal-)Texturen sind für Ergußgesteine typisch. Die rasche Entfernung der magmatischen Gase bewirkt, daß bei vulkanischen Gesteinsbildungen im allgemeinen keine pneumatolytischen und hydrothermalen Bildungen wie bei den Tiefengesteinen auftreten, wohl aber häufig blasige Gefüge (z. B. Bimsstein, Tafel XI). Die beim Vulkanausbruch zerstäubte Lava bildet feinkörnige lockere Tuffgesteine, sogenannte Pyroklastite (s. Tafel XX).

Sedimentäre Gesteinsentstehung

Unter den Bedingungen der Erdoberfläche sind besonders die magmatischen und metamorphen Gesteine nicht stabil, d. h., sie werden leicht zerstört. Da die zerstörenden Agenzien Luft, Wasser, Sonneneinstrahlung, Frost usw. sind, bezeichnen wir den Gesteinszerfall als Verwitterung. Je nach Klima und Oberflächenrelief (Landschaftsform) herrschen verschiedene Typen der Verwitterung vor. Wir unterscheiden physikalische, chemische und biologische Verwitterung, müssen uns aber immer darüber im klaren sein, daß meistens die verschiedenen Arten der Verwitterung kombiniert miteinander auftreten. Das feste Gestein wird auf mechanischem Wege durch Risse und Spalten in losen Schutt zerteilt. Wir bezeichnen diese Zerkleinerung als physikalische Verwitterung. Sie wird hauptsächlich bewirkt durch den Wechsel zwischen Erwärmung infolge Sonneneinstrahlung und nächtlicher Abkühlung, die mit Volumenveränderungen verbunden sind, ferner durch die Sprengwirkung des im Porenraum der Gesteine befindlichen Wassers beim Frieren zu Eis und schließlich durch den Wachstumsdruck der Pflanzenwurzeln, die sich in feinste Spalten des Gesteins hineindrängen und einen erheblichen Sprengdruck hervorrufen. Diese mechanische Zerstörung des festen Gesteins bewirkt eine erhebliche Vergrößerung der Oberfläche, auf der Wasser mit gelösten Agenzien auf das Gestein einwirken und es chemisch verändern kann. Wir nennen deshalb den weiteren Abbau der Gesteine und Minerale chemische Verwitterung. In jedem Fall spielt Wasser dabei eine dominierende Rolle.

In Gebieten ewigen Frostes und in den wasserarmen Wüstengebieten (s. Tafel XIX/2) ist kaum eine nennenswerte chemische Verwitterung zu verzeichnen. Dagegen werden in den niederschlagsreichen Gebieten Mitteleuropas oder der tropischen Regenwälder chemische Gesteinszersetzungen beobachtet, die über 100 m tief in den Erdboden hineinreichen können. Die Einzelformen der chemischen Verwitterung sind vielfältig. Im einfachsten Falle werden bestimmte Minerale wie Steinsalz oder Gips einfach gelöst. Karbonatgesteine lösen sich in reinem Wasser nur sehr schwer, dagegen relativ leicht in kohlendioxidhaltigem Wasser (Kohlensäure). Da das Regenwasser immer CO_2 und Sauerstoff aus der Luft aufnimmt, ist die starke Auflösung von Kalkstein leicht zu verstehen (Karstgebiete, Kalk- und Tropfsteinhöhlen). In Industriegebieten werden besonders viel Kohlendioxid, aber auch Schwefeloxide aus den Verbrennungsgasen aufgenommen, so daß hier die Verwitterungserscheinungen z. B. an Gebäuden besonders stark in Erscheinung treten (Rauchgasverwitterung). Der im Wasser gelöste Sauerstoff bewirkt eine Oxydation der gesteinsbildenden Minerale, besonders des Eisengehaltes, so daß sich die chemische Verwitterung häufig in einer rostbraunen Verfärbung der Gesteine andeutet. Schließlich wirkt das Wasser selbst auf die Minerale ein, indem es die Verbindungen (meist Silikate) in ihre Bestandteile aufspaltet. Diesen Prozeß nennen wir Hydrolyse. Außerdem wirken die Ausscheidungen von Kleinlebewesen in starkem Maße zersetzend auf die Gesteine ein. Als Ergebnis der chemischen und physikalischen Verwitterung werden die festen Gesteine in kleine Bruchstücke sowie in ihre chemischen Bestandteile zerlegt, die teils gut wasserlöslich sind und weggeführt werden, teils aber auch rasch neue wasserunlösliche Verbindungen bilden und dann an die Stelle der ursprünglichen Minerale treten. Durch die Verwitterung wird aus Festgestein der Ackerboden gebildet. Betrachten wir den Vorgang der Verwitterung nicht vom chemischen, sondern vom Standpunkt der Mineralkunde aus, so ergibt sich, daß bestimmte

Minerale (z. B. Quarz) nur mechanisch zerkleinert, aber chemisch kaum angegriffen werden. Diesen Rückstandsmineralen stehen Mineralneubildungen gegenüber, die entweder in Wasser schwerlösliche Salze, wie Karbonate und Sulfate, oder aber unter normalen Druck- und Temperaturbedingungen stabile Silikate des Aluminiums oder Magnesiums (die Tonminerale) darstellen. Charakteristisch für die meisten Mineralneubildungen sind extrem geringe Korngrößen.

Wie wir gesehen haben, liefert die Verwitterung den Mineralbestand der Sedimentgesteine. Das Gefüge der Sedimentgesteine zeigt, daß außer der Mineralbildung der Mineral- bzw. *Stofftransport* eine wesentliche Rolle spielt. Chemische und physikalische Faktoren der Umlagerung sind für die Vielfalt der Sedimentgesteine verantwortlich. Der Materialtransport erfolgt durch fließendes Wasser, Wind, Eis oder nur durch den Einfluß der Schwerkraft. Je kleiner die Teilchen sind, um so weiter können sie verfrachtet werden. Im Gebiet des ewigen Frostes (nivales Klima) transportieren die Gletscher Verwitterungsschutt aller Korngrößen gleichzeitig und lagern ihn als Grund- und Endmoräne ab. In Wüstengebieten (arides Klima) herrscht der Windtransport vor. Er bewirkt eine Korngrößensortierung in Geröll, das am Bildungsort verbleibt, Sand, der innerhalb der Wüste zu Dünenlandschaften angehäuft, und feinsten Staub (Löß), der häufig aus den Wüsten herausgeweht und in benachbarten Gebieten abgelagert wird (die mächtigen Lößablagerungen Chinas stammen aus den innerasiatischen Wüsten).

Die Haupttransportkraft auf der Erde ist das fließende Wasser, das in Gebieten mit Niederschlagsüberschuß (humides Klima, tropisch und gemäßigt) als Grund-, Quell-, Fluß- und Seewasser dem Gefälle entsprechend dem Ozean zueilt und dabei die Oberflächenmorphologie erzeugt. Je nach Größe und Art des vom Wasser mitgeführten Materials sprechen wir von Geröllfrachtung, Schwebfrachtung und Lösungsfrachtung. Sinkt die Strömungsgeschwindigkeit, so lagern sich Geröll, Sand und Schweb nacheinander ab (s. Tafel XIX). Die kolloid und echt gelösten Stoffe fallen erst durch chemische Vorgänge aus. Die Verwitterungsbildungen werden auf diese Weise über die gesamte Erdoberfläche verteilt, dabei sortiert und schließlich an den tiefsten Stellen entweder der Kontinente oder vorwiegend in den Meeresbecken als Sedimente abgesetzt (s. Bild 20).

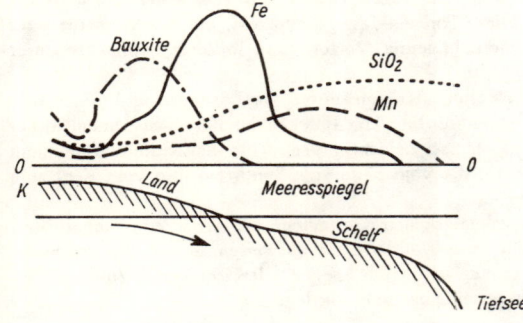

Bild 20
Schema der chemischen Sedimentation im Küsten-, Schelf- und Tiefseebereich
Ablagerung der Bauxite, Fe Eisenoxide, Mn Manganoxide und SiO_2 (Kieselerde)

Wir unterscheiden nach dem Überwiegen der Art der Sedimentationsbedingungen zwischen klastischen Sedimenten (Absatz durch Änderung des physikalischen Zustandes wie Nachlassen der Wasserströmung, s. Bild 14) und chemischen Sedimenten (Absatz infolge chemischer Reaktionen, s. Bild 21). Eine gewisse Sonderstellung nehmen die biogenen Sedimente ein, die wesentlich durch die Lebenstätigkeit pflanzlicher oder tierischer Organismen gebildet werden (z. B. Kohle, Kreide, s. Bild 37).

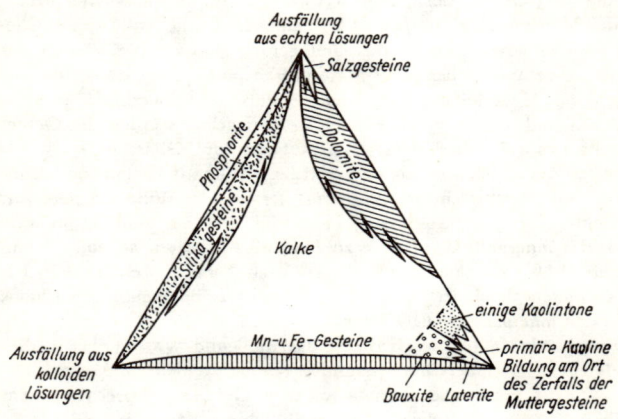

Bild 21. Schema der Bildung verschiedener Sedimentgesteine chemischer Entstehung (nach *Ruchin*)

Die *Sedimente* genügen bereits der Gesteinsdefinition; sie sind also Gesteine. Sie unterscheiden sich aber in einer wesentlichen Eigenschaft von den Gesteinen im landläufigen Sinne; sie sind Lockergesteine ohne festen inneren Verband. Erst durch einen weiteren Prozeß, den wir *Diagenese* nennen, wird aus einem lockeren Sand, Kies, Ton ein fester Sandstein, ein Konglomerat oder ein Tonschiefer. Diagenese bedeutet Verfestigung lockerer Sedimente unter Normalbedingungen.
Sie kommt durch Entwässerung, Kristallisation von Lösungen und Gelen und chemische Reaktionen zustande. Die Herstellung von Beton aus einem lockeren Gemisch von Sand, Kies und Zementpulver ist die künstliche Nachahmung der natürlichen Diagenese, die vom Sand zum Sandstein und vom Kies zum Konglomerat führt.
Im Gegensatz zu den magmatischen Gesteinen, die meist eine ungerichtetmassige Textur oder höchstens Fluidaltextur aufweisen, zeigen die Sedimentgesteine oft einen entstehungsbedingten lagigen oder schichtigen Aufbau. Daher sind sie auch Schichtgesteine genannt worden.

Metamorphe Gesteinsentstehung

In diesem Abschnitt wollen wir die gesteinsbildenden Prozesse erläutern, die unter der Einwirkung erhöhter Temperatur und erhöhten Druckes auf bereits vorhandene feste Gesteine ablaufen. Wir unterscheiden zwei grundsätzliche Arten der Gesteinsumwandlung:

– Kontaktmetamorphose und
– Regionalmetamorphose

Kontaktmetamorphose

Bei der Platznahme eines Magmas in der Erdkruste bildet es Kontakte mit dem Nebengestein, das dadurch der Einwirkung der hohen Schmelztemperatur und der magmatischen Gase ausgesetzt ist. Wirkt im wesentlichen die Temperatur auf das Nebengestein, so wandelt es sich unter Beibehaltung seines chemischen Bestandes um. Im einfachsten Falle erfolgt über einen Kristallwachstumsprozeß eine Vergröberung des Gefüges. Aus einem reinen feinstkörnigen Kalkstein entsteht auf diese Weise grobspätiger Marmor. Bei tonigen Sedimentgesteinen führt die starke Erwärmung zu einer Wasserabspaltung und Neubildung wasserfreier, hitzebeständiger Minerale (z. B. Andalusit).

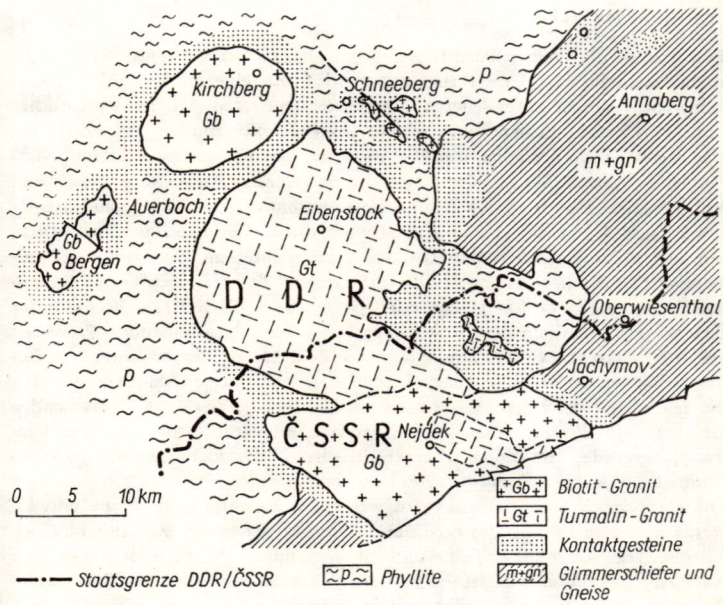

Bild 22. Kontakthöfe um Granitmassive im Westerzgebirge (nach *K. Pietzsch*)

Karbonate und Silikate reagieren miteinander und bilden die bei hohen Temperaturen beständigen Kalksilikate. Die Intensität der Umwandlungen nimmt wegen der schlechten Wärmeleitfähigkeit der Gesteine von der Kontaktfläche nach außen rasch ab. Das bewirkt, daß die Umwandlungszonen, die sogenannten Kontakthöfe, um magmatische Gesteinskomplexe nur eine begrenzte Ausdehnung erreichen. Bei Tiefengesteinen erfolgt die Abkühlung langsam; es entstehen Kontakthöfe von 1 bis 2 km Breite (s. Bild 22). Ergußgesteine erzeugen wegen der sehr raschen Abkühlung der Lava meist nur zentimeterdikke Umbildungen. Die kontaktmetamorphe Umwandlung des Nebengesteins wird besonders kompliziert und tiefgreifend, wenn sich zu der Hitzewirkung des Magmas die chemisch-aggressiven, in fluidem Zustand abdestillierenden flüchtigen Komponenten gesellen. Austauschreaktionen zwischen Nebengestein und eindringenden Gasen führen zu chemisch und mineralisch völlig neuartigen Gesteinen. Da die magmatischen Gase vorwiegend sauer reagieren, setzen sie sich bevorzugt mit den basisch wirkenden Karbonatmineralen und -gesteinen um. Der Fachausdruck für diese Vorgänge lautet »Metasomatose« (grch. meta = um, soma = Körper – Verdrängung); die so aus Karbonaten entstandenen Gesteine heißen Skarne. Da in ihnen häufig Schwermetallverbindungen (von Eisen, Kupfer, Zink) angereichert sind, erlangen sie als Erzlagerstätten oft große Bedeutung (z. B. Magnetit- und Buntmetallskarne).

Regionalmetamorphose

Von den an die unmittelbare Umgebung magmatischer Gesteine gebundenen kontaktmetamorphen Gesteinen unterscheiden sich eine große Zahl von Gesteinstypen, die in ausgedehnten Komplexen auftreten und trotz deutlicher Anzeichen nachträglicher Umwandlung keine direkte Bindung an bestimmte Magmagesteinskörper aufweisen. Für diese müssen wir andere Bildungsbedingungen annehmen. Wegen der regional ausgedehnten Auswirkung bezeichnen wir derartige Vorgänge als Regionalmetamorphose. Die häufig auftretende ausgeprägte lagige oder schiefrige Textur dieser Gesteine, die unter dem Mikroskop oft Kristalltrümmerstruktur zeigt, deutet an, daß die Regionalmetamorphose mit einer starken Durchbewegung des gesamten Gesteinsmaterials unter hohen Drücken verbunden ist (s. Tafel XII/XIII/2). Weiträumige Bewegungen innerhalb der Erdkruste, wie sie bei gebirgsbildenden Prozessen vor sich gehen, bewirken gemeinsam mit dem Druck der auflastenden Gesteinsschichten und den in zunehmenden Erdtiefen steigenden Temperaturen die regionalmetamorphen Gesteinsumwandlungen. Je nach den herrschenden Drücken und Temperaturen beobachten wir schwächere und stärkere Umwandlungsgrade, die durch charakteristische Mineralneubildungen gekennzeichnet und als *metamorphe Fazies* bezeichnet werden.

Die stark wasserhaltigen Sedimente werden in zunehmendem Maße entwässert. Unter dem Einfluß des gerichteten Druckes bilden sich zunächst blättrige Minerale der Glimmer-, Talk- und Chloritgruppe, die parallel angeordnet sind. Auf diese Weise entstehen Schiefer (Talkschiefer, Phyllite, Chloritschiefer u. a.), die sich durch Teilbarkeit in dünne Platten auszeichnen. Mit steigendem Druck reagieren die verschiedenen chemischen Grundstoffe miteinander und bilden Minerale, die ein geringeres Volumen als die ursprünglichen Kristallarten einnehmen. Diese Mineralarten (z. B. Granat, Disthen) sind typisch für stärkere Metamorphosegrade. Durch steigenden Druck und erhöhte Temperatur nähern sich die Bildungsbedingungen denen von magmatischen Gesteinen. Als Folge davon werden Mineralbestand und Gefüge der metamorphen Gesteine den Magmatiten immer ähnlicher. Aus einem ursprünglichen Tonschiefer entsteht durch starke Regionalmetamorphose ein granitähnlicher Gneis. Im Extremfalle überschreiten Drücke und Temperaturen den Existenzbereich fester Gesteine. Es entsteht eine Gesteinsschmelze, die nur mit bedeutendem experimentellem Aufwand von einem ursprünglichen, sogenannten juvenilen Magma unterschieden werden kann. Das Übergangsstadium zwischen der Regionalmetamorphose, die im festen Zustand des Gesamtgesteins verläuft, zur völligen Aufschmelzung, das durch das Auftreten von Teilschmelzen gekennzeichnet ist, bezeichnen wir als *Ultrametamorphose*. Gesteine, die sowohl Merkmale regionalmetamorpher (z. B. Gneise) als auch magmatischer (z. B. Granite) Gesteine zeigen, sind auf diese Weise entstanden.

Wenn wir die Forschungsergebnisse der Gesteinskundler, Geologen und Geophysiker zusammenfassend betrachten, so zeigen sich vielfältige tiefere Zusammenhänge zwischen den in erdgeschichtlichen Zeiträumen ablaufenden Bewegungen innerhalb der Erdkruste und der Entstehung der magmatischen sedimentären und metamorphen Gesteine. Mineralbestand, Gefüge und Lagerungsformen der Gesteine sind oft in typischer Weise mit den verschiedenen Formen der Erdkrustenbewegung verknüpft (s. Einleitung).

Künstliche Gesteine

Nicht nur in der Natur entstehen Gesteine, sondern auch auf künstlichem Wege im Verlaufe der industriellen Verarbeitung der natürlichen Rohstoffe. So sind z. B. Mörtel und Beton den natürlichen Gesteinen Sandstein und Konglomerat sehr ähnlich. Eine metallurgische Schlacke kann man mit erstarrter Lava vergleichen. Die grundlegenden physikalisch-chemischen Gesetze der Gesteinsbildung, d. h. die Umwandlung der festen Materie unter dem Einfluß von Druck, Temperatur und chemischen Stoffen, wirken bei der künstlichen Gesteinsbildung ebenso wie in der Natur. Daraus ergibt sich, daß den drei wesentlichen natürlichen Entstehungsprozessen (Kristallisation aus der magmatischen Schmelze, Sedimentation und Diagenese, Metamorphose) analoge Vorgänge in der industriellen Produktion entsprechen.

Magmatische Gesteine entstehen durch Abkühlung und Kristallisation einer silikatischen Schmelze. In Hochöfen und Hüttenwerken bilden sich bei der Metallgewinnung und -veredlung silikatische Schmelzen, die bei ihrer Abkühlung die verschiedenartigsten Schlacken bilden. Wirkt eine magmatische Schmelze auf Nebengestein ein, so entstehen kontaktmetamorphe Gesteine unter dem Einfluß der Temperatur und des auf Hohlräumen (Poren, Rissen) eindringenden Magmas. Brennen wir im Industrieofen Lehm zu Ziegeln, Ton zu Schamotte oder wirkt die flüssige Schlacke im metallurgischen Ofen auf die feuerfeste Ausmauerung, so wandeln sich die Ausgangsmaterialien ebenfalls in metamorphe technische Gesteine um, die bei hohen Temperaturen stabil sind.

Der natürlichen Verfestigung eines Sandes oder Kieses zu Sandstein bzw. Konglomerat entspricht direkt die künstlich hervorgerufene Verfestigung eines Zementmörtelbreies mit Sand zum Baustoff Beton, der als technisches Sedimentgestein bezeichnet werden kann.

Wegen der Ähnlichkeit der wirkenden Prozesse und des chemischen Aufbaus der Ausgangsstoffe bemerken wir zahlreiche Übereinstimmungen im Erscheinungsbild natürlicher und künstlicher Gesteine, die sich im Auftreten gleicher Mineralarten und ähnlicher Gefüge in natürlichen und technischen Gesteinen äußern.

Es gibt aber auch eine Reihe wesentlicher Unterschiede. Da in der Industrie Gesteine mit bestimmten erwünschten Eigenschaften hergestellt werden, trifft der Mensch eine sorgfältige Auswahl bei der Zusammenstellung der Rohstoffe, die unter natürlichen Bedingungen oft nicht gegeben ist. Das in der Natur vorherrschende gemeinsame Vorkommen der Oxide von Kalzium, Natrium und Aluminium, das seinen Ausdruck im häufigen Auftreten der Feldspäte findet, ist in technischen Prozessen meist unerwünscht. Deshalb werden durch oftmals sehr aufwendige Aufbereitungsverfahren die natürlichen Grundstoffe voneinander getrennt und mit völlig neuen Kombinationen die gewünschten Gesteinseigenschaften zusammengestellt. Daraus resultiert, daß in technischen Gesteinen viele Mineralarten vorkommen, die in der Natur äußerst selten sind oder gar nicht auftreten. Weiterhin spielen in der Natur hohe Drücke, Temperaturen unterhalb 1000 °C und lange Bildungszeiten eine große Rolle, während die Ergebnisse der industriellen Produktion durch Normaldruck, sehr hohe Temperaturen (über 1000 °C) und kurze Bildungszeiten charakterisiert sind. Hieraus folgt, daß die Mineralarten, die flüchtige Bestandteile wie Wasser, Fluor oder Chlor enthalten (Glimmer, Hornblenden), aus künstlichen Schmelzen meist nicht kristallisieren.

Auch in der äußeren Form der Gesteine existieren bedeutende Unterschiede: Die natürlichen Gesteine bilden große räumliche Komplexe von unregelmäßiger Form, während der Mensch den künstlichen Gesteinen bei der Herstellung bestimmte gewünschte Formen gibt (z. B. Ziegel, Geschirr, Isolatoren, Plastiken, Fertigbauteile für Häuser).

Ist die Menge künstlicher Gesteine nun so bedeutend, daß sie in ein Gesteinsbestimmungsbuch mit aufgenommen werden sollten? Jahr für Jahr entnimmt die Menschheit den natürlichen Lagerstätten mehr als 5 Milliarden Tonnen mineralischer Rohstoffe, eine Menge, die an einem Ort konzentriert einen Würfel von etwa 2 km Kantenlänge ergäbe. Der größte Teil davon wird in künstliche Gesteine umgewandelt, von denen wieder der größte Teil als zur Zeit noch nicht genutzter Anfall beseitigt, das heißt, irgendwo abgelagert werden muß. Unsere Industrielandschaft ist durchsetzt mit Deponien dieser künstlichen Gesteine. Zum Teil werden sie als Halden aufgeschüttet, zum Teil aber auch in natürlichen Bodensenken oder häufig in aufläsigen Steinbrüchen untergebracht. Bereits nach wenigen Jahren sind derartige Ablagerungen von der Vegetation überwuchert und äußerlich oft nur schwer von natürlichen Bildungen zu unterscheiden. So findet der Gesteinsliebhaber auch im Gelände häufig

Proben, die sich bei genauer Betrachtung als technische Produkte erweisen. Solche Funde erfordern ein Mindestmaß an Kenntnissen über die wichtigsten künstlichen bzw. technischen Gesteine, um sie als solche zu erkennen. In der Vielfalt ihrer Erscheinungsweise sowie ihrem Wert als potentielle Sekundärrohstoffe bilden die künstlichen Gesteine einen Gegenstand, der die nähere Beschäftigung mit ihnen sowohl interessant als auch nutzbringend erscheinen läßt. Schon mancher Techniker und Industriemineraloge hat auf diese Weise von den natürlichen zu den künstlichen Gesteinen fortschreitend sein Fachgebiet gefunden.

Die weitgehende Analogie zwischen natürlichen und technischen Gesteinen sowie ihr in Industrieländern häufig gemeinsames Vorhandensein an der Erdoberfläche erfordert, beide gleichberechtigt nebeneinander in einem modernen Gesteinsbuch darzustellen.

Bestimmung und Bezeichnung von Gesteinen

Den ersten Schritt bei der Gesteinsbestimmung bildet die Einordnung in eine der drei Hauptgruppen der Magmatite, Sedimentite und Metamorphite. Meist gestattet die aufmerksame Betrachtung eines Gesteins bei Berücksichtigung seiner Festigkeit, seiner Textur (richtungslos-körnig, geschichtet, geschiefert) und der Ausbildung seiner Minerale (eckige Kristallformen, gerundete, zerbrochene Körner) die Zuordnung zur magmatischen, sedimentären oder metamorphen Folge.
Oftmals wird man Beobachtungen im Gelände, wie Lagerungsverhältnisse, geographisches Oberflächenrelief, charakteristische Verwitterungsformen (z. B. Wollsackverwitterung bei magmatischen Tiefengesteinen, Schichtstufenlandschaft bei Sedimenten, unregelmäßige zackige Felsformen bei metamorphen Schiefern) mit für diese erste Einstufung eines Gesteins heranziehen können. Die weitere Bestimmung erfolgt nach dem qualitativen und quantitativen Mineralbestand und den Strukturmerkmalen. Vom Grad der Kenntnis dieser Daten hängt es ab, wie weit die vorliegende Probe in die Gesteinssystematik eingeordnet werden kann. In den meisten Fällen, vor allem bei feinkörnigen Gesteinen, werden wir uns mit der Zuordnung zu einer größeren Gesteinsgruppe begnügen müssen, da die exakte Bestimmung der Gesteinsart einen erheblichen Aufwand an mineralogischen Detailuntersuchungen voraussetzt, der nur von vollständig ausgerüsteten petrographischen Laboratorien zu bewältigen ist.
Davon muß sich aber ein rechter Gesteinsliebhaber nicht entmutigen lassen. Oftmals ist es möglich, bereits im Gelände eine Einordnung in die petrographische Systematik vorzunehmen und das Gestein richtig zu benennen. In den als Beilage angefügten Tabellen wird dazu die Gesteinsgruppe ermittelt und anschließend nach den Angaben im Teil »Gesteine von A bis Z« eine weitere Spezifizierung vorgenommen. Die Bestimmungstabellen basieren auf einem Vorschlag von *A. Engel* (»Einführung in die petrographische Gesteinsbestimmung« Fundgrube 1/2, 1968).

Magmatische Gesteine

Entsprechend den Erstarrungsbedingungen der magmatischen Gesteine unterscheiden wir die folgenden drei Hauptgruppen

– Plutonitmagmatite
– Übergangsmagmatite (früher Ganggesteine genannt)
– Vulkanitmagmatite

Die Zuordnung des zu bestimmenden Gesteins erfolgt in erster Linie nach Strukturmerkmalen sowie einigen Charakteristika im Mineralbestand.

Plutonitmagmatite zeichnen sich durch Korngrößen über 0,33 mm und holokristalline gleichkörnige Mosaikstrukturen mit hypidiomorph körnigen Kristallformen aus. Sie sind frei von Glasphase und enthalten keine Hochtemperaturmodifikationen der gesteinsbildenden Minerale.

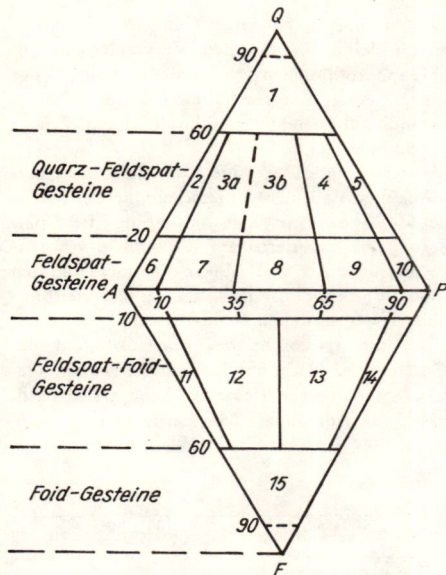

Bild 23. Klassifikation der magmatischen Gesteine im Doppeldreieck Quarz (Q) – Alkalifeldspat (A) – Plagioklas (P) – Foid (F) (nach *Streckeisen*, 1967, bzw. TGL 25 235)

Tiefengestein	Ergußgestein
1 (sehr quarzreiche Gesteine – fast keine Vertreter)	
2 Alkaligranit	Alkalirhyolith
3a Syenogranit	Rhyolith
3b Monzogranit	Rhyodacit
4 Granodiorit	Dacit
5 Quarzdiorit	Quarzandesit
6 Alkalisyenit	Alkalitrachyt
7 Syenit	Trachyt
8 Monzonit	Latit
9 Monzodiorit/Monzogabbro	Latitandesit/Latitbasalt
10 Diorit/Gabbro	Andesit/Basalt
11 Foyait	Phonolith
12 Plagifoyait	Tephritphonolith
13 Essexit	Phonolithtephrit
14 Theralith	Tephrit
15 Foidolit	Foidit (Nephelinit, Leucitit)
16 (in dieser Darstellung nicht enthalten) Gesteine mit über 90 Vol.-% dunklen Gemengteilen (Mafitite), z. B. Peridotit	Pikrit

Übergangsmagmatite sind meist ungleichkörnig (wechsel- bis porphyrkörnig) und holokristallin (keine Glasphase). Die Verwachsungsverhältnisse variieren zwischen Mosaik- (mafitarme Gesteine) und Intersertal- (mafitreiche Gesteine) Gefüge. An Einsprenglingskristallen (Phänokristallen) kann häufig Zonarbau beobachtet werden.

Vulkanitmagmatite erkennen wir an porphyrkörnigen Gefügen mit Korngrößen der Grundmassekristalle von kleiner 0,1 mm, dem Vorhandensein von Glasphase und den verzahnten bis sphärolithischen (mafitarme Gesteine) oder intersertalen (mafitreiche Gesteine) Verwachsungsverhältnissen. Am Mineralbestand sind oft Hochtemperaturmodifikationen wie Sanidin, Tridymit, Cristobalit, Leucit, basaltische Hornblende beteiligt.

Die weitere Bestimmung erfordert eine möglichst genaue Ermittlung des quantitativen Mineralbestandes. Vorrangig ist dabei die Unterscheidung der leukokraten Gemengteile Quarz, Alkalifeldspat, Plagioklas und Foide (Feldspatvertreter), da sich die Gesteinsgruppen durch deren auf die Summe 100 umgerechnete Volumenanteile unterscheiden. Art und Menge der melanokraten Minerale (Olivin, Pyroxen, Amphibol, Biotit, Melilith, Calcit) kennzeichnen die speziellen Arten innerhalb der Gesteinsgruppen (s. lexikalischer Teil).

Am übersichtlichsten gestaltet sich die Systematik der Magmatite auf der Grundlage einer graphischen Darstellung. Nach physikalisch-chemischen Gesetzmäßigkeiten der Kristallisation magmatischer Schmelzen kann neben Feldspat nur entweder Quarz oder Foid am Aufbau der Magmatite beteiligt sein.

Bestimmungstabelle für Magmatite

	$Q + A + P + F = 100\,\%$			Tiefengestein	Ergußgestein
	Q	F	$100\,P/(A+P)$		
mafisch-felsische Magmatite ($M < 90$)	in Vol.-% rel.				
	≥ 20	0	< 65	Granitgestein	Rhyolithgestein
	< 20	0	≥ 65	Plagiogranitgestein	Dacitgestein
	< 20	< 10	< 65	Syenitgestein	Trachytgestein
	< 20	< 10	≥ 65	Dioritgestein Gabbrogestein Anorthosit	Andesitgestein Basaltgestein
	$0 \geq$	$10 < 60$	< 50	Foyaitgestein	Phonolithgestein
	$0 \geq$	$10 < 60$	≥ 50	Essexitgestein	Tephritgestein
	0	60	0 ... 100	Foidgestein	Foiditgestein
mafische Magmatite ($M \geq 90$)	(< 10)	(< 10)	Olivin ≥ 30	Peridotitgestein	Pikrit

Dadurch wird die Darstellung in einem Doppeldreieck mit den Eckpunkten Quarz (Q), Alkalifeldspat (A), Plagioklas (P) und Foid (F) ermöglicht (Bild 23). Das Doppeldreieck umfaßt alle magmatischen Gesteine mit einem Anteil an melanokraten Gemengteilen (M) bis zu 90 Vol.-%. Die extrem dunklen Magmatite bedürfen einer zusätzlichen Gliederung (s. lexikalischer Teil – Ultrabasite).

Zur Ermittlung der Gesteinsgruppe dient die entsprechende Bestimmungstabelle für magmatische Gesteine. Da zwischen den Gesteinsgruppen fließende Übergänge bestehen, genügt meist eine grobe Abschätzung des Mineralbestandes am Handstück unter Zuhilfenahme eines durchsichtigen Lineals.

Die Bezeichnung der Übergangsmagmatite erfolgt durch Zufügen der Vorsilbe »Mikro« vor den Namen des entsprechenden Tiefengesteins (z. B. Granit – Mikrogranit).

Bestimmungsbeispiel: richtungslos-körniges Gestein (Korngröße 1 bis 3 mm) mit etwa 25 % Quarz, 35 % Kalifeldspat, 30 % Plagioklas, d. h. 90 % helle Gemengteile und 10 % Biotit: Tiefengestein der Granitgruppe.

Sedimentgesteine

Bestimmungstabelle für Sedimentgesteine

Korngröße	Kornform	Charakteristische Merkmale	Bestandteile	Gesteinsgruppe
>2 mm	eckig	verkittete Gesteins- und Mineralbruchstücke		Brekzie
>2 mm	gerundet	verkittete Gesteins- und Mineralbruchstücke		Konglomerate
2...0,2 mm	eckig	± verfestigt, rauh, oft porös, z. T. Glas		vulk. Tuffe
2...0,2 mm	gerundet	verkittete Sandkörner	vorwiegend Quarz	Sandsteine
$<0,2$ mm		in Wasser plastisch	Tonminerale, Quarz u. a.	Tongesteine
$<0,2$ mm	nicht erkennbar	löslich in kalter Salzsäure	Calcit	Kalksteine
$<0,2$ mm	nicht erkennbar	löslich in heißer Salzsäure	Dolomit	Dolomite
$<0,2$ mm		mit Fingernagel ritzbar	Gips	Gipsgesteine
>1 mm	eckig	in Wasser löslich, Geschmack	Salzminerale	Salzgesteine
nicht erkennbar		muschliger Bruch, sehr hart	Opal, Chalcedon	Feuerstein
nicht erkennbar		dunkel, brennbar, weich		Kohlegesteine

Die Sedimente sind grob in klastische (physikalische) und chemische zu unterteilen. Für die ersten sind Korngrößen und -formen, für die zweiten die Mineralzusammensetzung entscheidend. In vielen Sedimenten sind Fossilien zu finden.
Bestimmungsbeispiel: hellgraues, dichtes Gestein, Korngröße nicht erkennbar, braust auf mit kalter Salzsäure, Reste von Muschelschalen erkennbar: Kalkstein.

Metamorphe Gesteine

Kennzeichnend sind neben charakteristischen Mineralen besonders die Gefügemerkmale (Schieferung, Faltung, ausgewalzte und zerbrochene Kristalle).

Bestimmungstabelle für metamorphe Gesteine

Textur	Korngröße in mm	Charakteristische Minerale	Gesteinsgruppe
massig	0,1 ... 0,001	Granat, Cordierit	Hornfelse
massig	> 0,1	Granat, Epidot, Erze	Skarne
massig	0,1 ... 5	Granat, Omphazit	Eklogite
massig	nicht erkennbar	dunkle Amphibole	Amphibolite
massig	0,1 ... 10	Calcit, Dolomit	Marmore
massig	0,1 ... 2	verzahnte Quarzkörner	Quarzite
gefaltet geschiefert	0,1 ... 0,001	Glimmer (Serizit), Chlorit, Quarz	Phyllite
gefaltet geschiefert	0,1 ... 10	Glimmer, Chlorit, Quarz	Glimmerschiefer
gefaltet geschiefert	0,01 ... 1	Chlorit, Talk, Aktinolith	Grünschiefer
gefaltet geschiefert	1 ... 10	ovale Kalifeldspate, Quarz, Glimmer	Gneise

Bestimmungsbeispiel: dichtes, sehr hartes Gestein, hellgrau, splittrig, Körner unter der Lupe erkennbar, etwa 1 mm Durchmesser, vorwiegend Quarz: Quarzit.

Die dargestellte Methode der Gesteinsbestimmung über Zuordnung zu einer der drei Gruppen Magmatite, Sedimentite, Metamorphite und den quantitativen Mineralbestand entspricht dem wissenschaftlich exakten Vorgehen und ist häufig nur unter Zuhilfenahme komplizierter, dem interessierten Laien meist nicht zugänglicher Untersuchungsmethoden anwendbar. Sie hat den Vorteil, jedes beliebige Gestein bestimmen und in die petrographische Systematik einordnen zu können. Für die DDR sind dafür verbindliche Richtlinien in den Fachbereichstandards der TGL 25 235 »Magmatische Gesteine«, TGL 23 950/1 »Sedimentgesteine« und TGL 23 951/01 »Metamorphe Gesteine« festgelegt. Diese Fachbereichstandards können in größeren Bibliotheken (zum Beispiel Deutsche Bücherei Leipzig) eingesehen werden.

Um auch dem wissenschaftlich weniger geschulten Leser die Gesteinsbestimmung zu erleichtern, hat der Verfasser einen Bestimmungsschlüssel entwickelt, der auf den folgenden Seiten erläutert und dargestellt ist. Nahezu 100 der häufigsten und auf dem Territorium der DDR und der europäischen sozialistischen Länder verbreitetsten Gesteine werden in ihrer charakteristischen Erscheinungsweise erfaßt und können mit dem neuen Schlüssel ohne aufwendige Spezialuntersuchungen bestimmt werden. Der Verzicht auf mikroskopische Mineraldiagnose und exakten quantitativen Mineralbestand beinhaltet als Einschränkung, daß lokale Abweichungen von der ansonst typischen Erscheinungsweise der verbreitetsten Gesteine sowie selten auftretende Gesteinsarten mit diesem Schlüssel nicht oder nur unsicher bestimmbar sind. In solchen Fällen muß ein Gesteinsspezialist zu Rate gezogen werden.

Anleitung zur Benutzung des Bestimmungsschlüssels
Allgemeine Vorbemerkungen

Nach der Definition sind Gesteine Anhäufungen von Mineralen in bestimmten Kombinationen, die in größeren geologisch selbständigen Massen auftreten. Danach sind auch die Lagerungsformen der Gesteine im Gelände, ihre großräumige Gliederung und Klüftung in der Dimension von über einem Meter für die Gesteinscharakteristik von wesentlicher Bedeutung. Daraus ergibt sich, daß ein Gestein im Regelfall nicht nur auf der Grundlage eines einzelnen Handstückes zu bestimmen ist. Auch die aufmerksame Beobachtung der Fundumstände, die Merkmale des Gesteinsvorkommens in der Natur und die nähere Umgebung des Vorkommens, die benachbart auftretenden Gesteine sind für die Bestimmung erforderlich und mit heranzuziehen. Zu einer im Aufschluß gewonnenen, für Sammlungszwecke in flach-rechteckiges Handstückformat geschlagenen Probe gehören die im Notizbuch festgehaltenen Beobachtungen über die Fundumstände. In jedem Falle ist zu beachten, daß die Bestimmung an einem für das Gesamtvorkommen typischen Stück vorgenommen wird. Es versteht sich von selbst, daß wir dabei das frischestmögliche Material im Aufschluß auswählen. Durch einsetzende Verwitterung zermürbte, vielleicht im Mineralbestand bereits veränderte Proben können grobe Fehlbestimmungen verursachen. Die mitunter charakteristischen Veränderungen der Gesteinsoberfläche bei beginnender Verwitterung werden mit den Geländebeobachtungen notiert, eventuell eine gesonderte Probe zusätzlich gewonnen.

Bestimmung der gesteinsbildenden Minerale

Aus der Gesteinsdefinition geht weiterhin hervor, daß wir ohne gründliche Kenntnis der wichtigsten gesteinsbildenden Minerale nicht auskommen können. Deshalb ist dem Gesteinsbestimmungsschlüssel eine Bestimmungstabelle für die wesentlichsten gesteinsbildenden Minerale vorangestellt. Mit einfachsten Hilfsmitteln, aber aufmerksamer Beobachtung sind die aufgeführten Minerale mit Sicherheit zu bestimmen, sofern sie in noch erkennbarer Korngröße auftreten. Nach relativ kurzer Übung wird der interessierte Leser die immer wieder auftretenden Hauptminerale Quarz, Feldspat, Glimmer, Pyroxen bzw. Amphibol, Granat und Olivin so gut kennen, daß er diese Tabelle nicht mehr benötigt.

Von besonderer Bedeutung ist der einzige chemische Nachweis, den unsere Bestimmung erfordert. Die Probe auf Karbonat wird vorgenommen, indem man einen Tropfen verdünnter Salzsäure auf die zu untersuchende Probe bringt. Beim Aufbrausen ist Calcit bzw. Aragonit (d. h. Kalziumkarbonat) vorhanden (anschließend gut mit Wasser abwaschen!). Etwas schwieriger und deshalb im Gelände nicht gut durchführbar ist die Unterscheidung von Calcit und Dolomit. Dolomit braust erst mit heißer Salzsäure. Diese Prüfung erfolgt am besten, indem man ein Körnchen der Gesteinssubstanz in einem Gefäß mit der erhitzten Säure (Vorsicht – Augen und Haut schützen!) übergießt.

Bestimmung der Gesteine

Die Gesteinsbestimmung erfolgt nach dem als Ablaufschema gestalteten Bestimmungsschlüssel. Von der Probe ausgehend wird in Pfeilrichtung nach dem angegebenen charakteristischen Merkmal immer erneut der weitere Untersuchungsweg ermittelt, indem man sich auf Grund des jeweiligen Untersuchungsergebnisses für eine der in Pfeilrichtung verlaufenden Fortsetzungen entscheidet und dann die nächste angegebene Prüfung vornimmt. Am Ende jedes Untersuchungsganges wird eine Gesteinsbezeichnung angetroffen.

Zur Anwendung des Bestimmungsschemas benötigen wir außer unserer Mineralkenntnis und der üblichen Exkursionsausrüstung mit Schutzbrille, Hammer, Taschenmesser und Lupe nur noch ein fest verschließbares Fläschchen (möglichst aus Kunststoff) mit verdünnter Salzsäure und eine Strichtafel (unglasiertes Porzellan).

Die Farbe des Gesteinspulvers wird aus der Strichfarbe auf der Porzellantafel oder auch aus den Schlagspuren des Hammers auf dem Gestein beurteilt.

Ein wichtiges Merkmal der Gesteine besteht in ihrer Härte, die nicht mit der Bruchfestigkeit des Gesteins identisch ist. Wir bestimmen sie durch Ritzprobe mit der Spitze eines guten Stahlmessers. Die Ritzbarkeit wird erst nach dem feuchten Säubern des geprüften Gesteins beurteilt. Es muß danach ein deutlich eingekerbter Ritz auf der Oberfläche zu sehen sein. Auch bei harten Gesteinen hinterläßt das Messer eine Spur, die aber keine Vertiefung der bearbeiteten Fläche darstellt, sondern nur aus feinsten Mineral- oder Metallteilchen (Strich) besteht.

Feinstkörnige bis ,dichte Gesteine beurteilen wir, indem wir mit der Fingerspitze reibend die Glätte der Oberfläche prüfen (nur künstliche Bruchflächen, keine natürlichen Kluftflächen benutzen!). Je nach Gefühlseindruck unterscheiden wir zwischen fettig, nicht fettig, glatt und rauh.
Die Gesteinsfarbe zu ermitteln ist mitunter subjektiv problematisch. Wir benutzen oft geringfügige Farbnuancen zur Unterscheidung. Besonders ist bei dunklen Gesteinen auf die Tönung (grünlich, bräunlich, grau) zu achten. Bei gröberkörnigen Gesteinen ist zuweilen der allgemeine Farbeindruck des frischen Gesamtgefüges zu beachten, wobei vor allem zwischen hellen und dunklen Gesteinen zu unterscheiden ist.
Bezüglich der Struktur und Textur werden die im Teil »Gesteinsbeschreibung« des vorliegenden Buches erläuterten Begriffe benutzt. Sie sind vor Anwendung des Schlüssels dort nachzulesen. Während Strukturmerkmale (Korngröße, Kornformen) am Handstückformat zu erkennen sind, beziehen sich Angaben zur Textur (ungerichtet, bankig, lagig, schiefrig, aber auch Klüftung) auf größere Bereiche, die meist nur im Geländeaufschluß deutlich werden.
Das Merkmal »gangförmig« bezieht sich ebenfalls auf die Lagerungsform im Gelände. Hier ist die Begrenzung des gesamten Gesteinsvorkommens gegen benachbarte Gesteine gemeint. In jedem Falle ist dabei die Stärke (Mächtigkeit) des Vorkommens gering im Vergleich mit seiner Längserstreckung. Bei mächtigen Gängen (bis über 100 Meter Mächtigkeit bei Längsausdehnung über mehrere Kilometer) wird diese Lagerungsform erst aus der Darstellung auf der geologischen Karte, jedoch nicht im einzelnen Aufschluß deutlich. Andererseits kommen Gänge im Zentimeterbereich vor, deren Form dann auch aus dem Handstück ersichtlich sein kann.
Der Hinweis »Fossilführung« ist im allgemeinen erst nach intensiver Suche und Beobachtung im Gelände zu entscheiden. Ein Handstück ohne Lebensspuren muß nicht charakteristisch für ein bestimmtes Vorkommen sein. Fossilien treten häufig auf Schichtflächen auf und sind mitunter durch die oberflächliche Verwitterung reliefartig herauspräpariert.
Begeben wir uns nun ausgerüstet mit diesen Hinweisen, dem Bestimmungsschlüssel, Notizbuch und unseren Werkzeugen ins Gelände. Zuerst sollten wir in Steinbrüchen frisches Material aufsuchen. Später wird es gelingen, auch bereits längerer Einwirkung der Atmosphäre, des Wassers und des Bodens ausgesetzte Gesteinsproben, aber immer im mitunter erst nach mehreren Versuchen gewinnbaren frischen Kernbruch zu bestimmen.
Ist die Zuordnung der Probe oder des Vorkommens zu einer Gesteinsbezeichnung nach dem Bestimmungsschlüssel erfolgt, so sollten unbedingt der Teil »Gesteine von A bis Z« sowie die Beilagetabellen unseres Buches zur weiteren Sicherung des Ergebnisses benutzt werden. Wir suchen die ermittelte Bezeichnung im Gesteinsverzeichnis am Ende des Buches auf, schlagen das entsprechende Stichwort nach und informieren uns dort über die angegebenen weiterführenden charakteristischen Merkmale, die Entstehung und praktische Bedeutung unseres Fundes. In manchen Fällen werden wir dabei eine weitere Spezifizierung des untersuchten Gesteins vornehmen können.

Tabelle zur Bestimmung gesteinsbildender Minerale
(zugehörigen Schlüssel benutzen!)

Härte	Glanz	Spalt-barkeit	Transparenz	Farbe	Form	Mineral
7	2	5	1 bis 2	1/2/3	5 bis 6	Quarz
7	2	5	1 bis 2	8	5	Olivin
5 bis 6	1 und 4	3	3/selten 2	3/H5 selten 8	3/4/5	Kalifeldspat[1]
6	4	3	3	2/3	2	Plagioklas
6	4	3	3/selten 2	2/H3	3/5	Plagioklas[2]
6	1	3	2	4/9	5/3	Plagioklas[2] (Labradorit)
5/6	2/3	2	3	4/D8	2	Amphibol
5/6	4	2	3	4/D6	4/5	Augit, Hornblende
2/3	1	1	3	4	1	Biotit
2/3	1	1	1	1/2	1	Muskovit
2	3	1	3	H3	1	Serizit
2	3	1	3	8	1	Chlorit
7	2/4	5	3/2	5/6	5	Granat
3	1	4	2/3	1/2	5	Calcit[3]

[1] z. T. Zwillinge aus zwei Individuen
[2] auf Spaltflächen fein gestreift
[3] braust mit Salzsäure

Schlüssel für Tabelle zur Bestimmung gesteinsbildender Minerale

Härte
(nach Mohs)

1	mit Fingernagel	
2	ritzbar	
3	mit Messer	
4	ritzbar	
5		
6	Fensterglas	schwach
7	wird	.
8	geritzt	.
9		.
		sehr gut

Glanz

1 »perlmutterartig« bis »opalisierend« glänzend
2 fettig-glänzend
3 seidig glänzend
4 schwach (matt) glänzend
5 stumpf

Spaltbarkeit

1 ausgezeichnet zu Blättchen
2 sehr gut in zwei Richtungen
3 sehr gut in einer Richtung, weniger gut in einer dazu senkrechten Richtung
4 sehr gut in mehr als zwei Richtungen
5 muschliger Bruch, keine Spaltbarkeit nach ebenen Flächen

Transparenz

1 durchsichtig
2 an Kanten durchscheinend
3 undurchsichtig

Farbe

1	farblos	*H*	hell-
2	weiß	*D*	dunkel-
3	grau	*M*	mittel-
4	schwarz	*B*	blaß-
5	rot		
6	braun		
7	gelb		
8	grün		
9	blau		

Form

1 blättrig
2 nadlig
3 taflig
4 prismatisch
5 eckig-körnig
6 rundlich-körnig

Schlüsselschema zur Bestimmung von Gesteinen

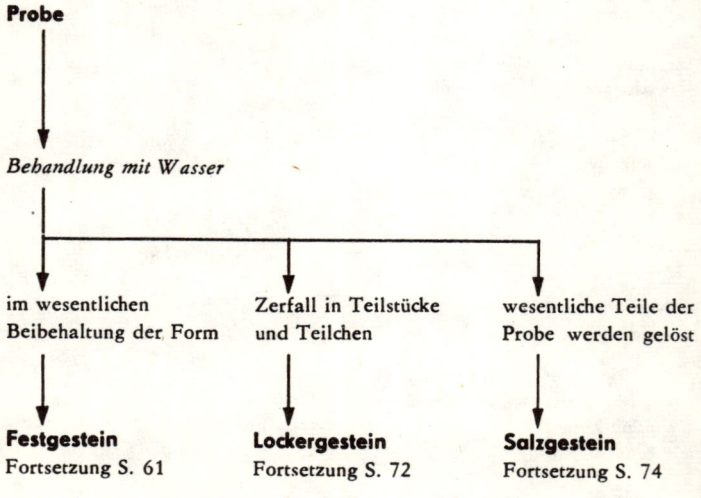

Fortsetzung von S. 60

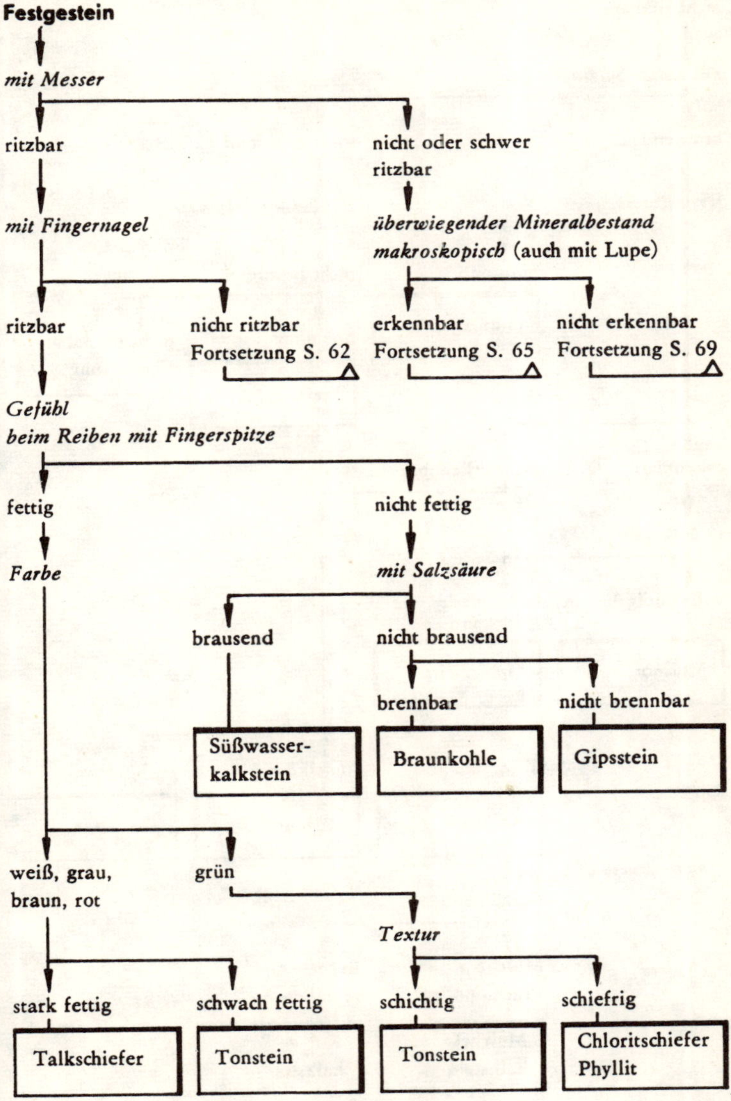

Festgestein

mit Messer

- ritzbar
  - *mit Fingernagel*
    - ritzbar
      - *Gefühl beim Reiben mit Fingerspitze*
        - fettig
          - *Farbe*
            - weiß, grau, braun, rot
              - stark fettig → **Talkschiefer**
              - schwach fettig → **Tonstein**
            - grün
              - *Textur*
                - schichtig → **Tonstein**
                - schiefrig → **Chloritschiefer / Phyllit**
        - nicht fettig
          - *mit Salzsäure*
            - brausend → **Süßwasserkalkstein**
            - nicht brausend
              - brennbar → **Braunkohle**
              - nicht brennbar → **Gipsstein**
    - nicht ritzbar — Fortsetzung S. 62
- nicht oder schwer ritzbar
  - *überwiegender Mineralbestand makroskopisch (auch mit Lupe)*
    - erkennbar — Fortsetzung S. 65
    - nicht erkennbar — Fortsetzung S. 69

Fortsetzung von S. 61

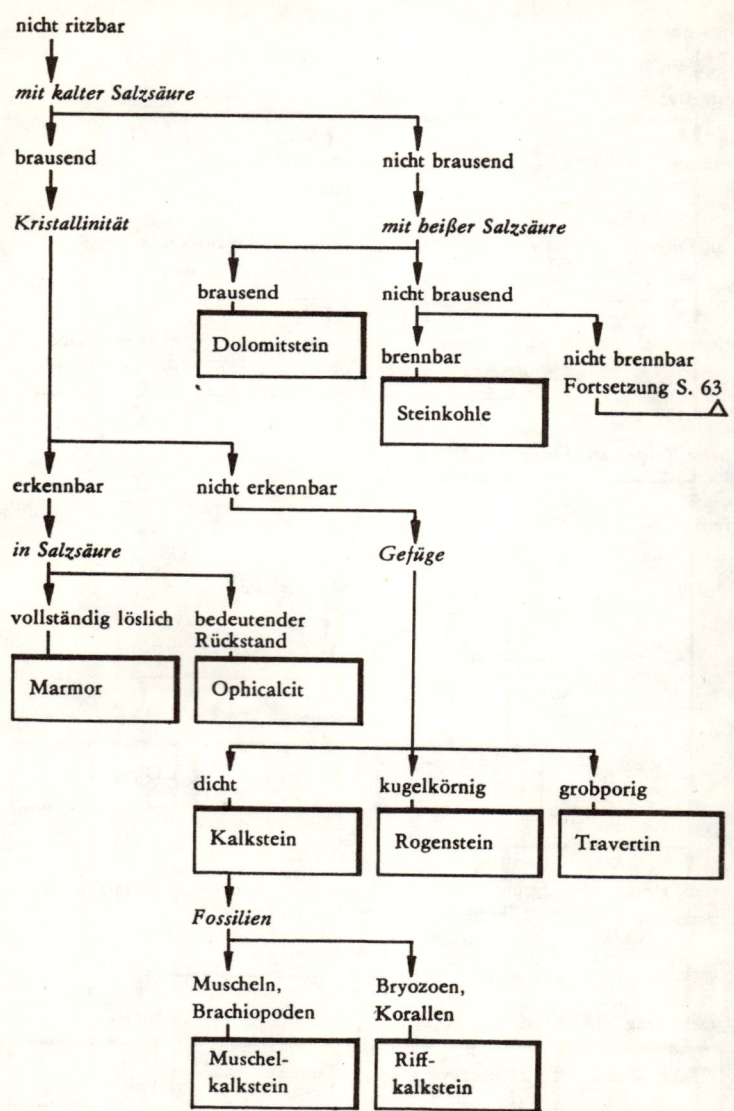

Fortsetzung von S. 62

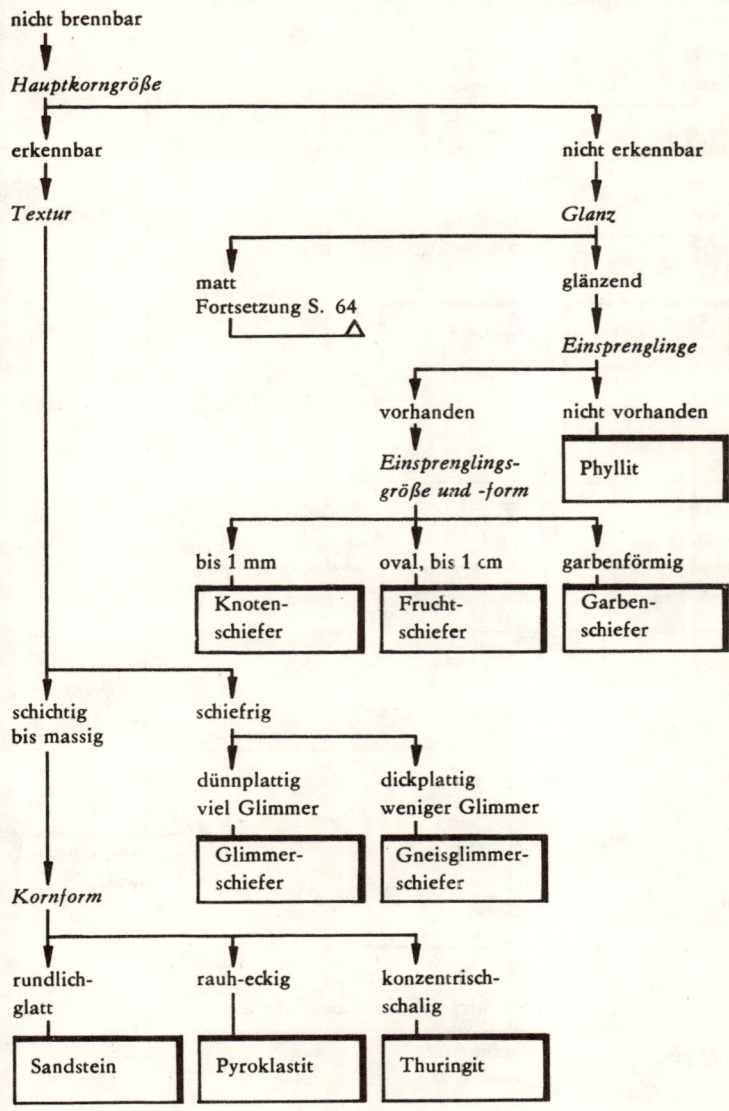

Fortsetzung von S. 63

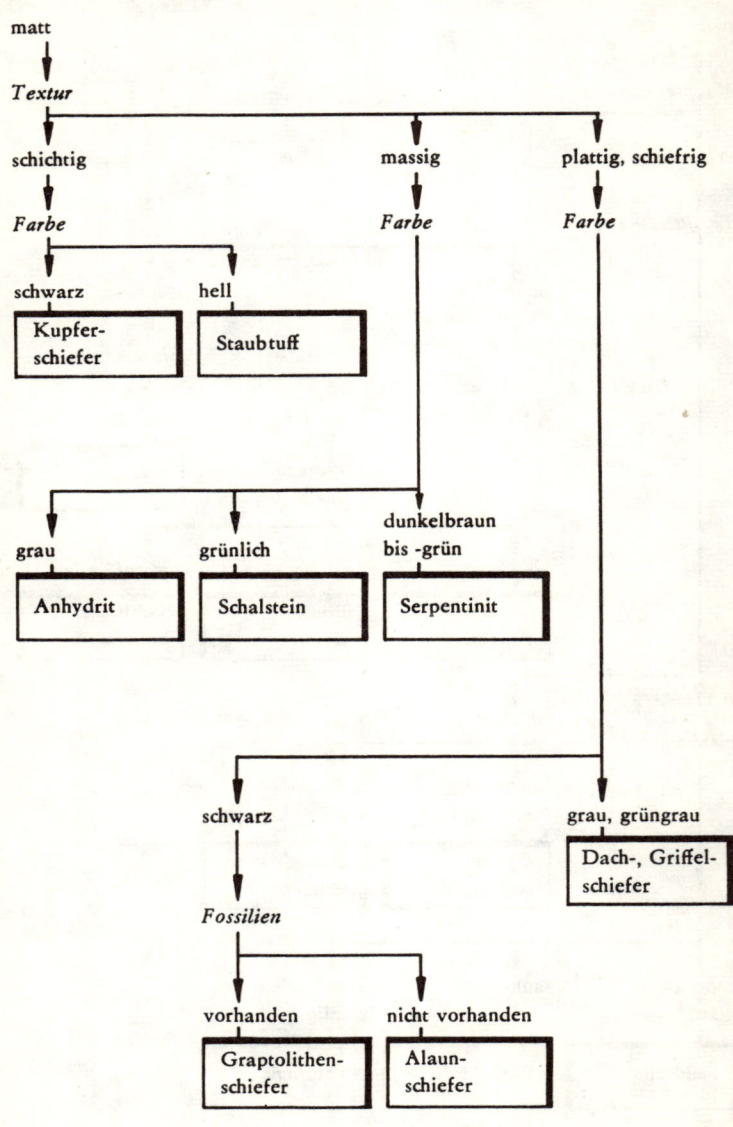

Fortsetzung von S. 61

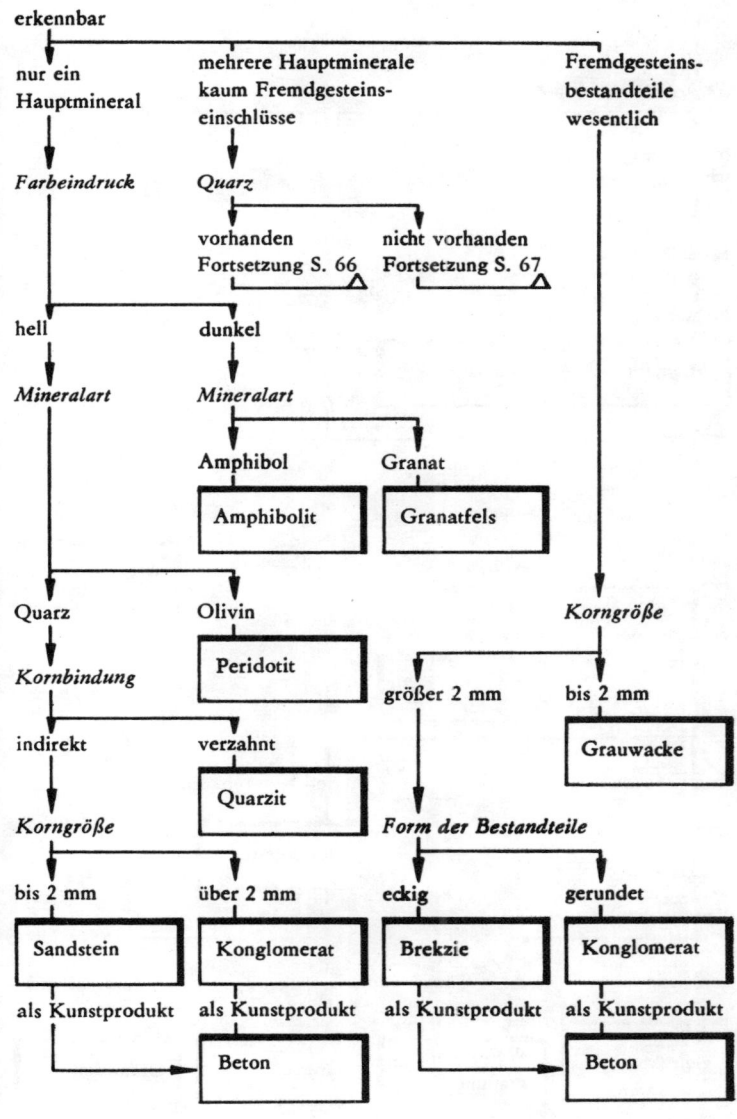

Fortsetzung von S. 65

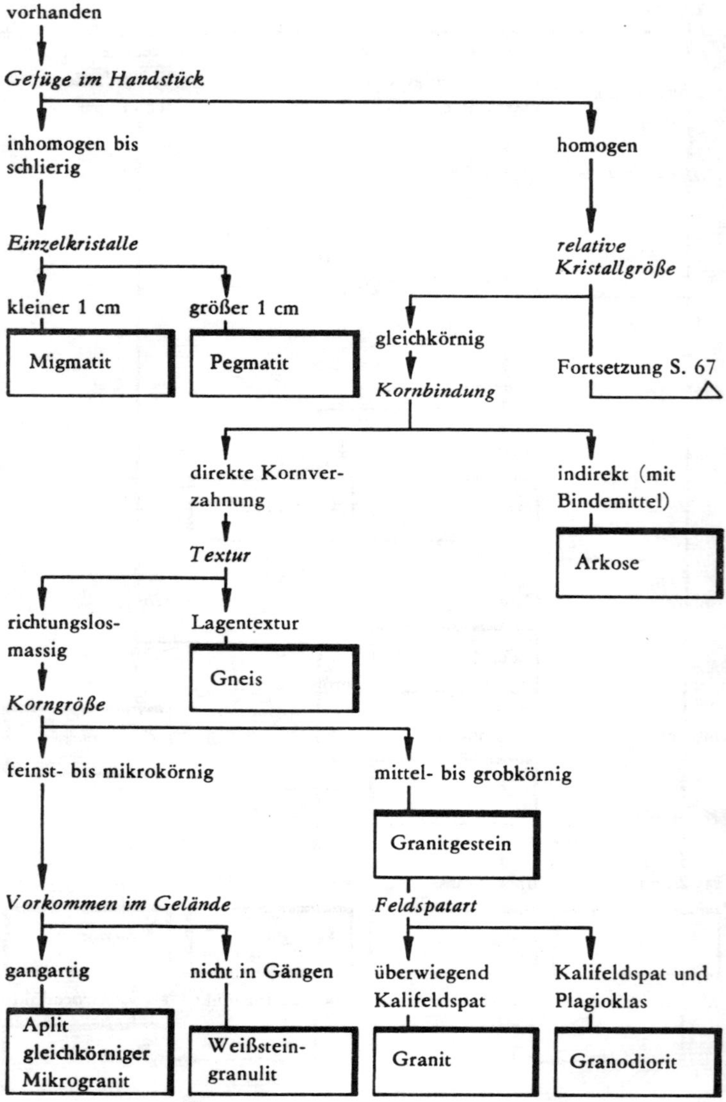

vorhanden

Gefüge im Handstück

- inhomogen bis schlierig
  - *Einzelkristalle*
    - kleiner 1 cm → **Migmatit**
    - größer 1 cm → **Pegmatit**
- homogen
  - *relative Kristallgröße*
    - gleichkörnig
      - *Kornbindung*
        - direkte Kornverzahnung
          - *Textur*
            - richtungslos-massig
              - *Korngröße*
                - feinst- bis mikrokörnig
                  - *Vorkommen im Gelände*
                    - gangartig → **Aplit, gleichkörniger Mikrogranit**
                    - nicht in Gängen → **Weißsteingranulit**
                - mittel- bis grobkörnig → **Granitgestein**
                  - *Feldspatart*
                    - überwiegend Kalifeldspat → **Granit**
                    - Kalifeldspat und Plagioklas → **Granodiorit**
            - Lagentextur → **Gneis**
        - indirekt (mit Bindemittel) → **Arkose**
    - Fortsetzung S. 67 △

Fortsetzung von S. 66

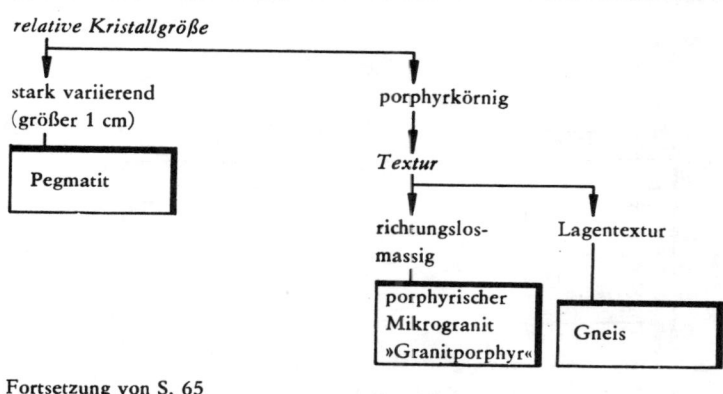

Fortsetzung von S. 65

nicht vorhanden
↓
Struktur
↓
Intersertalstruktur leisten-   massig-körnig
förmiger Kristalle   Fortsetzung S. 68
↓
Farbeindruck
↓

rotbraun	dunkel schwarz bis grün
Phänoandesit »Porphyrit«	
Phänobasalt »Melaphyr«	

↓ (dunkel schwarz bis grün)

Klüftung
↓

schwach Vorkommen stets gangförmig	stark häufig Calcit- mineralisation
Lamprophyr	**Diabas**

Fortsetzung von S. 67

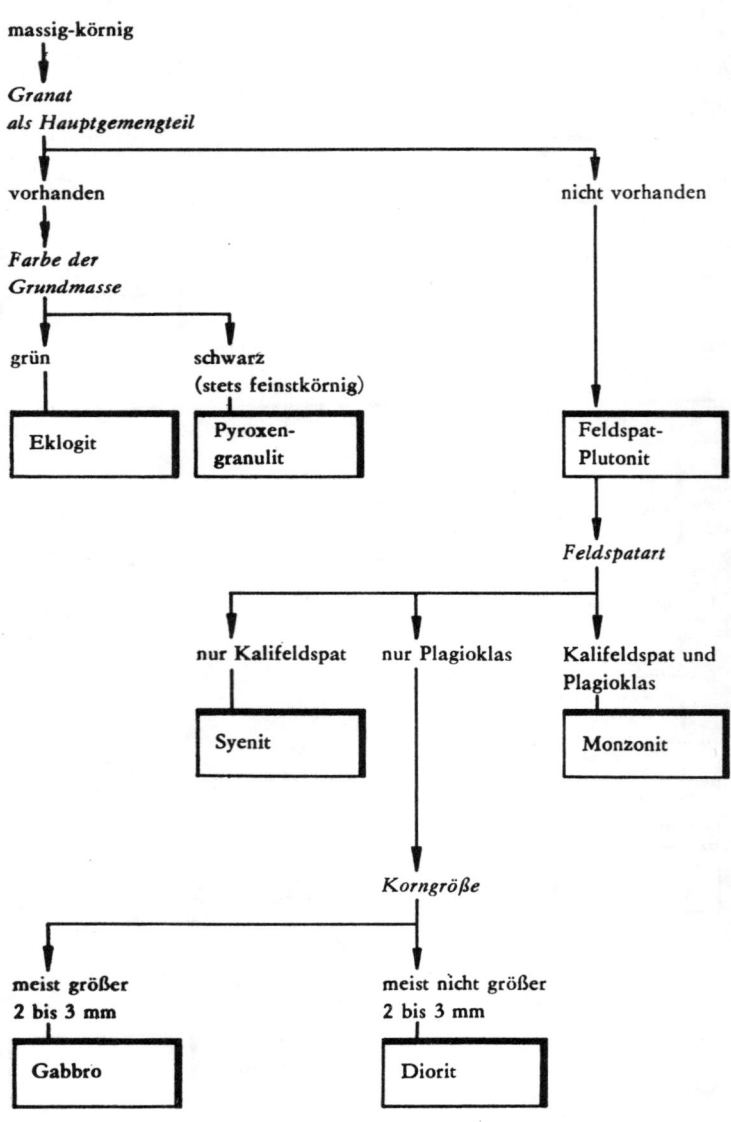

Fortsetzung von S. 61

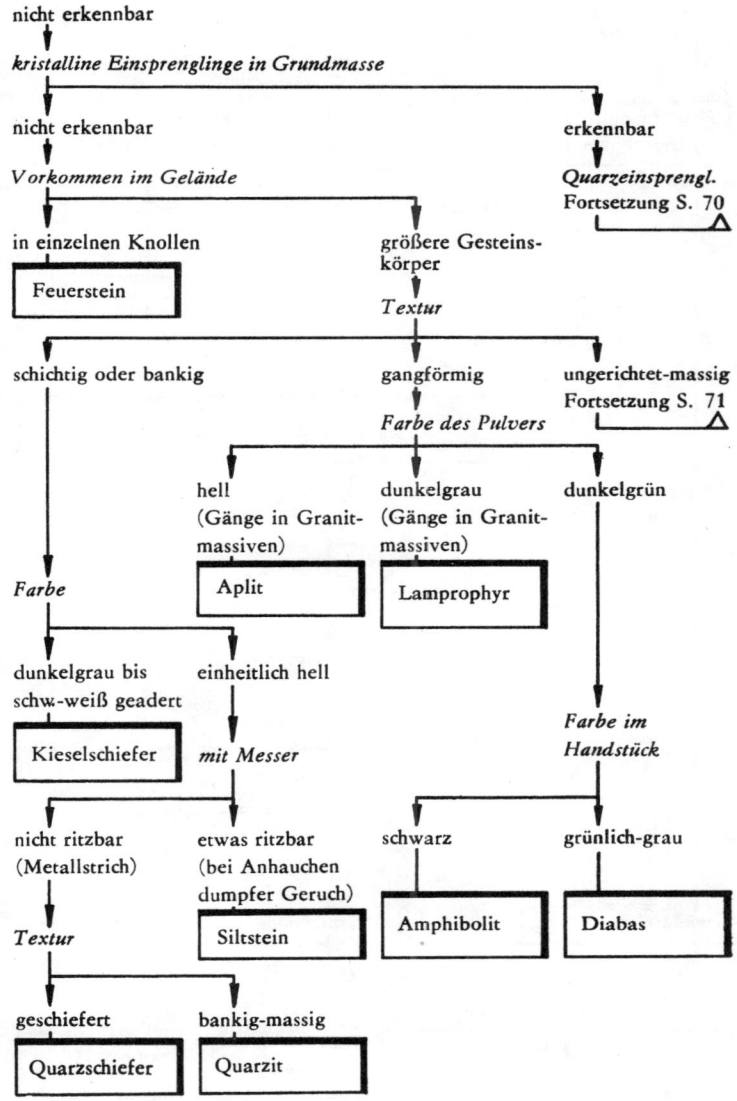

Fortsetzung von S. 69

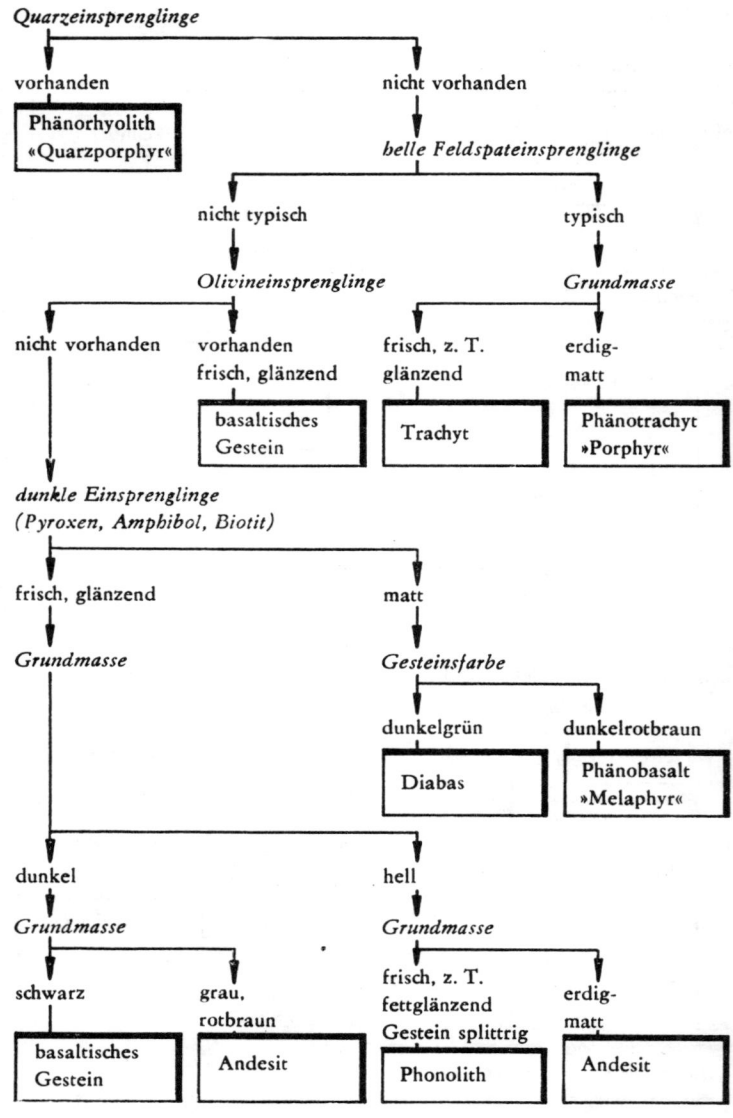

Fortsetzung von S. 69

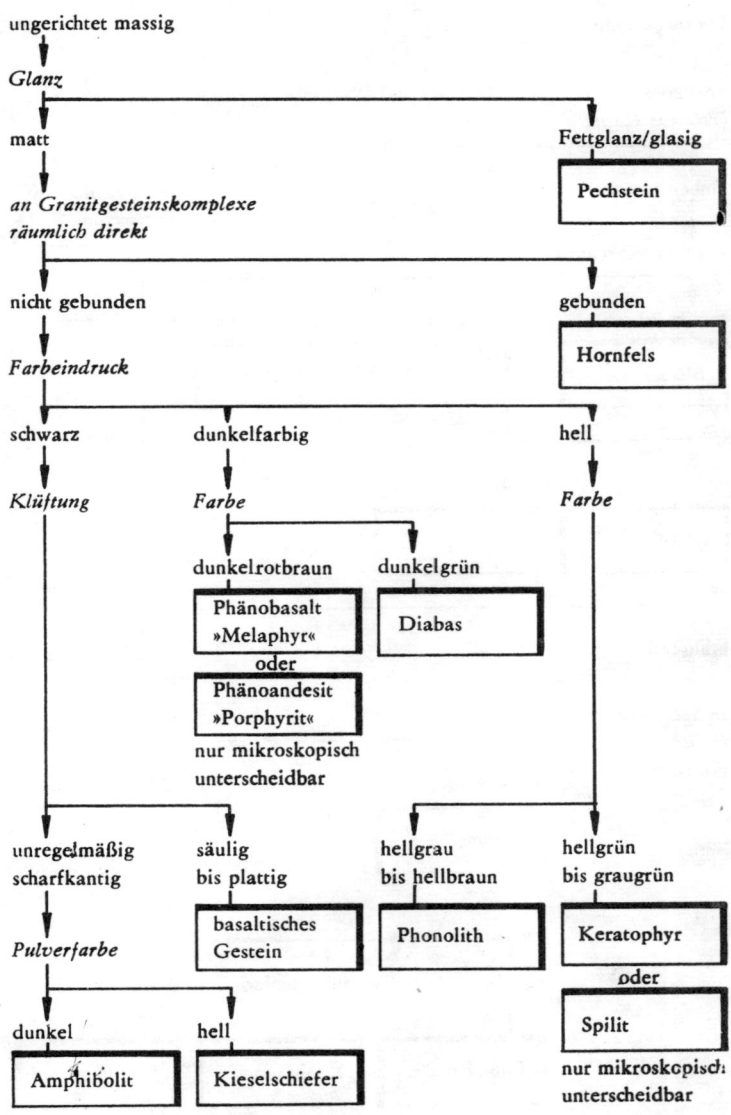

Fortsetzung von S. 60

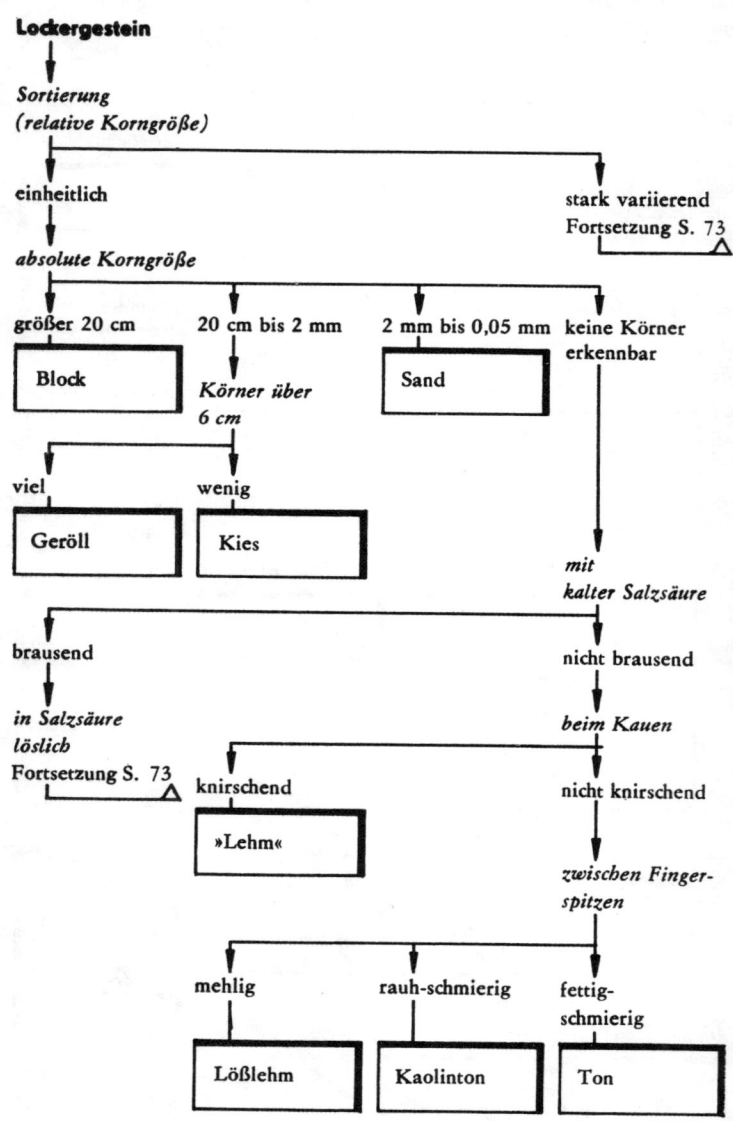

Fortsetzung von S. 72

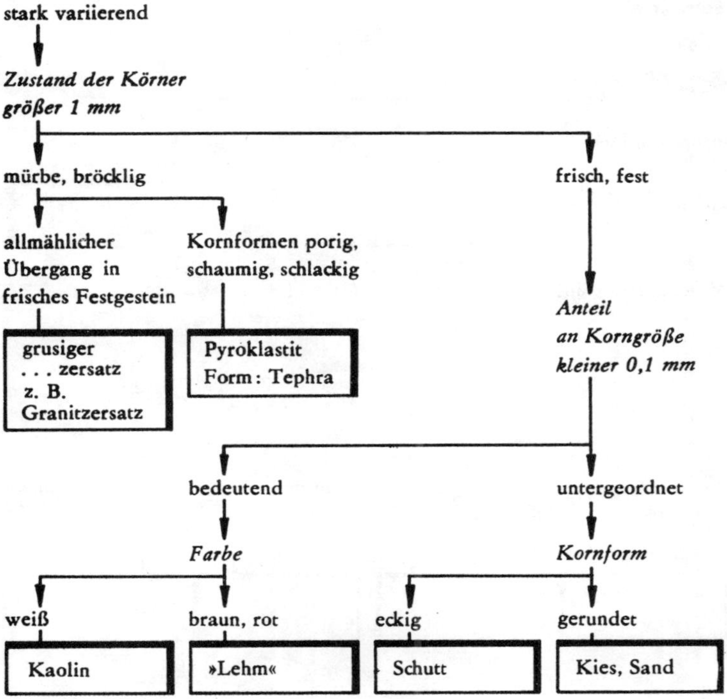

---

stark variierend
↓
Zustand der Körner größer 1 mm
↓
- mürbe, bröcklig
  - allmählicher Übergang in frisches Festgestein
    - grusiger ... zersatz z. B. Granitzersatz
  - Kornformen porig, schaumig, schlackig
    - Pyroklastit Form: Tephra
- frisch, fest
  ↓
  Anteil an Korngröße kleiner 0,1 mm
  - bedeutend
    ↓
    Farbe
    - weiß → Kaolin
    - braun, rot → »Lehm«
  - untergeordnet
    ↓
    Kornform
    - eckig → Schutt
    - gerundet → Kies, Sand

Fortsetzung von S. 72

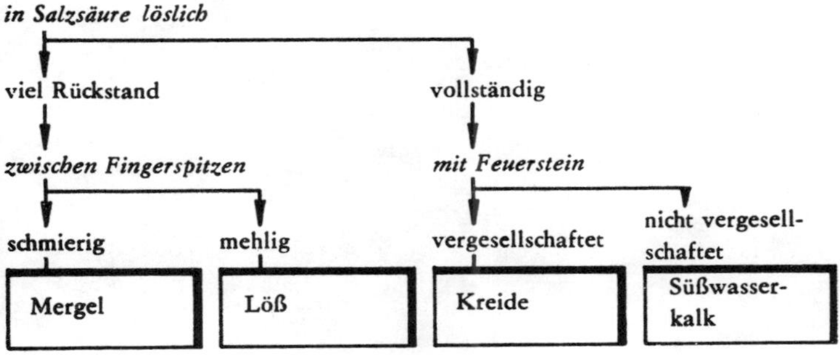

---

in Salzsäure löslich
- viel Rückstand
  ↓
  zwischen Fingerspitzen
  - schmierig → Mergel
  - mehlig → Löß
- vollständig
  ↓
  mit Feuerstein
  - vergesellschaftet → Kreide
  - nicht vergesellschaftet → Süßwasserkalk

Fortsetzung von S. 60

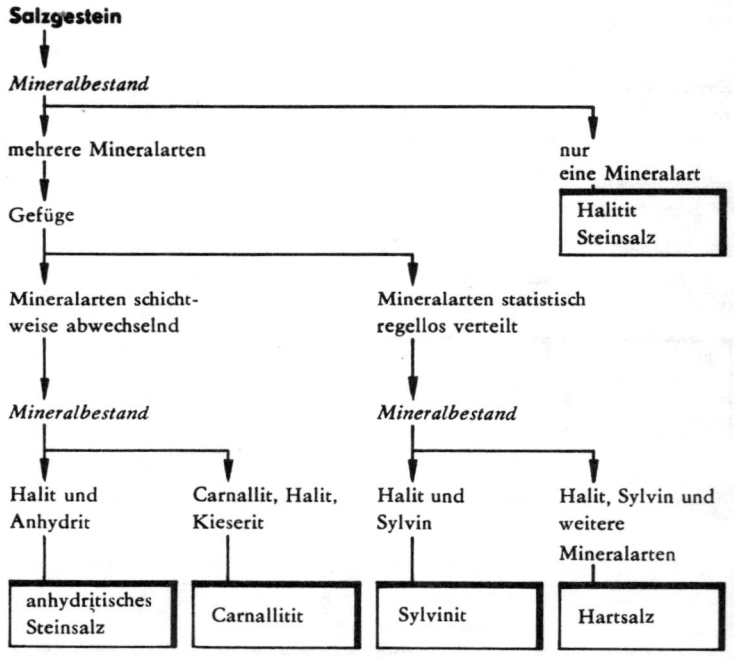

Gesteine
von A bis Z

Aleurolithe, Siltsteine
Sedimentgesteine

Aleurolithe, auch Silt oder Siltgestein genannt, sind Tongesteine (s. d.), die eine gröbere Körnung als reine Tone aufweisen (Korngrößen zwischen 0,02 und 0,063 mm). Im Gegensatz zu den fettig-schmierig wirkenden Tonen fühlt sich Silt auch im feuchten Zustand etwas rauher an.

Alkalisyenite
Gesteine der Feldspat-Plutonite

Mineralbestand: überwiegend Alkalifeldspat (Anorthoklas), bis etwa 10 % dunkle Gemengteile (meist Pyroxen) und Akzessorien; mitunter geringe Gehalte an Foiden (besonders Nephelin), s. Tabelle 11

Gefüge: Alkalisyenite sind relativ grobkörnige Gesteine, deren Erscheinungsbild durch die richtungslos miteinander verwachsenen hypidiomorphen Anorthoklaskristalle geprägt wird. Sie zeigen meist helle (graue bis bläuliche) Farben.

Entstehung: Wegen ihrer extremen, fast nur aus einem Mineral bestehenden Zusammensetzung sind Alkalisyenite seltene Gesteine, die nur unter besonderen Bedingungen der Differentiation hybrider Magmen (durch Assimilation von Fremdgesteinen kieselsäureärmer gewordene, alkalireiche und kalkarme, ursprünglich wohl granitische Schmelzen) lokal begrenzte Vorkommen bilden. Meist sind syenitische bis monzonitische Tiefengesteinskörper, in denen Alkalisyenite auftreten, an spezielle geologische Voraussetzungen (tektonische Brüche) gebunden. Bekannte Vertreter sind die Larvikite und Pulaskite.

Vorkommen: Oslogebiet (Südnorwegen), von dort stammend auch als eiszeitliche Geschiebe; Madagaskar; Arkansas (USA)

Praktische Bedeutung: geschliffen und poliert als dekorative Fassadenverkleidung

Amphibolite
Metamorphite
Amphibolfels, Hornblendefels, Hornblendeschiefer

Mineralbestand: Die Amphibolite setzen sich variabel aus grüner Hornblende, Albit und anderen Feldspaten, aus Quarz, Granat, Epidot, Zoisit, Rutil, Pyrit, Pyrrhotin, Ilmenit, Magnetit und anderen Mineralen zusammen (s. Tabelle 3).

Gefüge: grünschwarze, richtungslos körnige bis intersertale (ophitisch) oder schiefrige Gesteine, bei denen zahlreiche Arten unterschieden werden, z. B. Gabbroamphibolit, Diabasamphibolit, Granatamphibolit, Zoisitamphibolit, Amphibolschiefer, Hornblendeschiefer.

Entstehung: Die Amphibolite sind umgewandelte, chemisch kieselsäurearme (basische) Gesteine wie Gabbros, Diorite, Diabase, Lamprophyre, Dolomit-

Tabelle 3. Mineralbestand einiger Amphibolitarten mit Übergängen zu den Eklogiten und Grünschiefern in %

Gestein	Quarz	Plagioklas	Amphibol	Augit, Omphazit	Pyroxen (Diopsid)	Granat	Zoisit, Epidot	Glimmer	Chlorit	Ilmenit u. a. Erze	Rutil	Nebenmengteile	Dichte in g/cm³	Bildungsorte (Tektonische Stockwerke)
Eklogit	3,5		2	53		38	0,5	1,4				0,3	3,30	Tiefstes Stockwerk
Hornblende-Eklogit	2,5		19	46		27	2	2,5			0,8	0,2	3,28	
Zoisit-Hornblende-Eklogit	4		22	32		28	11	1			1,9	0,1	3,10	
Eklogit-Amphibolit	1		27	47		22	0,5	0,2			2	0,3	3,20	
Granat-Amphibolit	6	15	64			9		2		2		2		Mittleres Stockwerk
Plagioklasamphibolit	1,5	20	65						3	10		0,5	3,20	
Zoisit-Amphibolit		3	60		3,5		10	15			2	0,2		
Gabbro-Amphibolit		35	38	25							2			Oberes Stockwerk
Prasinit (Grünschiefer)		18					43	10	24				3,05	

mergel und ähnlich zusammengesetzte Gesteine (deshalb auch Metabasite genannt). Die Bildungsorte sind die tektonischen Stockwerke der Gebirge, in denen unter zunehmendem (starkem) und abnehmendem Druck verschiedene Amphibolitarten entstehen. Im Übergangsbereich bilden sich Granatamphibolite eklogitähnlicher Zusammensetzung (s. Tabelle 3). Unter verschiedenen Druck-Temperatur-Verhältnissen entstehen die Plagioklasamphibolite, in schwächeren Übergangsbereichen bevorzugt Amphibol- bzw. Hornblendeschiefer. Die meisten Amphibolite liegen als Linsen in Gneis-, Gneisglimmerschiefer, Glimmerschiefer- und Phyllitverbänden, mitunter in Marmormassen eingeschlossen.

Vorkommen: seit dem Erdaltertum bis in die geologische Neuzeit (alpidische Gebirgsbildungen) in allen Faltengebirgen anzutreffen; im Sächsisch-Böhmischen Erzgebirge (DDR, ČSSR); im Sächsischen Granulitgebirge bei Siebenlehn, Böhrigen, Hohenstein-Ernstthal, Thüringer Wald u. a. V. (DDR); Odenwald, Spessart, Schwarzwald, Fichtelgebirge (BRD); Skandinavien; weltweit

Praktische Bedeutung: Eisenbahnschotter, Straßenbaustoff

Anatexite, Migmatite

Metamorphite

eine vielseitig ausgebildete Gesteinsgruppe, die sehr hohe Metamorphosegrade (Ultrametamorphose – Aufschmelzung) charakterisiert

Mineralbestand: analog dem Mineralbestand von Plutoniten mit Quarz, Alkalifeldspat, Plagioklas (helle Gemengteile – Leukosom) und Pyroxenen, Amphibolen, Biotit (dunkle Gemengteile – Melanosom), dazu mehr oder weniger häufig typisch metamorphe Minerale wie Granat u. a.

Gefüge: fein-, mittel- bis grobkörnig
Charakteristisch ist der gneisähnliche, aber sehr unregelmäßig uneinheitliche Aufbau mit Faltungen, Durchaderungen u. a. (Chorismite). Auffällig ist der Wechsel zwischen hellen (Leukosom) und dunklen (Melanosom) Partien. Nach Gefügetypen gibt es eine Vielzahl von Spezialbezeichnungen wie Injektionsgneise, Aderite, Diatexite, Metatexite, Syntektite u. a.

Entstehung: Bei sehr starkem Druck und Temperaturen nahe den magmatischen lösen sich die hellen Gemengteile im eigenen Porenwasser und trennen sich als Leukosom ab. Die dunklen Minerale reichern sich neu sprossend als Melanosom an. In diesem plastischen Zustand besteht die Möglichkeit der Mischung mit granitischer Schmelze (Mischgesteine = Migmatite). Starke Durchbewegung bewirkt das chorismatische Gefüge der Anatexite. Es kommen alle Übergänge von echten Gneisen bis zu Kristallisaten aus neugebildeten (palingenen) Magmen vor.

Vorkommen: in den tiefsten Anschnitten der Gebirge weltweit verbreitet; Sächsisch-Böhmisches Erzgebirge (DDR, ČSSR); Sächsisches Granulitgebirge (Kerngebiet); Thüringer Wald bei Ruhla (DDR); Bayrischer Wald, Schwarzwald u. a. (BRD); Auvergne (Frankreich); Norwegen; Schweden; Finnland; Halbinsel Kola, Ukraine, Transbaikalien u. a. (UdSSR)

Praktische Bedeutung: Bau- und Straßenbaustoffe, Eisenbahnschotter

Andesite

Ergußgesteine der Feldspat-Vulkanite
benannt nach den Anden (Südamerika)

Mineralbestand: Andesite sind im wesentlichen aus Plagioklas (Andesin 46 %) und Hornblende (31 %) zusammengesetzt und enthalten außerdem 3 % Erze (Magnetit), Apatit und 20 % glasige Bestandteile. Ihre Dichte beträgt etwa 2,77 g/cm^3.

Varietäten: Glimmer-Andesit (Biotit statt Hornblende), Hornblende-Andesit = Andesit im engeren Sinne, Augit-Andesit (Augit statt Hornblende), Hypersthen-Andesit (Hypersthen statt Hornblende), s. a. Paläoandesite

Gefüge: Andesite sind meist dichte, einsprenglingsreiche, mitunter tuffige Lavagesteine, die je nach Zusammensetzung mittel- bis dunkel-, zeitweilig auch schwarzgraue Farbe besitzen (s. Tafel VIII, IX/1).

Entstehung: Andesite sind Ergußäquivalente dioritischer Gesteinsschmelzen (s. Tabelle 12). Die Andesitvulkane umranden weitverbreitet bevorzugt den Pazifik. Es sind Übergangsschmelzen zwischen Sima und Sial. Sie finden günstige Aufstiegswege an den Grenzen Kontinent–Pazifik.
Vorkommen: weltweit; Bulgarien; Ungarn; Rumänien; Argentinien; Alaska, Kalifornien, Nevada, Montana (USA); Mexiko; Insel Santorin (Griechenland); Sumatra sowie viele andere Vorkommen
Praktische Bedeutung: Andesite eignen sich als Straßenbaumaterial; Andesitschlote sind oft mit Kupfersulfiden, auch mit Gold u. a. Mineralen vererzt.

Anhydrite

Sedimentgesteine aus der Gruppe der Salzgesteine
grch. an – ohne, hydor – Wasser

Mineralbestand: Sie sind aus Anhydrit (Kalziumsulfat $CaSO_4$) zusammengesetzte, chemisch gebildete Sedimentgesteine. Die Anhydrite sind graue, bläuliche Gesteine, die mitunter mit Dolomit, Gips, Salzmineralen, Bitumen und tonigen Verunreinigungen vermengt sind. Die Dichte beträgt 2,9 bis 3,0 g/cm^3.
Gefüge: dicht, körnig (marmorartig)
Entstehung: Der meiste Anhydrit gelangt bei der Eindampfung von Meerwässern zur Ausscheidung. Er ist der hauptsächliche Begleiter der marinen Salzausscheidungen (s. Salzgesteine). Durch Einwirkungen von Oberflächen- und Grundwässern bilden sich sogenannte »Gipshutzonen« über Anhydrit.
Vorkommen: verbreitet in Gebieten von Salzlagerstätten; Bezirke Magdeburg, Erfurt, Halle (DDR); Hessen, Hannover (BRD); Elsaß-Lothringen (Frankreich); westlicher und südlicher Ural (UdSSR); Kanada u. a.
Praktische Bedeutung: Anhydrit ist Rohstoff für die Schwefelsäuregewinnung. Beim chemischen Umsetzungsprozeß mit Ton fällt Zement als Nebenprodukt an.

Anorthosite

Gesteine der Feldspat-Plutonite

Mineralbestand: Es handelt sich dabei um nahezu monomineralische Plagioklasgesteine (Feldspatanteil bis 98 %). Nach der Art des Feldspats werden Labradoranorthosite und Bytownitanorthosite, auch Labrador- und Bytownitfelse genannt, unterschieden.
Gefüge: grobkörnig, z. T. pegmatitisch ausgebildet
Entstehung: Anorthosite sind extreme Differentiationsprodukte basischer Gesteinsschmelzen und treten oft in Verbindung mit Feldspat-Plutonitmassiven wie Gabbros, aber auch mit Peridotiten auf. Ausdruck dieser gesteinsverwandtschaftlichen Beziehungen sind auch die Funde von Anorthosit auf dem Mond (s. Mondgesteine).

Vorkommen: Golovino u. a./Ukraine (UdSSR); Como (Italien); Imatra (Südfinnland); Quebec (Kanada); Adirondack/New York (USA); Uruguay u. a.
Praktische Bedeutung: wegen des Farbenspiels (Irisieren – »Labradorisieren«) geschliffener und polierter Platten als dekoratives Denkmals- und Fassadengestein

Aplite

Ganggesteine

Es sind meist helle, zahlreiche, zu einem Stammagma gehörende Gesteine, die in der chemischen und mineralischen Zusammensetzung sowie in den Strukturmerkmalen oft stark voneinander abweichen.

Tabelle 4. Mineralbestand einiger Aplitarten in %

Aplitart	Quarz	K-(Na)-Feldspate	Plagioklase: Oligoklase, Andesin, Labrador	Nephelin (z. T. Sodalith)	Pyroxene (Augit u. a.)	Hornblende	Biotit	Akzessorien	Glas	Dichte in g/cm³
Granitaplit	28	39	31				(2)	2		2,61
Rapakiwiaplit	29	58	7				5	1		
Granodioritaplit	34	14	44				8			2,69
Quarzdioritaplit	29		65				5	1		2,72
Syenitaplit	5	90						5		
Gauteit		47	20			23			5	2,63
Monzonitaplit	±¹⁾	45	45			10				
Dioritaplit	8	(15)	56				19	2		2,68
Gabbroaplit			84		16					2,70
Nephelinsyenitaplit		67		28				2		2,58
Tinguait		46		32	21			1		
Essexitaplit		20	50	25	1			1		

Die praktisch quarzfreien Aplite führen meist Magnetit, Titanomagnetit (u. a. Erzminerale), je nach Anteil unterschiedlicher Gesteinsmagnetismus (bis einige tausend cgs).

¹) ± kann in den Proben vorhanden sein, kann auch fehlen

Mineralbestand: Aplite bestehen hauptsächlich aus Feldspat und Feldspatvertretern. Den Mineralbestand der wichtigsten Aplitarten zeigt Tabelle 4. Aus dieser tabellarischen Zusammenstellung geht hervor, daß es sich bei den Apliten vor allem um feldspatreiche (auch quarzreiche Vertreter), aber vorwiegend um augit-, hornblende- und biotitarme Ganggesteine handelt. Auffällig sind die quarzreichen, ausgesprochen granitisch zusammengesetzten Arten. Diese am meisten und weitestverbreiteten Aplite trifft man in allen Granitgebieten (s. Granite) an. Die quarzarmen bis quarzfreien Aplite finden sich in syenitischen, besonders in hybrid-syenitischen (dann mit Nephelin, Sodalith, Hauyn) Gesteinsverbänden. Sie sind Abkömmlinge vielfältig differenzierter Teilschmelzen

Gefüge: stets feinkörnig, dicht, felsitisch

Vorkommen: weltweit; Granitaplite in allen Granitgebieten der DDR; Syenitaplit und ähnlich zusammengesetzte im Böhmischen Mittelgebirge bei Usti (ČSSR); Tingua-Gebirge, Rio de Janeiro (Brasilien); Umgebung Boston (USA); Oslogebiet (Norwegen) u. a.

Arkosen

Sedimentgesteine

Die Arkosen bzw. Arkosesandsteine gehören zur Gruppe der Sandgesteine.

Mineralbestand: Diese meist hellen, schwach verfestigten Trümmergesteine oder Sedimente setzen sich aus Quarz, Feldspat, Glimmer und anderen Mineralen zusammen (s. Tabelle 39, Bild 5).

Gefüge: mittel- bis feinkörnig (klastisch)

Entstehung: Arkosen entstehen aus zerstörten feldspatreichen Gesteinen (Graniten, Gneisen). Die Arkosesandsteine liegen meistens in der Nähe »kristalliner Gebirge« (z. B. Thüringer Wald und Erzgebirge).

Vorkommen: Zwickau (DDR); Oberpfalz (BRD) u. a.

Basalte

Gesteine der Feldspat-Vulkanite

grch. basanites – Stein von Basan in Syrien

Die Basalte stellen die größten Ergußgesteinsmassen der Erde und des Mondes (s. Mondgesteine) dar.

Mineralbestand: (s. Tabelle 5) Hauptgemengteile sind Plagioklas (Labradorit) und basaltischer Augit (tholeiitische Basalte) bzw. Titanaugit (Alkalibasalte); als Übergemengteile treten Hornblenden und Olivin auf. Alle Basalte enthalten bemerkenswerte Mengen an Titanomagnetit (3 bis 8 $^0/_0$ – bewirkt starken Gesteinsmagnetismus), daneben Apatit u. a. Akzessorien.

Chemische Zusammensetzung: (s. Tabelle 6) Es handelt sich um basische Gesteine mit 45 bis 50 $^0/_0$ Kieselsäure, 10 bis 15 $^0/_0$ Tonerde, 8 bis 11 $^0/_0$ Kalk. Der Natriumgehalt überwiegt stark den Gehalt an Kalium. Aus zahlreichen Analysen geht hervor, daß sich die Basalte im wesentlichen auf zwei che-

Tabelle 5. Mineralbestand von Basalten in Vol.-%

Gestein	Vorkommen	Plagioklas (Labradorit)	basalt. Augit	Titanaugit	Olivin	Titanomagnetit	Dichte (in g/cm³)	Magnetismus (in cgs-Einheiten)	Druckfestigkeit (in MPa)
Tholeiitische	Hawaii	44	49	—	±	7	2,96	500	380
Basalte	Schottland	51	31	—	12	6	2,87	bis	bis
Alkali-	Eifel/BRD	47	—	33	4	4	2,94		
basalte	Nyassa-See/Afrika	53	—	18	18	8	2,83	10 000	440
Paläobasalte									
»Tholeiit«	Nahe-Gebiet/BRD	52	18	—	7	23[1]	2,74	50	290
»Melaphyr«	Thüringer Wald/DDR	(70)	22	—	4	4	2,75	bis	n. b
»Melaphyr«	Harz/DDR	50	44	—	±	6	2,90	8 000	bis 300

[1] kryptokristalline bis glasige Grundmasse

Tabelle 6. Chemische Zusammensetzung von Basalten

	Tholeiitische Basalte		Plateaubasalt	Alkalibasalte		»Tholeiit«	»Melaphyr«	Diabas
SiO_2	50,3	46,6	49,0	46,0	43,5	46,9	50,7	48,6
TiO_2	3,1	1,8	2,0	2,4	1,9	Sp.	1,4	1,8
Al_2O_3	12,8	15,1	14,0	14,0	16,7	15,7	15,9	14,6
Fe_2O_3	1,7	3,5	3,5	4,2	4,2	4,0	7,9	1,9
FeO	9,9	7,7	9,8	6,5	9,1	5,4	1,8	7,7
MgO	7,4	8,7	6,7	10,1	8,2	5,2	4,6	6,4
CaO	11,1	10,1	9,4	11,0	10,1	9,8	9,0	9,8
Na_2O	2,4	2,4	2,6	3,3	2,7	2,6	3,3	4,0
K_2O	0,4	0,7	0,7	0,9	1,2	1,6	1,3	0,4
H_2O	0,7	3,2	1,8	1,4	1,7	4,3	3,3	3,6

misch etwas unterschiedliche Ausgangsmagmen zurückführen lassen: Im Raum des Pazifischen Ozeans dominieren etwas höhere Kieselsäure- und niedrigere Alkaligehalte (pazifisches Stammagma – tholeiitische Basalte), im Bereich des Atlantischen Ozeans etwas geringere Kieselsäure- und höhere Alkaligehalte (atlantisches Stammagma – Alkalibasalte). Die geographische Zuordnung ist nicht absolut zu betrachten; es gibt sowohl im pazifischen Raum alkalibasaltische Schmelzen wie im Bereich Europas und des Atlantik tholeiitische Basalte.

Gefüge: Die Basalte sind oft schwarz, meist dicht, feinkörnig, mitunter mittelkörnig (ophitisch) ausgebildet. Zeitweilig sind in der Grundmasse Einsprenglinge von Pyroxen und Olivin zu erkennen. Charakteristisch sind bis dezimetergroße Einschlüsse von grobkörnigem Olivin bzw. Olivingestein. Lavastromoberflächen sind durch entweichende Gase aus der glutheißen Schmelze mitunter stark blasig. In Vulkanruinen und an der Grundfläche von Lavaströmen ist der Basalt oft mit Tuffen (s. Pyroklastite) vergesellschaftet.

Im Geländeaufschluß fallen die Basalte durch ihre häufig ausgeprägte säulige Absonderung auf, die stets senkrecht zur Abkühlungsfläche der Lava steht (s. Bild 16). In Deckenergüssen stehen die Säulen senkrecht (»Orgelpfeifen«, z. B. Scheibenberg/Erzgebirge), in kuppenförmigen Vorkommen meilerartig (»Palmwedel«, z. B. Hirtstein bei Satzung/Erzgebirge). Seltener sind plattige und kugelige Absonderungsformen (Tafel XVI/1).

Entstehung: Basaltschmelzen erstarren als vulkanische und subvulkanische Äquivalente der Gabbroplutonite an der Erdoberfläche bzw. auf den Böden der Ozeane (submariner Vulkanismus). In bestimmten geologischen Epochen der Erde, z. B. im Mesozoikum und im Tertiär, wurden große Flächen von mächtigen Basaltlaven überflutet. Diese Erscheinungen heißen Trapp- oder Plateaubasalte. Die Böden der Ozeane werden von Basaltlaven gebildet, die auch gegenwärtig ständig aus den zentralozeanischen Spaltensystemen (Riftzonen) austreten, an denen die Kontinente auseinanderdriften und neuen Ozeanboden bilden (Kontinentalverschiebung – Ozeanbildung). Der Ursprung der basaltischen/gabbroiden Magmen wird in der unteren Lithosphäre (oberer Erdmantel) gesehen, wenn infolge Druckentlastung Teilschmelzen aus dem heißen, unter hohem Druck stehenden Gestein von eklogitischer Zusammensetzung (Pyrolit nach *Ringwood* 1962; s. a. Kimberlit) mobilisiert werden, die über tiefreichende Spaltensysteme (Tiefenbrüche) an die Erdoberfläche gelangen. Die Einschlüsse von Olivingestein (»Olivinknollen«) werden als mitgerissene ausgeschmolzene Reste dieses tiefliegenden Mantelgesteins gedeutet. Im Bereich der Kontinente müssen die basaltischen Schmelzen mächtigere Gesteinsmassen durchbrechen und benötigen längere Zeit für ihren Aufstieg. Dabei können sie vielfältig durch einsetzende Kristallisation differenzieren, sich mit anderen Gesteinsschmelzen mischen (Hybridisierung) und Nebengesteinsmaterial durch Auflösen einverleiben (Assimilation). So entstehen u. a. die zahlreichen Varietäten der anderen basaltischen Gesteine wie Basanite, Tephrite, Phonolithtephrite und Foidite (s. d.).

Geologisch alte Basalte sind durch Gebirgsbildungsprozesse vor allem durch den Einfluß von Wasser mehr oder weniger stark umgewandelt. Sie werden als Paläobasalte oder Phänobasalte (früher »Melaphyre«, z. T. Diabase) bezeichnet (s. d.).

Vorkommen: weltweit verbreitet, Riesenvorkommen in den Ozeanböden, auf vulkanischen Inseln (Island; Kanarische Inseln; Hawaii; Aleuten u. a.), Plateau- und Trappbasalte (Dekkan/Ostindien; Nordsibirien; Brasilien; Ostafrika; mit Einschränkungen Rhön und Vogelsberg); in der DDR zahlreiche kleine Vorkommen in der Oberlausitz, im Elbsandsteingebirge, Erzgebirge; größere Vorkommen südlich des Thüringer Waldes (Ausläufer der Rhön – Feldatal, Öchsen bei Vacha u. a.).

Praktische Bedeutung: Basaltsäulen als Bau- und Mauersteine, Ufer- und Kaibefestigungen

Basalte zählen wegen des intersertalen Mikrogefüges zu den dichtesten, festesten und wetterbeständigsten Natursteinen für Schotter, Splitt und Zuschlagstoffe. Aus porösen Basaltlaven werden größere Rohsteinblöcke für Bauzwecke gewonnen. Bedeutend ist auch die Herstellung von Gesteinswolle als Isoliermaterial aus Schmelzbasalt.

Im tropischen Klima verwittern die Basalte unter Bildung von bedeutenden Bauxit-(Aluminiumerz-) und Laterit-(Eisenerz-)Lagerstätten.

Basaltische Gesteine

dunkle Ergußgesteine

Unter dem Sammelbegriff »Basaltische Gesteine« sollen in diesem Buch alle dunkelgrauen bis schwarzen Vulkanite zusammengefaßt werden, deren feinkörniges Gefüge ohne zusätzliche Hilfsmittel (Mikroskop, Stereomikroskop) keine Bestimmung der hellen Gemengteile (Feldspate und Foide) gestattet.

Allen basaltischen Gesteinen ist gemeinsam, daß sie keinen oder nur einen unbedeutenden Quarzgehalt aufweisen. Es handelt sich um eine Feldbezeichnung, die nur eine grobe Einschätzung des Gesteins, aber keine der petrographischen Systematik entsprechende Bestimmung beinhaltet. Makroskopische Merkmale basaltischer Gesteine weisen die Vulkanitgruppen der Basalte, Tephrite, Basanite, Phonolithtephrite und Foidite (s. Bild 27) sowie die Melilithite (s. d.) auf. Auch feinkörnige Übergangsmagmatite, speziell Lamprophyre (s. d.) können makroskopisch oft nicht von echten basaltischen Vulkaniten unterschieden werden.

Entstehungsbedingt sollen hier Basalte (s. d.) als aus dem Sima (oberer Erdmantel) stammende, weitgehend nicht differenzierte Feldspatgesteine von den infolge Differentiations-, Hybridisierungs- und Assimilationsprozessen chemisch und mineralisch stark variierenden dunklen Foid-Feldspat-Vulkaniten (s. d.) und Foiditen (s. d.) getrennt behandelt werden.

Während die Basalte die Hauptgesteine der ozeanischen Räume (Meeresböden, ozeanische Großvulkane) und der riesig ausgedehnten, kilometermächtigen Deckenergüsse (Plateau- und Trappbasalte in Sibirien; Indien; Brasilien u. a.) bilden, erscheinen Foid-Feldspat- und Foid-Vulkanite vorwiegend in lokal begrenzten, aber artenreichen Gesteinsprovinzen auf den Kontinen-

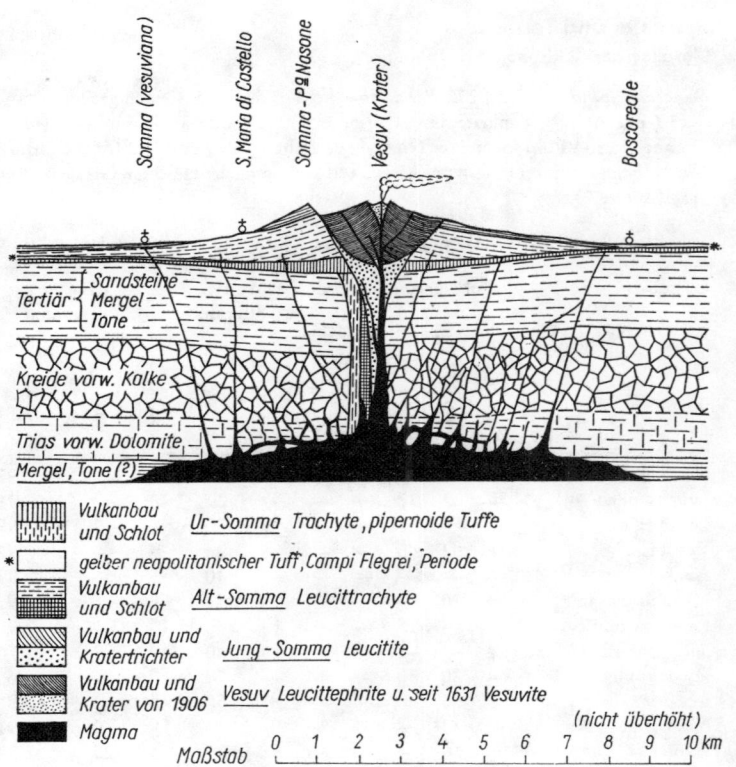

Bild 24. Geologische Entwicklung des Somma-Vesuv-Vulkans mit seinen durch Assimilation und Differentation entstandenen Gesteinen (nach *Rittmann*)

ten und deren Grenzen gegen die Ozeanbecken mit weitaus geringer ausgedehnten Einzelvorkommen.

Geologisch ältere basaltische Gesteine sind durch Oxydation und Wassereinfluß rötlich gefärbt (Hämatitbildung) und im Mineralbestand verändert (chloritisierte dunkle Gemengteile). Sie werden Phäno- oder Paläobasalte genannt (die noch häufig anzutreffende Bezeichnung »Melaphyre« wird nicht mehr benutzt).

Praktische Bedeutung: Wegen ihrer großen Festigkeit und Wetterbeständigkeit sind sie ausgezeichnete Straßenbau- und Zuschlagstoffe (s. Basalte).

Basanite und Tephrite
Gesteine der Feldspat-Foid-Vulkanite

Mineralbestand: (s. Bild 27) Basanite sind an dunklen Gemengteilen reiche (50 bis 70 %), Tephrite etwas ärmere (30 bis 50 %) Plagioklas- (meist Labradorit-) Foid-Gesteine. Niemals enthalten sie Quarz (zahlreiche im Mineralbestand unterschiedene Arten, teilweise mit erheblichen Glasgehalten, s. Tabelle 7).

Tabelle 7. Mineralbestand einiger Tephrite, Basanite, Foidite und Melilithite

Gestein	Feldspate und Foide					Ca-Mg-Fe-Silikate		Nebengemengteile		Dichte in g/cm^3
	Plagioklas	Nephelin	Leucit	Sodalith	Hauyn	Olivin	Pyroxen		Glas	
Nephelintephrit	42	10	—	—	±	—	30	13	—	2,92
Leucittephrit	30	3	27	—	—	—	27	8	—	3,01
Limburgit	—	—	—	—	—	9	30	4	57	2,99
Vesuvit	18	2	40	—	—	6	34	±	—	2,92
Augitit	—	—	—	—	—	—	40	5	55	2,97
Nephelinbasanit	33	10	—	—	±	8	41	8	—	2,95
Leucitbasanit	18	—	15	—	—	10	46	11	—	2,98
Sodalithbasanit	52	—	—	15	—	10	40	10	—	2,76
»Leucitophyr«	—	20	30	—	14	—	29	7	—	2,65
Leucitit	5	6	30	—	—	±	50	n. n.	±	2,97
Nephelinit	—	23	—	—	14	±	44	9	10	2,91
»Dolerit«	±	46	—	—	—	±	25	4	25	2,92
Hauynit	—	±	—	—	38	—	54	8	—	2,29
»Hauynophyr«	±	16	16	—	23	—	33	2	—	n. n.
Monticellitmelilithit	—	14	—	—	—	33[1]	12[2]	8	—	2,98
Olivinmelilithit	—	6	—	—	—	23	19	8	—	n. n.

[1]) davon 10 % Monticellit
[2]) Biotit

Gefüge: dichte, splittrige, hell- bis dunkelgraue (Tephrite) oder schwarze (Basanite) basaltische Gesteine, im Vorkommen häufig säulig abgesondert (z. B. Scheibenberg/Erzgebirge).
Mit der Lupe sind Einsprenglingskristalle von Pyroxen und Olivinkörner deutlich zu erkennen, mitunter bis zentimetergroße Augite und Hornblenden, die bei Verwitterung freigelegt werden (z. B. bei Lukov/ČSSR).
Entstehung: Es handelt sich um Differentiations- und Assimilationsprodukte, die auf kleinem Raum (mitunter in ein und demselben Vorkommen) zahl-

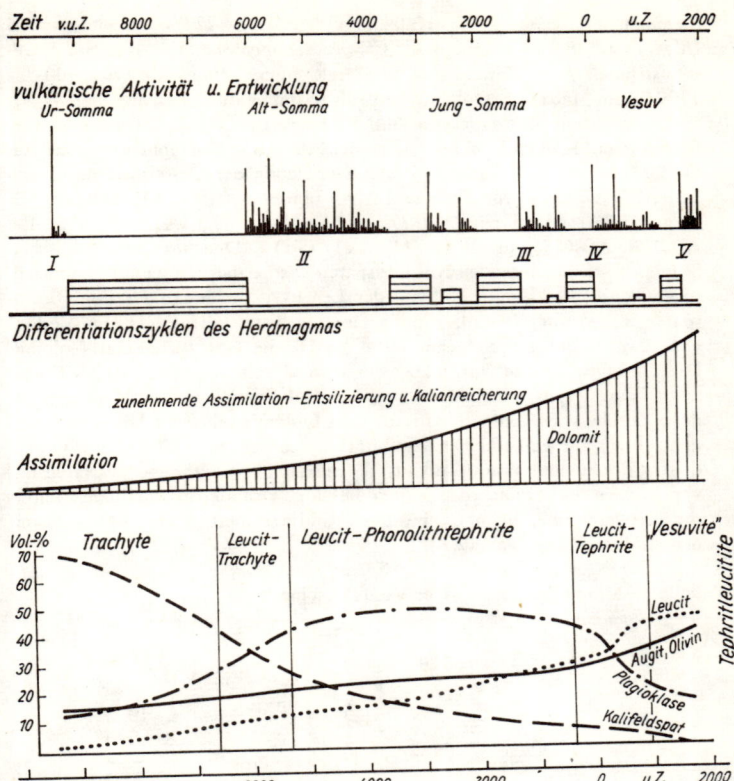

Bild 25. Gesteinsentwicklung und -entstehung beim Somma-Vesuv-Vulkan (nach *Rittmann*)

reiche Varietäten aufweisen (inhomogene Lavazusammensetzung). Sie bilden sich, wenn die aus größeren Tiefen stammenden basaltisch-gabbroiden Schmelzen mächtige Deckgebirgsschichten durchbrechen mußten, dabei differenzierten und Nebengestein assimilierten. Ein besonders instruktives Beispiel für Hybridisierung magmatischer Schmelzen ist das gut untersuchte Somma-Vesuv-Magma mit dem tätigen Vulkan Vesuv im Golf von Neapel/Italien (s. Bild 24). In der geologisch sehr kurzen Zeit von etwa 10 000 bis 20 000 Jahren entwickelte sich das Herdmagma von einer syenitisch zusammengesetzten zu einer hybriden tephritischen Schmelze. Diese Entwicklung zeigt Bild 25. Das syenitische Magma bekam in etwa sechs Kilometer Tiefe Kontakt mit Karbonatgesteinen, vorwiegend Dolomit $CaMg(CO_3)_2$, der sich chemisch aus etwa 30 % Kalziumoxid (CaO), 22 % Magnesiumoxid (MgO) und 48 % Kohlendioxid (CO_2) zusammensetzt. Die syenitische Gesteinsschmelze als Herdmagma löste mit einer Temperatur von 900 bis 1100 °C im Herddach Dolomit und führte damit dem Ausgangsmagma beträchtliche Mengen Magnesium- und Kalziumoxid (MgO, CaO) als schwerflüchtige und Kohlendioxid (CO_2) als leichtflüchtige Komponenten (Gas) zu. Dadurch wurde die chemische Zusammensetzung der Gesteinsschmelze verändert. Die Zufuhr von CaO und MgO bindet zusätzliche Kieselsäure. Es kommt zu Ausscheidungen von Diopsid $CaMg[Si_2O_6]$, Augit $Ca(Mg, Fe, Al)[(Si, Al)_2O_6]$ und Olivin $(Mg, Fe)_2[SiO_4]$. Den aus der syenitischen Schmelze kristallisierenden Kalifeldspaten wird dabei Kieselsäure entzogen, so daß das unterkieselte Molekül des Leucits $K[AlSi_2O_6]$ als Foid (Feldspatvertreter) zur Kristallisation gelangt (s. Tafel VIII, IX/4). Im Verlauf von etwa 10 000 Jahren assimilierte das Herdmagma fortgesetzt Dolomit. Die Gesteinsschmelze wurde kontinuierlich kieselsäureärmer und als Folgeerscheinung leucit-, plagioklas-, augit- und olivinreicher. Die damit verbundene Zufuhr von Kohlendioxid aus dem Dolomit führte zu Überdruck und demzufolge zur vulkanischen Aktivität. Unter den vulkanischen Förderprodukten des Somma-Vesuv-Vulkans, die aus vielfältig zusammengesetzten Laven, Aschen und Schlacken bestehen, befinden sich als Auswürflinge zahlreiche Tiefengesteine, die im Chemismus und Mineralbestand den Vulkangesteinen ähnlich sind (s. Tabelle 8).

Tabelle 8. Mineralbestand einiger Vesuvgesteine in %

Gestein	Kalifeldspat	Oligoklas	Andesin	Labradorit	Bytownit	Leucit	Nephelin, Sodalith	Augit	Hornblende	Olivin	Erz, Apatit	Dichte in g/cm³
T Syenit	71	9							16		1	2,70
V Trachyt	79	10						9			2	2,63
T Leucitsyenit	19		27			10		33		7	4	n. n.
V Leucitphonolith	25		38			9		18		3	4	2,61
T Leucitolith						38		54		4	4	n. n.
V Leucittephrit (basaltische Gesteine)	4			34		27	6	20		7	2	3,01
V Leucittephrit (basaltische Gesteine)					35	29	2			5	3	2,86
V Vesuvit (basaltische Gesteine)					18	40	2	34		3	3	n. n.

T Tiefengestein
V Vulkanite

Vorkommen: basaltische Gesteine der Lausitz, des Erzgebirges, des Elbsandsteingebirges, südlich des Thüringer Waldes (DDR); Duppauer und Böhmisches Mittelgebirge (ČSSR); Kaiserstuhl, Hegau, Eifel u. a. (BRD); Vesuv u. a. (Italien); weltweit verbreitet

Geologisch ältere, durch Oxydation und Hydratation rötlich gefärbte und im Mineralbestand mehr oder weniger stark umgewandelte Basanite und Tephrite werden mit entsprechenden Basalten als Paläobasalte (»Melaphyre«) zusammengefaßt.
Praktische Bedeutung: wie Basalte (s. d.)

Bauxit

nach dem Fundort Le Baux (Südfrankreich)
chemische Sedimentgesteine der Laterite (s. d.), die aus einem wechselnden Gemenge verschiedener Aluminiumhydroxid-Minerale: Hydrargillit, Diaspor, Böhmit und Alumogel bestehen (Zusammensetzung, s. Tabelle 44)

Vorkommen: weltweit, u. a. Mittelmeerraum; äquatoriales Afrika; UdSSR; Indien u. a.
Praktische Bedeutung: wichtigstes Aluminiumerz, Rohstoff für technische Schleifmittel (Elektrokorund) und Tonerdegewinnung

Beton

Beton ist ein heute als Baumaterial vorherrschendes technisches Gestein, das durch innige Mischung von Zement, Zuschlagstoffen und Wasser gebildet wird. Nach der Art der Zuschlagstoffe unterscheidet man Schwer- und Leichtbeton.

Mineralbestand und *chemische Zusammensetzung* hängen vorwiegend von der Art und Menge der Zuschlagstoffe ab und variieren in weiten Grenzen. Hauptzuschlagstoffe für Beton sind Sande und Kiese, die durch den Zement als Bindemittel verkittet werden. Auf diese Weise entstehen Gefüge, die mit natürlichen Sandsteinen und Konglomeraten vergleichbar sind. Durch Variation der Zuschlagstoffe gewinnt man Baumaterialien mit besonders günstigen Eigenschaften. Ein Beispiel dafür ist mit Mineralfasern verstärkter Beton für Verkleidungen, Dachbedeckungen, Rohrleitungen usw. (wegen seiner toxischen Eigenschaften wird der Asbest im Asbestbeton heute durch Glasfasern ersetzt).

Bimssteine

vulkanisches Schaumglas (vgl. auch Obsidian)
althochdeutsch pumiz, lat. pumex
Die Bimssteine sind hochporöse Laven (s. Tafel X, XI/2). Sie entstehen bei spontaner Gasentweichung, vorwiegend Wasserdampf, im glutheißen Zustand bei Druckentlastung, wobei besonders die Lavaoberflächen aufschäumen können. Die natürlichen Schaumgläser bilden sich bevorzugt aus sauren und neutralen (intermediären) Gesteinsschmelzen. Nach der Zusammensetzung werden Rhyolithbimsstein, Trachytbimsstein, Dacitbimsstein unterschieden; nach der Erscheinungsweise und den Strukturvarietäten werden Bimssteinarten unterschieden, z. B. Schlackenbims.

Vorkommen: in jungen Vulkangebieten; Insel Lipari, Insel Ischia, Somma-Vesuv (die Städte Pompeji und Herkulaneum wurden von »Trachytbimsstein« zugeschüttet) u. a. (Italien); Laacher Seengebiet (BRD); Tokaier Berg (Ungarn); Kleiner Kaukasus, Umgebung Jerewan (UdSSR); Katmai-Vulkan, Alaska (USA); Java; Krakatau u. d., Sunda-Straße; Neuseeland u. a.

Praktische Bedeutung: Bimssteine finden weite Verwendung als Leichtbaustoff, besonders geeignet für Kuppelbauten und auch als Schleifmittel.

Biotit-Granit

Gesteine der Granitgruppe

Die meisten Granite sind Biotit-Granite. Unter Monzogranit werden Typen abgegrenzt, die etwa zu gleichen Teilen aus Kalifeldspat, Plagioklas (Oligoklas) und Quarz bestehen. Es sind vorwiegend grobkörnige, blaßrötliche bis grau-weißgraue Gesteine. Ähnliche Gesteine sind Granodiorite und zahlreiche andere Granitvertreter.

Mineralbestand: s. Tabelle 17

Gefüge: Der Biotit-Granit ist meist gleichmäßig körnig, durch große Orthoklaseinsprenglinge (vielfach als Karlsbader Zwillinge ausgebildet) oft porphyrkörnig, vorherrschend richtungslos körnig. Mitunter durchsetzen aplitisch ausgebildete Schlieren bzw. auch pegmatitische Kristallisationen die Biotit-Granite.

Entstehung: s. a. Granite. Biotit-Granite kristallisieren aus Granitmagmen, die »alkali«-(natrium- und kalium-)betont sind und gegenüber granodioritischen Gesteinsschmelzen weniger Kalzium besitzen (s. Tabelle 18). Die geologische Platznahme erfolgt meistens in den Kerngebieten der Gebirge. Sie durchsetzen, begleitet von anderen Granittypen (Granodiorite, Zinngranite u. a.), als plutonische Körper die Schiefer- und Gneismassen (s. Bild 22).

Vorkommen: Er kommt auf allen Kontinenten, mitunter große Räume einnehmend, vor: in Europa im Sächsisch-Böhmischen Erzgebirge, z. B. Kirchberger, Schellerhauer, Bobritzscher Granit u. a. Granitvorkommen; verbreitet im Brockenmassiv, bei Thale z. T. der Ramberggranit, im Thüringer Wald der Henneberggranit, der Ilmtal-Suhler Granit; im Fichtelgebirge, Bayerischen Wald, Schwarzwald, in den Vogesen; verbreitet in den Grundgebirgseinheiten der ČSSR und Polens, in den jüngeren Gebirgsauffaltungen Europas (Österreichische, Italienische, Schweizer und Französische Alpen), in den Kerngebieten der Karpaten (Transsilvanische Alpen/Rumänien) und in der Hohen Tatra (ČSSR). In Westeuropa sind Biotit-Granite im Französischen Zentralmassiv (Auvergne) und in Südengland (Provinz Cornwall) verbreitet. Große Granitgebiete mit Biotit-Graniten befinden sich in Afrika, Skandinavien, im Ural, in Transbaikalien, in den Riesenauffaltungen Mittel-, Ost- und Südasiens. Viele dieser Plutonite umsäumen den Pazifik. Mit den weltweit verbreiteten »Biotit-Granit-Vorkommen« kam es zur Bildung zahlreicher Erzlagerstätten und spezifisch gearteter Metallprovinzen.

Praktische Bedeutung: Biotit-Granite finden Verwendung als Werk- und Pflastersteine sowie als Schotter.

Bitumen, Bitumengesteine

lat. bitumen – Erdpech
Die Bitumen sind brennbare, feste, flüssige und gasförmige Produkte meist tierischen Ursprungs. Chemisch sind es Kohlenwasserstoffe mit hohem Wasserstoffanteil. Zu den natürlich entstandenen Bitumen zählen Erdgas (gasförmig), Erdöl (flüssig), Erdwachs (Ozokerit), Erdpech, Erdharz, Ölschiefer, Asphalt, Asphaltschiefer, Kukersit (fest); z. T. als Bitumenschiefer bezeichnet, sind es mehr oder weniger verfestigte Gesteine. Man erkennt die meisten Bitumen am Geruch und an ihrer bräunlichen Färbung. Ein Beispiel hierfür sind die bitumenhaltigen Kalksteine (und andere Gesteinsarten), auch als »Stinkschiefer« bekannt.

Gefüge: gestaltlos (amorph)

Entstehung: Die meisten Bitumen entstanden durch Eiweißumsetzung niedriger Lebewesen (Plankton, kleine Muscheln, Korallen). Aber auch Pflanzen haben über den Weg der Inkohlung (s. S. 133) Anteil an der Entstehung von Erdgas.

Vorkommen: weltweit
  Erdöl: Iran, Irak, Saudi Arabien, Libyen, Algerien, UdSSR, USA, Venezuela, BRD u. a.
  Erdgas: UdSSR, USA, DDR, BRD u. a.
  Feste Bitumen: Kanada, Polen, UdSSR, Albanien u. a.

Praktische Bedeutung: Erdöl und Erdgas stehen an erster Stelle. Die festen Bitumen (Bitumengesteine) werden vielseitig zur Gewinnung von Benzinen, Benzol, Teerprodukten und auch zu Heizzwecken genutzt. Natürlicher Asphalt findet als Straßenbaustoff und für andere Zwecke, besonders zum Abdichten, Verwendung.

Braunkohlenfilteraschen

Mineralbestand: Glas verschiedener chemischer Zusammensetzung (50 bis 70 %), Quarz (2 bis 15 %), Magnetit und Hämatit (3 bis 12 %), Anhydrit (8 bis 20 %), Kalk (5 bis 10 %), Restkohle (1 bis 6 %)
Der Mineralbestand schwankt in Abhängigkeit von Ausgangskohle, Feuerungsbedingungen und Korngröße in weiten Grenzen. Die hierfür angegebenen Prozentzahlen beziehen sich auf die feinste Filterstufe (Nachreinigung) aus Kraftwerken, die Braunkohlen aus dem Raum Halle–Leipzig verarbeiten.

Gefüge: Filterasche ist ein staubförmiges, lockeres Gemisch von hellgrauer oder brauner Farbe. Sie besteht zum überwiegenden Teil aus mikroskopisch kleinen Glaskügelchen, Magnetit-Hämatit-Kügelchen, Quarzsandkörnern und Anhydritkristallen, deren Formen nur elektronenmikroskopisch beobachtet werden können (sie messen nur wenige zehntausendstel Millimeter). Das Mengenverhältnis der einzelnen Bestandteile unterliegt starken zeitlichen und räumlichen Schwankungen, die die Angabe exakter Werte unmöglich machen.

Chemische Charakteristik: Sie hängt wesentlich von der chemischen Zusammensetzung der Ausgangskohle ab. Hauptbestandteile sind SiO_2, Fe_2O_3,

Al$_2$O$_3$, CaO und SO$_3$. Wir unterscheiden zwischen eisenreichen (Niederlausitz), kalkreichen (Raum Halle–Leipzig) und tonerdereichen (Oberlausitz) Typen.

Entstehung: Filteraschen sind die bei hohen Verbrennungstemperaturen meist aufgeschmolzenen staubfeinen Aschenpartikel, die vom Rauchgasstrom mitgerissen und in großtechnischen Feuerungen vor dem Eintritt in die Atmosphäre abgefiltert werden. Sie sind durch rasche Erhitzung auf sehr hohe Temperaturen (mehr als 1200 °C) und ebenfalls sehr rasche Abkühlung unter den Schmelzpunkt gekennzeichnet. Auswirkungen dieser Entstehungsbedingungen sind die geringe Korngröße, die Kugelgestalt der Körner und der hohe Glasanteil.

Praktische Bedeutung: Bei der heute weitverbreiteten Technik der Kohlenstaubfeuerung fallen jährlich Millionen Tonnen Filteraschen an, die wegen ihrer hohen Bildungsenergie wertvolle Stoffe darstellen. Eine der wichtigsten Eigenschaften der Filteraschen ist die Fähigkeit, allein oder nach Zusatz von Zement mit Wasser gemischt Baustoffe und Mörtel zu ergeben. Filteraschen eignen sich als Zementzuschlagstoff, doch stellt die unkontrollierbar schwankende mineralische Zusammensetzung ein ernstes Hindernis für ihre umfassende Verwendung dar. Als Füllmaterial im Straßenbau haben sich Filteraschen sehr bewährt. Weiterhin werden aus ihnen Leichtbetonzuschläge in Form hochporöser Pellets hergestellt. Ein gänzlich anderes Anwendungsgebiet liegt in der Filtration und Reinigung von Abwässern.

Eine der wichtigsten Aufgaben unserer Grundstoffindustrie ist die Erschließung von Verwertungsmöglichkeiten der großen Anfallmenge an Braunkohlenfilteraschen.

Braunkohlenschlacken

Mineralbestand: Pyroxene (35 bis 60 %), Melilith (bis 30 %), Quarz (bis 18 %), Magnetit (1 bis 5 %), untergeordnet Olivin und Glas.

Gefüge: fein- bis mikrogleichkörnige, durch leistenförmige Pyroxene mikrointersertale Struktur, hohe Porosität, starke Heterogenität des Gefüges durch schlierenartige Verteilung von Pyroxen, Glas und Magnetit mit Einschlüssen gebrannter Ton- und Quarzkörner.

Chemische Charakteristik: basischer Chemismus mit 40 bis 50 % SiO$_2$, 8 bis 10 % Al$_2$O$_3$, 15 bis 25 % Fe$_2$O$_3$, 15 bis 20 % CaO und 3 bis 6 % MgO (s. Tabelle 41)

Entstehung: Sinterartiges langsames Aufschmelzen der bei der Rostfeuerung in Kraftwerken und bei der Vergasung der Kohle im Druckgenerator entstehenden Kohlenasche mit relativ langsamer Abkühlung unter teils reduzierenden, teils oxydierenden Bedingungen führt zur Ausbildung hochporöser dunkler Schlackebrocken von teilweise hoher Festigkeit, die mit ungesinterter Asche die Rückstände der Kohlevergasung und -verbrennung darstellen.

Praktische Bedeutung: Braunkohlenschlacken sind wegen der großen Anfallmengen ein lästiges Nebenprodukt der Kohleverarbeitung, das wegen seines heterogenen Aufbaus bisher nur als Wegebaumaterial genutzt wird.

Brekzien
auch Brezzie, Bresche
ital. bréccia – Geröll
Diese grobkörnigen Trümmer-(Schutt-)Gesteine gehören zur Gruppe der Psephite (grch. psephes – Kiesel). Der Korndurchmesser der Gemengteile (Minerale und Gesteinsbruchstücke) ist größer als 2 mm. Die Brekzie setzt sich aus kantigen, eckigen Bruchstücken zusammen (vgl. Konglomerat), die mehr oder weniger durch Diagenese (grch. dia – nach, genesis – Entstehung) verfestigt wurden.

Gefüge: grobklastisch »brekziös«, eckige Gesteinsbruchstücke, durch feinkörnigen Zement (karbonatisch, eisenoxidisch, kieselig und auch anders zusammengesetzt) verfestigt

Entstehung: Die meisten Brekzien sind Produkte der physikalischen Gesteinsverwitterung (exogen) – Schuttanhäufungen und -verfestigungen am verwitternden Gesteinsfelsen oder in seiner unmittelbaren Nähe. Je nach Gesteinsart werden Brekzien unterschieden, z. B. Kalk-, Gneis-, Quarzbrekzien u. a. Eine weitere Gruppe bilden die sogenannten Eruptivbrekzien. Sie entstehen endogen in Verbindung mit Gesteinsschmelzen, wobei ältere Gesteinsbruchstücke von magmatischen Lösungen verfestigt worden sind. In Vulkanschloten entstehen die sogenannten Schlotbrekzien (s. Pyroklastite). Gangbrekzien sind durch Mineral- und Erzlösungen verfestigte Gesteinstrümmer auf Spalten.

Vorkommen: weltweit in Gebirgen, Flußtälern und -terrassen, Küstenbereichen und Vulkangebieten

Praktische Bedeutung: Kalkstein-, Marmorbrekzien als geschliffene Kalksteine und Marmore als Wandverkleidung, sonst wenig Bedeutung

Dacite
Gesteine der Quarz-Feldspat-Vulkanite
nach Dacien – alter Name für Rumänien
Dacite sind die Ergußgesteine granodioritischer Schmelzen. Sie sind den Rhyolithen sehr ähnlich sowohl im Gesamteindruck als auch in ihren Lagerungsformen im Gelände (s. Rhyolithe).

Mineralbestand: (s. Bild 41) Charakteristisches Merkmal der Dacite im Vergleich mit den Rhyolithen ist das absolute Überwiegen der Plagioklase gegenüber dem Kalifeldspatanteil. Auch erscheinen sie mit einem höheren Gehalt an Eisen-Magnesium-Mineralen (vor allem Hornblende, aber auch Biotit und Pyroxen) zwischen 5 bis 25 Vol.-% etwas dunkler als die Rhyolithe. Der Quarzgehalt unterscheidet sie von den Andesiten.

Gefüge: typische porphyrische Vulkanitgefüge, meist mit weitgehend glasiger Grundmasse (s. Tafel VIII, IX/2)

Entstehung: wie Rhyolithe (s. d.)

Vorkommen: namengebend in Rumänien; bei Szob (Ungarn); Lechnikvci (Bulgarien); Jugoslawien; Elbrusgebiet im Kaukasus u. a. (UdSSR); weltweit verbreitet in Faltengebirgen

Geologisch alte, sogenannte Paläodacite und zu den Rhyolithen überleitende Paläorhyodacite sind eine Reihe von »Quarzporphyren« des Nordwestsächsischen Vulkanitkomplexes (z. B. die »Pyroxenquarzporphyre« bei Leipzig, s. Tabelle 32 und Bild 44).

Diabase
basische Übergangsmagmatite
grch. diabasis — Übergang

Als Diabase (auch Paläobasalte) werden im deutschen Sprachgebrauch Erstarrungsgesteine gabbroider Magmen bezeichnet, die durch sekundäre Mineralumwandlungen (Uralitisierung, Chloritisierung) mehr oder weniger grünliche Färbung angenommen haben (auch als Grünsteine bezeichnet).

Mineralbestand: Plagioklas mehr oder weniger in Albit und Calcit, Augit teilweise gänzlich in Amphibol (Uralit) oder Chlorit, Olivin meist in Serpentin, Titanomagnetit oft in Leukoxen (Titandioxid) umgesetzt.

Gefüge: Die Korngrößen können in verschiedenen Vorkommen von feinkörnig bis grobkörnig variieren. Auch porphyrische Ausbildungen mit großen Feldspat- und Pyroxeneinsprenglingen kommen vor. Charakteristisch für viele Diabase ist das ophitische oder intersertale Gefüge, hervorgerufen durch die wirrfilzige Anordnung der leistenförmigen Plagioklaskristalle (s. Tafel VIII, IX/3). Die Bezeichnung »Dolerit« für grobkörnige Diabase ist heute nicht mehr üblich. Wesentlich für das Großgefüge der Diabaskörper im Gelände sind die Erstarrungsbedingungen.

Entstehung: Die Diabasschmelzen entstammen den tieferen Stockwerken der Erdkruste bis in den oberen Erdmantel. Die Schmelzen können bereits vor dem völligen Durchbrechen an die Oberfläche in geringer Tiefe (hypabyssisch) erstarren. Dann weisen sie die für die Ganggesteine typischen Gefügemerkmale bei weitgehend unverändertem Mineralbestand auf und werden als Mikrogabbros (s. d.) bezeichnet. Vorwiegend Produkte des untermeerischen (submarinen) Vulkanismus, gelangen die Schmelzen entweder in das noch unverfestigte Sediment und bilden bis 400 Meter mächtige, parallel den Sedimentschichtungen verlaufende Lagergänge (sogenannte »Sills«) oder fließen am Meeresboden aus und stapeln sich zu kissen- und walzenförmigen Massen (»pillows«). Die erwähnte grünfärbende Mineralumwandlung ist das Ergebnis einer Metamorphose unter Einwirkung von Wasser. Die Diabase sind oftmals mit ebenfalls im Mineralbestand veränderten Erstarrungsgesteinen von monzonitischen bis syenitischen (d. h. kalireichen) Schmelzen vergesellschaftet, die als Spilite und Keratophyre bezeichnet werden (s. d.).

Auf die echt vulkanischen Entstehungsbedingungen vieler Diabase deutet auch das Zusammenvorkommen dieser Gesteine mit entsprechend zusammengesetzten Pyroklastiten (Diabastuffe). In mächtigen Lagergängen konnten infolge längerer Abkühlungszeiten Differentiationsprozesse der Diabasschmelze ablaufen, die verschiedene Gesteinstypen von ultrabasischen olivinreichen Pikriten (s. d.) bis zu quarzführenden Diabasen zur Folge hatten. Ein solches Differentiationsprofil ist an der Saaletalsperre bei Saalburg (DDR) aufgeschlossen (Tafel XVI/1).

Vorkommen: weltweit, verbreitet im Harz, in Thüringen, im Vogtland, in Mittelsachsen u. a. (DDR); im Harz, Fichtelgebirge, Lahngebiet u. a. (BRD); in Südosteuropa (ČSSR, Albanien u. a.); Schottland (Großbritannien); Skandinavien (Norwegen, Schweden, Finnland); Halbinsel Kola, Ural, Ukraine, Sibirien (UdSSR)

Praktische Bedeutung: Die Diabase sind zähe, druckfeste, für den Straßen- und Eisenbahnbau als Schotter bestens geeignete Gesteine. Mitunter entstehen mit den Diabasen (mehr mit den Keratophyren) Eisenerz- und andere Lagerstätten.

Diorite, Dioritgruppe

Gesteine der Feldspat-Plutonite

grch. diorizein – unterscheiden

Die Diorite sind eine aus Plagioklas (Andesin) und Hornblende bestehende, chemisch intermediäre Gesteinsgruppe (s. Tabellen 11 und 12). Innerhalb dieser Gruppe gibt es Übergangsgesteine zur Gabbrogruppe, die auch als Gabbrodiorite (basische Gruppe) bezeichnet werden, nämlich dann, wenn an Stelle von Andesin der Plagioklas Labrador mit Augit und Hornblende zur Ausscheidung gelangt. Zum sauren Pol entwickelt sich die Gruppe der Quarzdiorite (saure Gruppe), die aus Plagioklas (meistens Andesin), Hornblende (teilweise Augit, Biotit) und mehr als 10% Quarz besteht. Mit dem Ausscheiden von Kalifeldspat, Plagioklas (Oligoklas), Biotit und reichlich (meist mehr als 15%) Quarz gehen die Diorite in die Granodiorite über. Als geologische Körper (Plutone) kommen die Diorite nicht häufig vor. Die zum Diorit gehörenden Ergußgesteine, die Andesite (s. d.), gruppieren sich bevorzugt rings um den Pazifik und finden dort als mächtige Lavaergüsse und subvulkanische Intrusionen (Lakkolithe) eine auffällige Verbreitung. Bei der Zusammensetzung der Erdkruste sind die Diorite (»dioritische Gesteinsschmelzen«) wesentlich am Aufbau der tieferen Erdkruste beteiligt.

Mineralbestand: (s. Tabelle 11) An Stelle von Hornblende können neben Plagioklas auch Biotit, Augit, Hypersthen zur Ausscheidung gelangen; dann kommt es zu den Dioritbezeichnungen Biotit-Diorit, Augit-Diorit, Hypersthen-Diorit.

Gefüge: grob- bis mittelkörnig ausgebildet; meist dunkel bis schwarz, seltener mittel- bis hellgrau (s. Tafel VI, VII/3)

Entstehung: Die Diorite bilden in ihrer chemischen Zusammensetzung und im mineralischen Aufbau das Bindeglied zur Gabbro- und Granitgruppe. Die Stammagmen sind andesitisch (s. Andesite) und entstammen den Subduktionszonen der Inselbögen (s. Einleitung – Bemerkungen zur Theorie der Plattentektonik). Die Diorite mit hohem Anteil an Hornblende und Biotit zeigen die Entwicklung zu den Granodioriten, die Arten mit Augit und Hypersthen zu den Gabbroschmelzen an. Es gibt aber auch Beispiele lückenloser Differentiation, u. a. das Brockenmassiv (Harz), wo aus einem granitischen Stammagma (Granite, Diorite, Gabbros) Pyroxenite und Peridotite kristallisierten.

Vorkommen: Kyffhäuser, Drei Annen Hohne (Brockenmassiv) im Harz, Brotterode im Thüringer Wald (DDR); Odenwald (BRD); Portugal; Schweden; weltweit verbreitet

Praktische Bedeutung: Die weitverbreiteten dunklen Diorite werden als Denkmalsteine, bei Eignung auch als Straßenbaumaterial (Packlager, Schotter, Splitt, Pflaster- und Straßenkantensteine) verwendet.

Dolomite, Dolomitstein

Ein aus dem Mineral Dolomit CaMg $[CO_3]_2$ zusammengesetztes chemisches Sedimentgestein

Gefüge: körnig-dicht

Entstehung: chemische Ausfällung in warmen Flachmeeren oder durch Verdrängung (Magnesiummetasomatose), indem Kalksteine in Dolomit überführt werden

Vorkommen: Dolomite sind weltweit verbreitet, in vielen Sedimentgesteinsverbänden, u. a. im Zechstein, Keuper, Muschelkalk, im Oberen Jura. Ein Teil der Kalkalpen, die Dolomiten, ist aus diesem Gestein aufgebaut. Knollen- und lagenförmige Dolomitausscheidungen in Stein-, Braunkohle und Torf werden als Steinkohlendolomit usw. bezeichnet.

Praktische Bedeutung: Feuerfestmaterial; als Zuschlagstoffe in der Eisenmetallurgie, Baustoffe usw.

Eklogite

Metamorphite (Metabasite)

grch. eklektos – auserlesen, ein besonders schönes Gestein

Mineralbestand: Eklogite bestehen im wesentlichen aus Granat und Pyroxen. Es sind körnige grünliche Gesteine, die meist durch grobkörnige rote Granateinschlüsse auffallen.

Gefüge: mittel- bis grobkörnig, massig, teilweise mit Andeutungen von Schieferung

Entstehung: Eklogite gelten als typische Vertreter höchster Metamorphose. Die Ausgangsgesteine sind Gabbrogesteine oder Gesteine ähnlicher Zusammensetzung, z. B. grobkörnige Diabase, Lamprophyre. Neben den Eklogiten unterscheidet man eklogitverwandte Gesteine, die u. a. als Granatfelse, Eklogitamphibolite, Hornblendeeklogite bezeichnet werden. Die mineralische Zusammensetzung dieser Vertreter ist variabel (s. Tabelle 3). Neben Granat, Omphazit gelangten mehr oder weniger anteilig Hornblende und andere Mineralkomponenten (Rutil, Spinell, Erzminerale) zur Ausscheidung. Eklogite und eklogitverwandte Gesteine liegen meist als linsenförmige Gebilde unterschiedlicher Ausdehnung in Gneisverbänden. Ihre Platznahme erfolgte tektonisch im Rahmen der Gebirgsbildung (s. kristalline Schiefer).

Vorkommen: im Sächsischen Granulitgebirge bei Waldheim, Böhrigen und Greifendorf; Oberwiesenthal, Schmalzgrube, Lengefeld u. a. im Sächsisch-Böhmischen Erzgebirge (DDR, ČSSR); Fichtelgebirge, Schwarzwald (BRD); Norwegen; Calaveras Valley, Kalifornien (USA) u. a. Vorkommen. Man nimmt heute an, daß der obere Mantel der Erde aus eklogitähnlichem Gestein (sog. Pyrolit – s. a. Kimberlit S. 131) besteht.

Essexite

Tiefengestein der Feldspat-Plutonite

benannt nach dem Originalfundort Salem Neck, Essex-Co; Massachusetts (New York)

Sie bilden eine Gesteinsgruppe mit sehr wechselndem Mineralbestand. Neben reichlich ausgeschiedenen Pyroxenen haben Hornblende, z. T. basischer Plagioklas, Kalifeldspat und variierend Feldspatvertreter wie Nephelin, Leucit (Sodalith, Hauyn) an der Zusammensetzung der Essexite Anteil. Es sind verzweigte Übergangsgesteine zu dioritischen bis gabbroiden Stammagmen, evtl. auch zu stark hybridisierten sauren (granitisch-syenitischen) Gesteinsschmelzen, die vielfältig differenzierten. Hierher gehört auch der Rongstockit von Roztoky (ČSSR).

Mineralbestand: s. Tabelle 10

Gefüge: Die Essexite sind mittel- bis dunkelgraue, körnige, z. T. grobkörnige Gesteine.

Entstehung: Sie bilden mitunter »größere« lakkolithische Massen mit Abarten, wobei besonders Nephelin-, mitunter auch Leucitausscheidungen typische Merkmale sind.

Vorkommen: Massachusetts bei New York (USA); Mont-Dore, Auvergne (Frankreich); Somma-Vesuv (Italien); Angermanland (Schweden); Narsak (Grönland); Roztoky, Böhmisches Mittelgebirge (ČSSR) u. a.

Praktische Bedeutung: Mitunter werden sie als Nutzgesteine für Sockel- und Straßenbau verwendet. Es wird angenommen, daß manche magmatischen Erze, z. B. die weltbekannte Magneteisenerzlagerstätte von Kiruna in Lappland/Schweden, durch Abtrennen eines »Erzmagmas« von einer essexitischen Ausgangsschmelze gebildet wurden.

Feldspat-Foid-Plutonite

Sammelbezeichnung für Tiefengesteinsgruppen

Feldspat-Foid-Plutonite sind relativ seltene Tiefengesteine mit ungewöhnlicher chemischer Zusammensetzung. Sie entstehen durch besondere geologische Bedingungen, die auf jeweils kleine Gebiete beschränkt sind und eine Vielfalt von Gesteinstypen hervorrufen.

Chemische Zusammensetzung und *Mineralbestand:* In der chemischen Zusammensetzung (s. Tabelle 9) ist den Feldspat-Foid-Plutoniten das Vorherrschen von Alkalien (Natrium und Kalium) gegenüber Kalzium bei geringeren Kieselsäuregehalten gemeinsam (basische Alkaliplutonite). Das bewirkt das charakteristische Auftreten der Foide Nephelin und Leucit (seltener Sodalith, Nosean, Hauyn) neben Plagioklas, Alkalifeldspat und das Fehlen von Quarz (s. Tabelle 10). Stark unterschiedlich können die Gehalte an Eisen und Magnesium sein. Dadurch bedingt, variieren die Gehalte an dunklen Gemengteilen (vor allem Pyroxen, seltener Hornblende und Biotit) in weiten Grenzen (s. Bild 26). Die unterschiedlichen Foidarten und die wechselnden Anteile der dunklen Gemengteile bewirken den Artenreichtum und die Vielzahl von speziellen (meist durch den Fundort gegebenen) Namen, von denen einige in Bild 26 angegeben sind.

Tabelle 9
Chemische Zusammensetzung von Feldspat-Foid-Plutoniten

	Foyait (Nephelinsyenit)	Foyait (Leucitsyenit)	Chibinit	Essexit	Shonkinit	Theralith
SiO_2	55,0	54,6	54,1	47,0	46,7	44,4
TiO_2	0,6	Sp.	1,0	3,0	0,8	1,6
Al_2O_3	22,6	22,9	20,6	18,0	10,1	13,3
Fe_2O_3	1,0	1,5	3,3	2,6	3,5	9,1
FeO	1,2	1,1	2,1	7,5	8,2	6,4
MgO	0,3	0,4	0,8	3,0	9,3	5,7
CaO	2,0	3,0	1,9	7,8	13,2	10,6
Na_2O	8,7	5,3	9,9	6,3	1,8	5,6
K_2O	5,6	11,2	5,3	2,6	3,8	1,8
H_2O	1,8	0,4	0,4	0,6	1,2	1,8

Tabelle 10. Mineralbestand von Feldspat-Foid-Plutoniten in Vol.-%

Gestein	Vorkommen	Foide		Feldspate		Fe-Mg-Ca-Silikate	
		Nephelin	Leucit	Alkalifeldspat	Plagioklas	Pyroxen	Hornblende
Foyait (Nephelinsyenit)	Monchique/Portugal	24	—	67	—	7	—
Chibinit	Halbinsel Kola/UdSSR	33	—	44	—	20	—
Leucitsyenit	Vesuv/Italien	—	37	44	—	—	3
Shonkinit	Montana/USA	6	—	20	—	46	—
Essexit	Essex-Co./USA	10	—	12	30	39	—
Theralith	Duppauer Geb./ČSSR	15	—	12	16	33	12

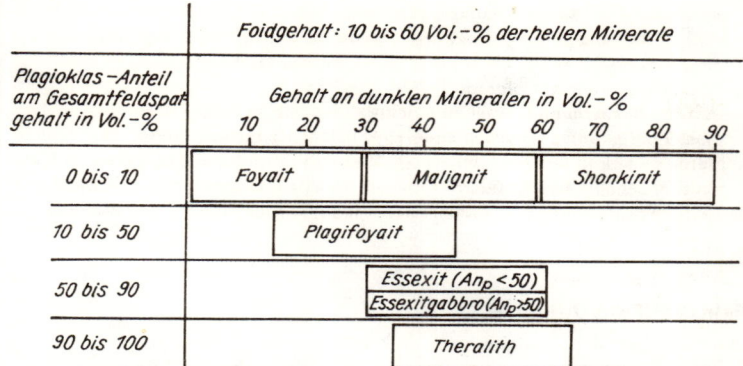

Bild 26. Gesteine der Feldspat-Foid-Plutonite (nach *Peschel*, 1977)

Entstehung: Die chemische Ähnlichkeit mit den alkalibetonten Feldspat-Plutoniten der Syenitgruppe bewirkt, daß die Feldspat-Foid-Plutonite häufig als basische Differentiationsprodukte hybrider Syenitmagmen (s. Basanite und Tephrite) in Nachbarschaft dieser Gesteine vorkommen. Auf diese Verwandtschaftsbeziehungen deuten auch die älteren Bezeichnungen Nephelinsyenit, Eläolithsyenit (Eläolith ist eine grobkristalline Nephelinvarietät), Leucitsyenit für verschiedene Foyaitarten.

Viele Feldspat-Foid-Plutonite leiten sich auch von Gesteinsschmelzen ab, die aus größerer Tiefe der Erdkruste bzw. des oberen Erdmantels stammen und auf ihrem Aufstiegsweg durch teilweise Kristallisation und Aufnahme von durchbrochenem Fremdgestein ihre chemische Zusammensetzung ändern. Basische Abkömmlinge dieser Schmelzen erstarren in kleineren Magmakammern innerhalb der Erdkruste als Feldspat-Foid-Plutonite. Häufiger jedoch gelangen sie wegen ihrer Dünnflüssigkeit bis an die Erdoberfläche und bilden die weitverbreiteten Feldspat-Foid-Vulkanite der Phonolith- und basaltähnlichen Tephritgruppe. In diesen Vulkaniten finden wir häufig aus der Tiefe mitgerissene Einschlüsse von Feldspat-Foid-Plutonitgesteinen. Bekannte Beispiele dafür bieten die Vulkanite von Oberwiesenthal/Hammer-Unterwiesenthal (Erzgebirge), der Eifel in der BRD sowie der Somma-Vesuv (Italien) s. S. 85.

Vorkommen: Entstehungsbedingt finden wir Feldspat-Foid-Plutonite bevorzugt an tiefreichenden Störungen der Erdkruste vor allem im Kontinentalbereich, als Einschlüsse in den entsprechenden Vulkaniten im Bereich Erzgebirge – Böhmisches Mittelgebirge (DDR, ČSSR); Eifel (BRD); Vesuv (Italien). Als Tiefengesteinskörper erscheinen sie in weitabgetragenen Grundgebirgsbereichen ٫in Nordeuropa (Telemark, Oslogebiet/Norwegen sowie Halbinsel Kola/UdSSR und Nordschottland); Ukraine (UdSSR); Montreal (Kanada); Rio de Janeiro, Sao Paulo (Brasilien); Afrika (Namibia, Südafrika, Kenia, Madagaskar) und in den zutage tretenden tieferen Stockwerken der Faltengebirge wie Odenwald (BRD); Mecsekgebirge (Ungarn); Transsylvanien (Rumänien); Dolomiten (Italien); Ural (UdSSR); Montana, Arkansas, Colorado (USA) u. a.

Praktische Bedeutung: Wegen des dekorativen Hell-Dunkel-Kontrastes zwischen Foiden und Pyroxenen bzw. Hornblenden werden die Feldspat-Foid-Plutonite geschliffen und poliert als Denkmals- und Fassadengestein verwendet. Sehr foidreiche Gesteine dienen als Alkalirohstoffe (Flußmittel) für die keramische Industrie, Nephelingesteine als Rohstoffe zur Aluminiumgewinnung.

Feldspat-Foid-Vulkanite

Die Gruppen der Feldspat-Foid-Vulkanite umfassen die Phonolithe und Tephrite-Basanite mit den zwischen ihnen überleitenden Tephritphonolithen und Phonolithtephriten.

Mineralbestand: (s. Bild 27) nur im Dünnschliffbild zu bestimmen

Gefüge: Es sind dichte hellgraue bis bräunliche (Phonolithe) bis graue und schwarzgraue (Tephrite, Basanite) splittrige Gesteine, in denen unter der Lupe millimetergroße Einsprenglinge dunkler Gemengteile (Pyroxene, Hornblenden, z. T. Olivin) erkannt werden können; Absonderung plattig (Phonolithe) bis säulig (Tephrite, Basanite).

Vorkommen: lokal begrenzte Vulkankuppen und gering ausgedehnte Deckenergüsse, in Mitteleuropa Südostlausitz, Erzgebirge, südlich des Thüringer Waldes (DDR); Eifel, Hegau (BRD); Böhmisches Mittelgebirge (ČSSR), weltweit verbreitet

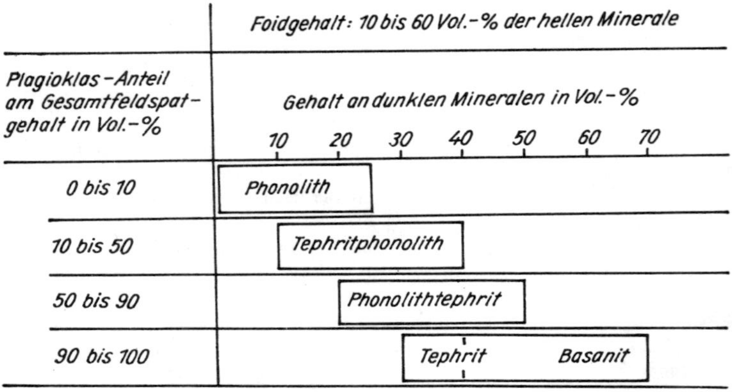

Plagioklas-Anteil am Gesamtfeldspatgehalt in Vol.-%	Foidgehalt: 10 bis 60 Vol.-% der hellen Minerale Gehalt an dunklen Mineralen in Vol.-% 10 20 30 40 50 60 70
0 bis 10	Phonolith
10 bis 50	Tephritphonolith
50 bis 90	Phonolithtephrit
90 bis 100	Tephrit Basanit

Bild 27. Gesteine der Feldspat-Foid-Vulkanite (nach *Peschel*, 1977)

Feldspat-Plutonite

Sammelbezeichnung für Tiefengesteinsgruppen

Unter der Bezeichnung Feldspat-Plutonite werden alle Tiefengesteine zusammengefaßt, die Quarz und Foide nicht oder nur in unbedeutenden Mengen (bis etwa 10 %) enthalten (s. Bild 28).

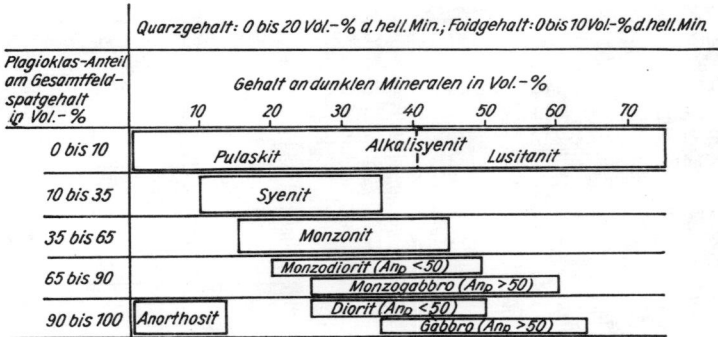

Bild 28. Gesteine der Feldspat-Plutonite (nach *Peschel*, 1977)

Tabelle 11. Mineralbestand von Feldspat-Plutoniten in Vol.-%

Gestein	Quarz	Alkalifeldspat	Plagioklas	Biotit	Hornblende	Pyroxen	Olivin	Akzessorien
Alkalisyenite								
Larvikit	—	88	—	—	—	6	—	4
Syenit								
Hornblende-Syenit	5	51	20	—	19	—	—	5
Monzonit								
Hornblende-Monzonit	5	32	44	1	15	—	—	3
Monzodiorit								
Pyroxen-Monzodiorit	3	15	56	10	—	14	—	3
Diorite								
Diorit	7	6	53	9	22	—	—	3
Gabbrodiorit	—	—	33	—	6	30	—	5
Gabbro[1])								
	—	—	52	—	—	35	10	3

[1]) weitere Gesteine der Gabbrogruppe, s. Tabelle 14

Tabelle 12. Chemische Zusammensetzung von Feldspat-Plutoniten

	Hornblende-Monzonit[1]	Pyroxen-Monzo-diorit[2]	Larvikit	Syenit	Diorit[3]	Gabbro-diorit	Gabbro[4]
SiO_2	60,5	51,7	57,8	59,0	57,0	53,0	48,0
TiO_2	0,9	0,7	1,2	0,1	0,6	1,0	1,0
Al_2O_3	16,5	20,0	18,8	17,0	16,5	17,0	18,0
Fe_2O_3	3,1	6,2	1,6	3,0	3,0	2,1	3,2
FeO	2,2	n. b.	3,5	2,3	4,5	7,4	6,0
MgO	2,4	4,3	1,5	2,4	4,2	6,0	7,5
CaO	4,9	7,5	3,7	4,7	6,8	9,0	11,0
Na_2O	4,3	4,4	6,5	4,3	3,4	3,0	2,6
K_2O	4,3	2,7	4,0	4,3	2,0	1,3	0,9
H_2O	0,9	0,3	0,7	1,0	1,5	1,0	1,5

[1] Plauenscher Grund bei Dresden/DDR
[2] Gröba bei Riesa/DDR
[3] Mittel aus mehreren Dioritanalysen
[4] Mittel aus 41 Gabbroanalysen

Bei den meist mittel- bis grobkörnigen Tiefengesteinen ist es immer möglich, Quarz und Foide zu erkennen und ihren Anteil am Gestein abzuschätzen. Damit wird bereits bei erster grober Bestimmung eines Gesteins die Abgrenzung gegen die Feldspat-Quarz-Plutonite der Granitgruppe einerseits (s. d.) und gegen die Feldspat-Foid-Plutonite (Foyaite, Essexite, Theralithe – s. d.) andererseits ermöglicht (s. Bild 23). Feldspat-Plutonite sind an ihrer hellen Grundfarbe mit dunkler Tüpfelung und den ebenflächigen Spaltformen der hellen Bestandteile (Feldspate) zu erkennen. Im Gelände bilden sie im Vergleich mit Granitkomplexen weniger ausgedehnte Vorkommen, in denen oft zahlreiche Varietäten nebeneinander auftreten.

Besonders gut sind im Bereich der DDR die verschiedenartigen Feldspat-Plutonitgesteine nebeneinander in eiszeitlichen Geröllen skandinavischer Herkunft zu studieren.

Zu den Feldspat-Plutoniten gehören die Gesteine der Alkalisyenit-, Syenit-, Monzonit-, Diorit- und Gabbrogruppe einschließlich der Anorthosite (s. d.)

Zusammenfassende Übersichten über Mineralbestand und chemische Zusammensetzung der Feldspat-Plutonite geben die Tabellen 11 und 12.

Feldspat-Vulkanite

Es sind quarzfreie bis quarzarme Ergußgesteine, die mehrere Gruppen verschiedenartiger Vulkanite umfassen. Die exakte Zuordnung kann nur nach genauer chemischer und mikroskopischer Untersuchung erfolgen (s. Vulkanite). Einen Überblick über die Gruppen der Feldspat-Vulkanite gibt Bild 29.

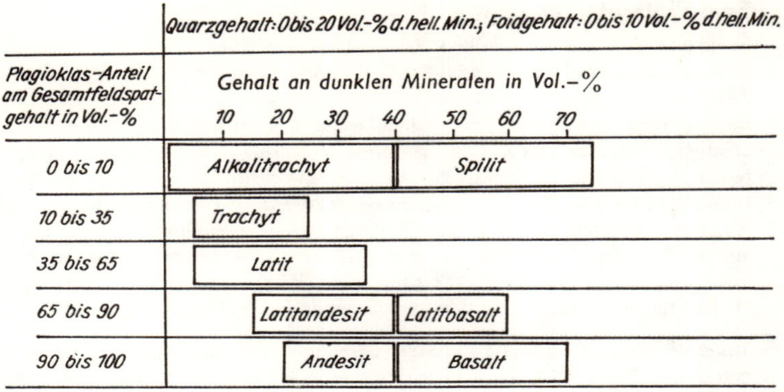

Plagioklas-Anteil am Gesamtfeldspatgehalt in Vol.-%	Quarzgehalt: 0 bis 20 Vol.-% d.hell.Min.; Foidgehalt: 0 bis 10 Vol.-% d.hell.Min.
	Gehalt an dunklen Mineralen in Vol.-% 10 20 30 40 50 60 70
0 bis 10	Alkalitrachyt | Spilit
10 bis 35	Trachyt
35 bis 65	Latit
65 bis 90	Latitandesit | Latitbasalt
90 bis 100	Andesit | Basalt

Bild 29. Gesteine der Feldspat-Vulkanite (nach *Peschel*, 1977)

Foidite

Ergußgesteine

Mineralbestand: (s. Tabelle 7) Foidite sind quarz- und feldspatfreie Nephelin-, Leucit- und Hauyngesteine mit beträchtlichem Gehalt an dunklen Gemengteilen (Olivin, Pyroxen).

Chemische Zusammensetzung: kieselsäurearme (um 40 % SiO_2) und alkalireiche Gesteine

Gefüge: dicht bis feinkörnig, durch die hohen Gehalte an Pyroxen dunkel gefärbt; Erscheinungsbild der basaltischen Gesteine s. d.

Arten: Nach Art des vorherrschenden Foids werden Nephelinite, Leucitite und Hauynite unterschieden. Bezeichnungen wie »Nephelindolerit«, »Leucitophyr« und »Hauynophyr« sind nicht mehr gebräuchlich, aber noch in vor allem älterer Literatur anzutreffen.

Entstehung: Die Foidite sind an die Erdoberfläche gelangte extreme Differentiationsprodukte alkalibetonter Magmen. Sehr häufig entstehen sie, wenn der Kristallisationsprozeß der glutheißen Gesteinsschmelze durch Aufschmelzen bzw. Auflösen von Fremdgesteinen gestört wird. Die geologischen Voraussetzungen dazu bieten die mächtigen Grundgebirgsmassen der Kontinente, die von den Stammagmen der Foidite durchbrochen werden müssen.

Vorkommen: Entstehungsbedingt erscheinen Foidite in basaltisch-phonolithischen Vulkanitprovinzen gemeinsam mit anderen alkalibetonten Ergußgesteinen wie Phonolithen, Tephriten und Basaniten (s. d.). Bemerkenswerte Vorkommen in der DDR sind der Löbauer Berg in der Lausitz (Nephelinit – früher »Dolerit«) und der Morgenberg bei Neudorf/Erzgebirge (Hauynit – früher »Hauynophyr«).

Praktische Bedeutung: gering als Straßenbaustoffe

Foid-Plutonite, Foidolithe

Sammelbezeichnung für seltene spezielle Tiefengesteine

Foid-Plutonite sind Tiefengesteine mit extremer chemischer und mineralischer Zusammensetzung. Nur unter selten aufgetretenen und lokal eng begrenzten Bedingungen konnten größere Schmelzmengen alkalibetonter hybrider (gemischter) Magmen durch Differentiation eigenständige Foid-Plutonitkörper bilden, in denen neben mehr oder weniger zahlreichen Eisen-Magnesium-Kalzium-Silikaten wie Pyroxen u. a. vorwiegend Foide (Nephelin, Leucit) zur Ausscheidung gelangten. Da diese Bedingungen an tektonische Störungszonen mit damit verbundenem Vulkanismus gebunden sind, treten die entsprechenden Vulkanite häufiger in Erscheinung. Die Tiefengesteinstypen werden dann als Einschlüsse in diesen Ergußgesteinen gefunden (s. Basanite und Tephrite).

Mineralbestand: (s. Tabelle 13) Stets vorhandener charakteristischer Bestandteil sind Foide (Nephelin, Leucit) sowie in stark wechselnden Mengen Pyroxene und Hornblenden, seltener Biotit (zwischen 10 und 65 Vol.-% variierend). Die typischen Foidolithe führen keine oder nur unbedeutende Mengen an Feldspat. Es existieren aber auch feldspatreichere Foid-Plutonite. die zu den Foyaiten und Theralithen überleiten (s. d.).

Tabelle 13. Mineralbestand von Foid-Plutoniten in Vol.-%

Gestein	Vorkommen	Foide		Feldspate		Fe-Mg-Ca-Silikate			Nebengemengteile
		Nephelin	Leucit	Kali-feldspat	Plagioklas	Pyroxen	Hornblende	Biotit	
Urtit	Halbinsel Kola/UdSSR	82	—	—	7	9	—	—	2
Ijolith	Jivaara/Finnland	52	—	—	—	39	—	—	9
Melteigit	Laacher See/BRD	25[1])	—	±	—	43	—	27	5
Italit	Albano/Italien	—	95	—	—	3	—	—	2
Fergusit	Montana/USA	—	65	—	—	24	3[2])	±	8
Missourit	Montana/USA	—	16	—	—	50	15[2])	6	13

[1]) Nosean   [2]) Olivin

Gefüge: Es sind meist richtungslos mittelkörnige Mosaikgefüge von helldunkel gesprenkeltem Gesamteindruck. Charakteristisch ist der Wechsel von fettglänzenden, muschlig brechenden hellen Foiden und glasglänzenden, ebenflächig spaltenden und wohlausgebildeten Kristallformen zeigenden dunklen Gemengteilen.

Varietäten: Nach dem Verhältnis von Natrium zu Kalium (Vorherrschen von Nephelin oder Leucit) und dem Gehalt an dunklen Mineralen werden mehrere Arten unterschieden (s. Bild 30 und Tabelle 13).

Vorkommen: Fengebiet/Telemark in Norwegen (Melteigite, Ijolithe, Urtite); Halbinsel Kola/UdSSR (Urtit); Montana/USA (Fergusit, Missourit); Vesuv/Italien (Italit); Jiwaara/Finnland (Ijolithe) u. a.

Praktische Bedeutung: Im Zusammenhang mit Foid-Plutoniten stehen Lagerstätten seltener Minerale und Elemente. Besonders hervorzuheben ist der Urtit der Chibinenberge/Kola-Halbinsel (UdSSR) als Muttergestein der größten magmatischen Apatit-(Phosphor-)Lagerstätte der Erde.

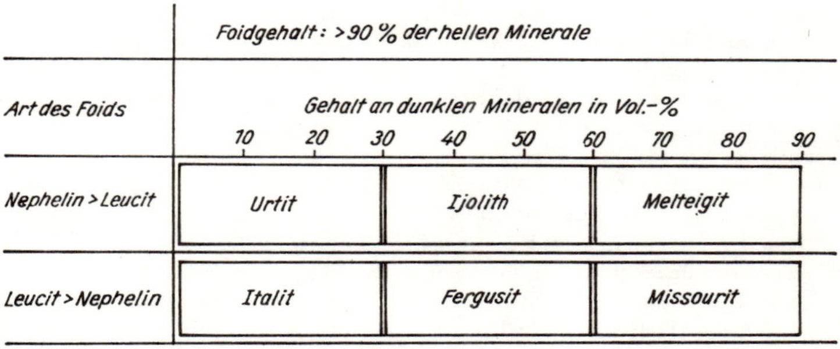

Art des Foids	Foidgehalt: >90 % der hellen Minerale		
	Gehalt an dunklen Mineralen in Vol.-% 10 20 30 40 50 60 70 80 90		
Nephelin > Leucit	Urtit	Ijolith	Melteigit
Leucit > Nephelin	Italit	Fergusit	Missourit

Bild 30. Gesteine der Foid-Plutonite (nach *Peschel*, 1977)

Forsteritsteine

Forsteritsteine sind Feuerfestmaterialien, die zur Gruppe der Grobkeramik gehören.

Mineralbestand: vorwiegend Forsterit (Magnesiumolivin), etwas Periklas, in geringen Mengen Monticellit und Magnesioferrit sowie Spinell

Gefüge: Die Forsteritsteine haben ein keramisches Gefüge mit relativ einheitlichen Korngrößen. Im ungebrauchten Stein sind die Forsteritkristalle 0,02 bis 0,04 mm groß. Während des Einsatzes wachsen die Kristalle auf Größen bis 1,2 mm. Die Porosität ist gering.

Chemische Charakteristik: SiO_2 (30 bis 34 %), Al_2O_3 (6 bis 8 %), Fe_2O_3 (6 bis 8 %), CaO (1 %), MgO (55 bis 60 %)

Entstehung: Olivingestein, Serpentin bzw. Talk mit Sintermagnesiazusatz, in zunehmendem Maße auch Olivin-haltige Schlacken (z. B. Ferrochromschlacke) werden nach Mahlen und Klassieren zu Steinen gepreßt und durch Sinterbrand bei 1600 °C oder kalt mittels Chemikalien verfestigt. Während des Brennens bei Herstellung oder Einsatz erfolgen Reaktionen im festen Zustand mit Mineralneubildung und Kristallwachstum der Forsteritkristalle.

Praktische Bedeutung: Forsteritsteine werden zum Ausmauern von Öfen in der Zement- und Buntmetallindustrie sowie besonders als Wärmespeichermaterial bei Regenerativfeuerungen, in Luftvorwärmern und weit verbreitet in elektrischen Nachtspeicheröfen verwendet.

Foyaite

Gesteine der Feldspat-Foid-Plutonite

Mineralbestand: (s. Tabelle 10) Foide (Nephelin, Leucit), Alkalifeldspat, kein bis sehr wenig Plagioklas, wechselnde Mengen an dunklen Gemengteilen, vor allem Pyroxen (von 0 bis 90 % variierend). Nach Art des Foids werden Nephelin-(auch Eläolith-)Syenite und Leucitsyenite unterschieden (früher betrachtete man die Foyaite als Gesteine der Syenitfamilie).
Chemische Zusammensetzung: s. Tabelle 9
Gefüge: mittel- bis grobkörnig, richtungslos massige Gesteine mit heller Färbung und je nach Anteil dunkler Gemengteile mehr oder weniger kräftiger Sprenkelung (s. Tafel IV, V/4)
Entstehung: s. Feldspat-Foid-Plutonite
Varietäten: Helle Arten heißen Foyaite i. e. S. (bis 30 % dunkle Gemengteile), Malignite bilden mit 30 bis 60 % Pyroxen u. a. Übergänge zu den dunklen Shonkiniten (s. Bild 26). Zahlreiche spezielle Typen mit Lokalnamen; am bekanntesten und wegen seiner Verknüpfung mit Phosphorlagerstätten wirtschaftlich wichtigsten ist der Chibinit (s. Tabelle 10).
Vorkommen: Halbinsel Kola/UdSSR (Chibinit); Katzenbuckel im Odenwald/BRD (Shonkinit); Predazzo/Italien (Foyait); Telemark/Norwegen (Laurdalit); Miass im Ural/UdSSR (Miascit = biotitführender Foyait); Montreal/Kanada (Plagifoyait) u. a.

Fruchtschiefer, Garbenschiefer

Gruppe von Kontaktgesteinen (s. d.)

Mineralbestand: vorwiegend helle Glimmer (Muskovit) und Andalusit (häufig umgewandelt)
Gefüge: Schiefrige Textur infolge parallel angeordneter mikro-, fein- bis kleinkörniger Glimmerschüppchen als Hauptbestandteile, die die hellgraue bis silberweiße Grundfärbung und die ausgezeichnete Teilbarkeit in dünne Platten hervorrufen. Eingelagert sind knötchenartige (Knötchenschiefer), an Getreidekörner erinnernde (Fruchtschiefer) bis garbenförmige (Garbenschiefer) Andalusiteinsprenglinge, die häufig durch Kohlenstoffgehalte dunkel gefärbt sind.
Entstehung: Durch Einwirkung meist granitischer Magmen auf Tongesteine erfolgt eine Aufheizung (Kontakt- oder Thermometamorphose), die zur Umwandlung der Tonminerale in Glimmer und Andalusit (wasserfreies Aluminiumsilikat) führt. Um die Tiefengesteinsmassive bilden sich Höfe von Kontaktgesteinen (s. d. und Bild 22), die, vom Magmakörper ausgehend, als Hornfelse, Garbenschiefer, Fruchtschiefer, Knötchenschiefer

über andalusitfreie Serizitschiefer bis zum unveränderten Tongestein variieren.

Vorkommen: Frucht- und Garbenschiefer sind in der Umhüllung fast aller granitischen Tiefengesteinskörper (s. Granite) anzutreffen. In der DDR liegen bekannte Vorkommen bei Theuma und Tirpersdorf im Vogtland (Fruchtschiefer) sowie bei Wechselburg/Sachsen (Rochlitzer Berg).

Praktische Bedeutung: Fruchtschiefer werden als dekoratives Bau-, Denkmal- und Wegeplattengestein in großem Umfang gewonnen, wobei die leichte Teilbarkeit und geringe Härte günstige Bearbeitungsbedingungen bilden.

Gabbrogruppe, Gabbros

Gesteine der Feldspat-Plutonite

alte florentinische Steinmetzbezeichnung

Diese Gruppe ist eine umfangreiche, bedeutende Gesteinsgruppe, die sich chemisch und in der Mineralzusammensetzung wesentlich von den Gesteinen der Granit-, Syenit- und Dioritgruppe unterscheidet. Zu ihr gehören die Vertreter der Gabbros, Norite u. a. (s. Tabelle 14).

Tabelle 14. Mineralbestand einiger Gabbroarten in %

Gestein	Feldspate		Ca-Mg-Fe-Silikate				Nebengemengteile (Erze, Apatit)	Dichte in g/cm³
	Labradorit	Bytownit	Olivin	Rhombische Pyroxene	Monokline Pyroxene	Amphibole		
Gabbrodiorit	66				23	6	5	2,85
Gabbro	52		10		35		3	2,97
Hornblende-Gabbro		56				39	5	2,92
Olivin-Gabbro	38		25	±	27		(10)	3,00
Troktolith	51		28		10	5	6	
Hyperit	57		8	13	13		(9)	2,98
Norit	49			46			5	2,99
Eukrit		48	9		40		3	2,96

Mineralbestand: kein Quarz (geringer Anteil in Ausnahmefällen), Plagioklas (Labrador, Bytownit – 50 bis 60 %), Pyroxene (Enstatit, Bronzit, Hypersthen, Diallag – 25 bis 40 %), Olivin (0 bis 40 %), selten Hornblende (0 bis 35 %). Andere gelegentlich beigemengte, jedoch für Gabbros nicht typische silikatische Minerale sind u. a. Biotit, Augit, Kalifeldspat.

Gefüge: mittel- bis grobkörnig, z. T. flaserartig (»Flasergabbro« – tektonisch ausgewalzt)

Chemische Charakteristik: geringer SiO_2- (45 bis 50 %), hoher Al_2O_3- (14 bis 20 %) Gehalt – zählen zu den aluminiumreichsten Erstarrungsgesteinen), relativ hoher CaO- (7 bis 14 %) Gehalt; MgO-Gehalt 5 bis 15 % (s. Tabelle 15)

Tabelle 15. Chemische Zusammensetzung verschiedener Gabbroarten in Masse-%

	Mittel aus 41 Gabbroanalysen	Eukrit	Gabbro	Hornblende-Gabbro	Hyperit	Norit	Olivin-Gabbro	Troktolith (Forellenstein)
SiO_2	48,0	48,0	48,6	45,5	48,0	50,6	46,0	45,7
TiO_2	1,0	0,2	0,2	1,0	1,9	0,4	1,0	2,0
Al_2O_3	18,0	21,0	18,0	22,0	18,0	16,0	14,0	15,0
Fe_2O_3	3,2	4,8	2,1	2,1	1,6	0,9	1,0	3,2
FeO	6,0	9,0	5,2	6,4	9,6	7,2	9,0	13,5
MgO	7,5	8,0	8,0	5,0	8,0	13,0	15,0	10,2
CaO	11,0	14,7	14,0	13,0	8,7	8,5	8,6	6,6
Na_2O	2,6	0,55	2,6	2,5	2,6	1,5	1,9	2,9
K_2O	0,9	0,6	0,3	0,8	0,8	0,6	0,8	0,6
H_2O	1,5	0,8	1,0	0,8	1,0	1,3	2,3	0,1
P_2O_5	0,3	0,2	0,1	0,1	0,2	0,2	0,2	0,3

Gegenüber den kieselsäurereichen Magmatiten führen die Gabbros beträchtliche Mengen von Eisenverbindungen (Fe_2O_3 1 bis 5 %, FeO 5 bis 13 %). Von den Alkalimetallen nimmt Natrium (Na_2O 0,5 bis 3 %) eine wichtige Position ein (Plagioklasbildung), während Kaliumoxid gänzlich zurücksteht und kaum 1 % übersteigt (s. Tabelle 15).

Entstehung: Die Gabbros zählen zu den basischen Plutoniten. Als Tiefengesteine zu den Basalten (s. d.) besitzen sie die Zusammensetzung der ozeanischen Kruste der Erde. Die Entstehung von Basalt- bzw. Gabbroschmelzen setzt bereits in der Frühentwicklung der festen Erdrinde ein. In Milliarden Jahre anhaltenden Differentiationsprozessen entstand die spezifisch leichtere kontinentale obere Kruste (entspricht etwa der früher so genannten »Granitschicht«), die in die basische und spezifisch schwerere untere Kruste (früher auch »Gabbro- oder Basaltschicht« genannt) eintaucht. Zwischen beiden vermitteln die Gesteine der Diorit-Syenit- und Gabbro-Diorit-Gruppe. Die Gabbros, an der Erdoberfläche relativ selten auftretende Gesteine, sind meistens an tiefreichende Spalten (Tiefenbrüche) der Erdkruste gebunden, die den aus großer Tiefe aufsteigenden Gabbro- und Peridotitschmelzen als Förderwege dienten. Die Gabbros, z. T. auch die Peridotite, treten in Senkungsgebieten der Erdkruste, besonders an tektonischen Kontaktstellen kontinentaler und ozeanischer Bereiche, mitunter »ringförmig« dem Beckenrand folgend, in Erscheinung. Als solche Beispiele kann man u. a. das Bushveldbecken in Südafrika und das Sudburybecken in Kanada ansehen. Ähnliche Erscheinungen finden sich in Skandinavien, und davon nicht ausgeschlossen ist die ringförmige Anordnung der ehemaligen Gabbro- und Peridotitmassive im Sächsischen Granulitgebirge (DDR). Andere Beispiele zeigen, daß gabbroide Schmelzen aus dem oberen Mantel in tiefreichenden Spaltensystemen zur Kristallisation gelangten. Bekannt dafür ist die 500 km lange Gangspalte Great Dyke in Südafrika, analog dazu der 2000 km lange Ural, auf dessen alten Spalten (Lineaments) Gabbro- und Peridotitschmelzen aufsteigen konnten.

Im Gegensatz dazu entwickelten sich Gabbro- (auch Peridotit-)Schmelzen in Granitmagmen durch gravitative Differentiation, wenn das Granitmagma kalzium-magnesium-reiche, aber kieselsäurearme bzw. -freie Gesteine assimilierte. Dadurch gelangten Pyroxene, Olivin, Plagioklas (Labradorit) zur Kristallisation. Als schwere Mineralfraktion sinken sie in der leichteren Granitschmelze ab (gravitative Differentiation) und entwickeln sich dabei zu eigenständigen Gesteinskörpern. Ein solches Beispiel ist das Brockenmassiv (s. Bild 31). In seiner Hauptmasse ist es aus Graniten zusammengesetzt. Es wird von Gabbro- und Peridotitmassen sowie den dazugehörigen Übergangsgesteinen (Dioriten) begleitet. In den Gabbroverbänden sind die für granitische Magmen typischen Restkristallisationen seltener. Die Gabbroschmelzen, gasarme »trockene« Gesteinsschmelzen, sind dünnflüssiger als die granitischen Magmen, beginnen bereits bei Temperaturen von über 1200 °C (1470 K) zu kristallisieren. Die Restschmelzen bilden Linsen, Schlieren und Gesteinsgänge in den Gabbro- und Peridotitverbänden.

Zur Gabbrogruppe zählen etwa 18 Gesteinsarten, die in ihrem mineralischen Aufbau, der chemischen Zusammensetzung, den Gefügemerkmalen voneinander abweichen.

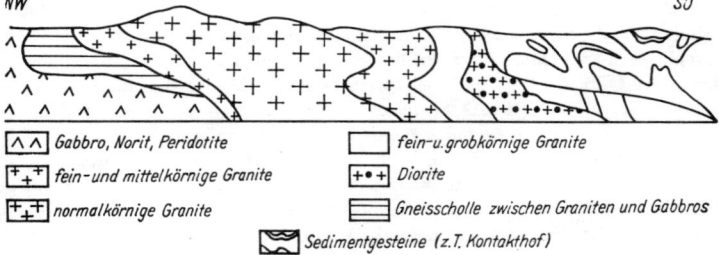

Bild 31. Profil des Brockenmassivs/Harz
Schnitt durch einen zusammengesetzten Pluton (nach *Erdmannsdörfer*)

Vorkommen: Als »Flasergabbro« ist er weitverbreitet im Sächsischen Granulitgebirge bei Hohenstein-Ernstthal, Penig, Waldheim, Böhrigen, Nossen, Siebenlehn u. a., als Gabbro an der Eckertalsperre (Brocken)/Harz (DDR); westl. Teil des Brockens (Radautal bei Harzburg), Odenwald, Schwarzwald (BRD); in den Grundgebirgseinheiten der ČSSR und Polens; in Skandinavien; Halbinsel Kola, Asow-Podolischer Block, Ural, Sibirien (UdSSR); Bulgarien; Rumänien; Albanien; Jugoslawien; Griechenland; Türkei (Balkanhalbinsel); Kanada; Rocky Mountains u. a. (USA); Insel Neukaledonien u. a.

Praktische Bedeutung: Besondere Bedeutung haben die Gabbromagmen bei der Bildung wichtiger Erzlagerstätten. Mit Gabbroschmelzen entstanden Kupfer-Nickel-Platin-(Gold-, Silber-)Lagerstätten, von denen es nur wenige in Kanada, Südafrika, Skandinavien und Sibirien gibt. Mitunter gelangen auch große Titanomagnetitlagerstätten zur Ausscheidung. Die bisher größte Lagerstätte dieser Art befindet sich im Bushveld-Massiv (Südafrika). Bekannte Lagerstätten liegen auch in Norwegen, im Ilmengebirge (UdSSR) u. a. Die meisten Gabbrogesteine sind zähe Gesteine; das zeigt sich in der hohen Druckfestigkeit bis 3500 kp/cm^2 (350 MPa). Sie werden daher bevorzugt als Eisenbahnschotter und Straßenbaustoff verwendet. Wegen mangelnder Kluftbildung und schlecht ausgeprägter Spalteigenschaften eignen sie sich wenig zur Werkstein- und Pflastersteinherstellung.

Ganggesteine

in der modernen Gesteinssystematik Übergangsmagmatite genannt

Es sind vielfältig ausgebildete Intrusivgesteine magmatischer Restschmelzen, die plattenartig auf vorgebildeten Spalten erstarren (s. Bild 18). Die Ganggesteine sind als Abkömmlinge der bereits zu plutonischen bzw. lakkolithischen Körpern verfestigten Magmen gekennzeichnet durch eine feinkörnige bis dichte, porphyrkörnig ausgebildete Grundmasse, die sich von den grobkörnigeren, meist gleichmäßig ausgebildeten Tiefengesteinsstrukturen unterscheidet. Wenn die Ganggesteine in der chemischen Zusammensetzung und im mineralischen Aufbau den plutonischen Gesteinen annähernd gleichen, so bezeichnet man sie wie die ihnen entsprechenden Plutonite unter Zufügen der Vorsilbe »Mikro«, z. B. Mikrogranit (früher »Granitporphyr«), Mikrosyenit (früher »Syenitporphyr«), Mikrodiorit (früher »Dioritporphyr«) usw. Als Beispiel sei der in der DDR als Bau- und Denkmalgestein sehr bekannte Mikrogranit von Beucha bei Leipzig (»Beuchaer Pyroxengranitporphyr«) genannt. Sonderformen mit riesenkörnigen Gefügen werden als Pegmatite bezeichnet (s. d.). Ein Teil der Restschmelze kann sich durch Differentiationsprozesse in kieselsäurereichere (saure) und kieselsäureärmere (basischere) Teilschmelzen aufspalten. Diese erstarren als diaschiste (grch. diaschizein – zerspalten) Ganggesteine. Es werden die leukokraten (hellen) Aplite (s. d.) und die melanokraten (dunklen) Lamprophyre (s. d.) unterschieden.

Gips, Gipsstein

Sedimentgestein

Mineralbestand: Gips ($CaSO_4 \cdot 2\,H_2O$) und Nebengemengteile
Gefüge: graue bis weiße, meist feinkörnig ausgebildete, dem Marmor ähnliche Gesteine, die auch als Alabaster bezeichnet werden, variable Dichte $D = 2,31$ bis $2,33$ g/cm^3
Entstehung: Gips gehört z. T. zu den Eindampfungsgesteinen. Er entsteht dann, wenn das Kalziumsulfatmolekül ($CaSO_4$ = Anhydrit) Wasser (Kristallwasser) einbaut. Der meiste Gips ist jedoch ein chemisches Umsetzungsgestein des Anhydrits im Bereich des Grundwasserspiegels. Durch Wasseraufnahme wurde der Anhydrit in Gips umgesetzt.
Vorkommen: »Gipsgebirge« am Südharzrand zwischen Questenberg-Ilfeld (DDR); Ellrich-Osterode (DDR); Bad Frankenhausen, Unstruttal zwischen Artern und Wiehe, bei Erfurt u. a. (DDR); weltweit verbreitet
Praktische Bedeutung: Gipssteine sind wichtige Rohstoffe. Gebrannter Gips ($CaSO_4 \cdot 1/2\,H_2O$), sogenannter Stuckgips, findet Verwendung als Baustoff zur Herstellung von Gipsplatten. Aus körnigem, durch Verunreinigung mehr oder weniger gemasertem Gips (Alabaster) werden kunstgewerbliche Gegenstände angefertigt. Gips bildet u. a. auch die Rohstoffgrundlage für die Schwefelsäureproduktion (s. Anhydrit).

Glimmerschiefer

Kristalline Schiefer – Metamorphite

Mineralbestand: Die Hauptbestandteile sind Quarz, die Glimmerminerale Muskovit, Paragonit und teilweise Biotit. Neben diesen Hauptkomponenten finden sich noch eine Reihe Nebenkomponenten wie Granat, Disthen, Staurolith, Chloritoid, Kalifeldspat, Albit und Akzessorien (Graphit, Pyrit, Pyrrhotin, Magnetit, Hämatit, Ilmenit, Rutil, Smaragd, Cordierit, Turmalin, Topas, Zinnstein u. a. Minerale). Je nach Zusammensetzung werden unterschieden: Muskovitschiefer, Muskovit-Biotit-Glimmerschiefer, Paragonitschiefer, Granatglimmerschiefer, Disthenglimmerschiefer, Disthen-Granat-Glimmerschiefer, Staurolithglimmerschiefer, Granat-Disthen-Staurolith-Glimmerschiefer, Chloritoidglimmerschiefer, Graphitglimmerschiefer. Die feldspatführenden Glimmerschiefer bilden die Gneisglimmerschiefer.
Gefüge: Die Glimmerschiefer sind schiefrige grob- bis feinschuppig (lepidoblastisch bzw. blättrig) ausgebildete Gesteine, in denen z. T. erkennbar (granoblastisch), aber meist in mikroskopischen Größen Nebenkomponenten auftreten können. Die meisten Glimmerschiefer erscheinen als helle »glimmerglänzende« Gesteine bzw. bei hohem Biotitanteil entsprechend dunkel, teilweise auch als grünlich-glänzende Varietäten.
Entstehung: Die Ausgangsgesteine sind tonige Sedimente, die bei gebirgsbildenden Prozessen im mittleren tektonischen Stockwerk über große Räume in Glimmerschiefer umgewandelt (Regionalmetamorphose) wurden. Beimengungen von Eisen- und Natriumverbindungen begünstigen bei hohem Alu-

miniumoxidangebot die Entstehung von Granat, Disthen, Chloritoid und Albit. Die Glimmerschiefer sind auf Grund ihres Glimmergehaltes gleitfähige, leicht verknetbare Gesteinsmassen, die als Glimmerschieferdecken vielfach die Kerngneise der Gebirge umhüllen. Ihre geologische Bedeutung ist aus der Übersicht der Verbreitung Kristalliner Schiefer (s. d.) und Bild 40 erkennbar. Die Glimmerschiefer, chemisch schwer zerstörbare Gesteine (im Gegensatz zu den feldspathaltigen Gneisen), bilden mit die höchsten Erhebungen in den alten Rumpfgebirgen und jungen alpidischen Auffaltungen (vgl. auch Phyllite).

Vorkommen: Bekanntes Glimmerschiefergebiet ist das Sächsisch-Böhmische Erzgebirge mit Fichtelberg und Klinovec (Keilberg), Glimmerschiefermantel des Sächsischen Granulitgebirges mit seiner höchsten Erhebung »Langenberger Höhe« bei Karl-Marx-Stadt; Thüringer Wald, Umgebung von Ruhla. Große Glimmerschieferdecken finden sich in den Alpen und anderen Gebirgen der Erde. Glimmerschiefer sind weltweit verbreitet.

Praktische Bedeutung: Wegen seiner leichten Gewinnbarkeit und »plattigen Teilbarkeit« findet er Verwendung als Straßenbaustoff (Packlager), Baustoff (Grundmauern) usw.

Gneise

Kristalline Schiefer – Metamorphite

vermutlich tschechisch »hniso« (russisch »gnisdo«) – »Nest« Gneis (Gneus): alte sächsische Bergmannsbezeichnung, bereits 1557 von *Georgius Agricola* als Gesteinsbezeichnung erwähnt

Gneis bedeutet das Nest der Erzgänge, d. h. das Gestein, in dem die Erzgänge aufsetzen. Gneise sind helle, meist glimmerglänzende, schiefrig-plattig ausgebildete Gesteine mit zahlreichen Strukturvarietäten. Sie bilden eine große Gruppe der Kristallinen Schiefer (s. d.), die bei Gebirgsauffaltungen (Regionalmetamorphose) aus eruptiven, meist granitisch, seltener dioritisch oder syenitisch zusammengesetzten Gesteinen (Orthogneise) und aus grauwackenähnlichen, mehr oder weniger tonreichen grobkörnigen Sedimentgesteinen entstanden. Gneise (Paragneise) sind vorwiegend Feldspat-Quarz-Glimmer-, seltener Hornblende-Feldspat-(Quarz-)Gesteine.

Zu den Orthogneisen (grch. orthos – richtig, recht) zählen die Granit-, Quarzdiorit-, Granodiorit- und Syenitgneise sowie zahlreiche Subarten, die aus granitischen und ähnlichen Gesteinen (Granitoiden) entstanden. Zu den Paragneisen (grch. para – neben) zählen die Geröllgneise (s. Tafel XII, XIII/1), die meisten Zweiglimmergneise, sogenannte metatektische Gneise (Cordierit-, Sillimanit-, Graphit-, Granatgneise) und viele andere Gneisarten (siehe Tabelle 16).

Mineralbestand und *Gefüge:* Nach Mineralbestand und Gefüge werden die Gneise speziell benannt. Augengneise sind z. B. Gneisarten, bei denen die ehemals in einer dichteren feinkörnigen Matrix grobkörnig (porphyrkörnig) kristallisierten Feldspate durch mechanische Beanspruchung (Dynamometamorphose) deformiert wurden. Hornfelsgneise sind dichte, biotitreiche, den

Tabelle 16. Mineralbestand einiger Gneisarten in %

Gestein	Quarz	Kalifeldspat	Plagioklas	Biotit	Muskovit	Cordierit	Granat	Sillimanit	Nebengemengteile	Dichte in g/cm³
Granodioritgneis	30	8	38	9					1	2,73
Graugneis	33	3	37	17	9				1	2,71
Biotit-Plagioklasgneis	31	4	38	14	12				1	2,70
langflasriger Rotgneis	39	27	25	2	6		±		1	2,67
dünnplattiger Rotgneis	43	29	13	1	12		±		2	2,63
Quarzaugengneis	41	13	28	5	12				1	2,65
Aplitgneis	44	11	29	—	15				1	2,64
plattiger, feinkörniger Paragneis	14		22	18	40		±		6	2,70
schichtiger Zweiglimmergneis	16		31	31	20		±		2	2,68
metatektischer Graugneis	29	1	66	1	2		±		1	2,72
Cordieritgneis	20		25	40		13	±	±	2	2,74
Sillimanitgneis	14	18	1	26	14	14	4	20	6	
Granatgneis	13	7	3	6	±		27	35	6	

Die Druckfestigkeit beträgt etwa 80 bis 250 MPa.
Der Gesteinsmagnetismus ist gering, hoch bis sehr hoch

Hornfelsen ähnliche Gneisarten. Bei den Flasergneisen liegen die Minerale in einem lagig-körnig gestreckten Verband, bei den Stengelgneisen in einem langgezogenen, stenglig gefügten Mineralverband (s. Tafel XII, XIII/2). Nach regional-tektonischer Erscheinungsweise werden Gneisprovinzen mit speziell gearteten Gneisarten abgegrenzt (s. Bild 40), z. B. Rotgneise und Graugneise, deren Verbände sich aus Ortho- und Paragneisen sowie vielen anderen, in den Struktur- und Texturmerkmalen voneinander abweichenden Arten zusammensetzen.

Entstehung: Die Gneise bilden die Kerngebiete der Auffaltungsgebirge. Ihre Verbreitung erstreckt sich auf viele Kilometer. Wesentliche Bereiche der Kontinentalmassen erfuhren im Verlauf der Milliarden Jahre anhaltenden Erdgeschichte durch sich ständig wiederholende Gebirgsbildungen eine Umwandlung in Gneise (s. Bild 1). Die Gneise entstehen bei der Dynamo-(Bewegungs-)Metamorphose dadurch, daß vorhandene, sich plastisch verhaltende Gesteinsmassen ausgewalzt und geschiefert werden. Die Orthogneise entstehen synorogenetisch, d. h., die während des Faltungsprozesses eindringenden, granitisch zusammengesetzten Gesteinsschmelzen werden bereits während des Kristallisationsprozesses von der sehr langsam vor sich gehenden Gebirgsauffaltung erfaßt und der mechanischen Beanspruchung (Schieferung) ausgesetzt. Die umliegenden Sedimentgesteine, durch Wärmeabgabe der Intrusion aufgeheizt, wandeln sich in Paragneise um. Diese Prozesse finden in bis zu 20 km Tiefe unter hohen Drücken und Temperaturen statt. Der Umwandlungsgrad der Gesteine nimmt zu den Randgebieten der Gebirge hin ab. So finden sich als umhüllende Gesteine der Gneise meistens Gneisglimmerschiefer, Glimmerschiefer und Phyllite. Letztere gehen dann in nur wenig veränderte Tonschiefer über.

Vorkommen: Gneise finden sich weltweit in abgetragenen Gebirgen, in Europa: Thüringer Wald (DDR); Erzgebirge (DDR, ČSSR); Fichtelgebirge, Bayerischer Wald, Spessart, Odenwald, Schwarzwald (BRD); Sudeten (Polen, ČSSR); Rhodopen (Bulgarien); Skandinavien; Vogesen, Central Massiv, Bretagne, Alpen (Frankreich); Zentralalpen (Österreich); Spanien; Großbritannien u. a.; in Nordamerika; Kanada; Appalachen, Rocky Mountains u. a. (USA); in Südamerika: Brasilien; Argentinien u. a.; in Asien: Transbaikalien, Tienschan, Zentralkaukasus, Ural u. a. (UdSSR); Indien; Australien; Antarktis.

Granatfelse

Kristalline Schiefer – Metamorphite

Mineralbestand: Diese metamorphen Gesteine bestehen im wesentlichen aus Granat. Je nach Entstehungsbedingungen begleiten Quarz, Augit, Hornblende, Spinell, Disthen, Feldspate, Chromit, Magnetit, Pyrrhotin, Sphalerit, Löllingit, Pyrit usw. die verschiedenen Granatfelsarten.

Gefüge: grobkörnig, massig

Entstehung: Granatfelse entstehen bei der Regionalmetamorphose aus basischen, eisenreichen, magnesiumreichen und stets aluminiumreichen Gesteinen (Gabbros, Diabase), die teilweise als Almandin-, Pyropfelse ausgebildet sind (s. Bild 32).

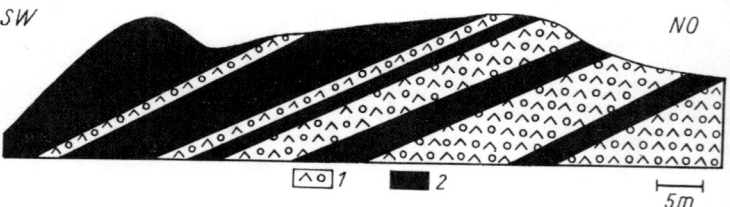

Bild 32. Granatfelseinlagerungen im Granat-(Pyrop-)Serpentinit vom Rubinberg bei Böhrigen (DDR); (nach *G. Scheibe*)
1 Pyropserpentinit
2 Granatfels

Aus Sedimentgesteinen karbonatisch-toniger Zusammensetzung (Kalk-Dolomitmergel) entstehen unter den Bedingungen der Kontaktmetamorphosemetasomatose u. a. Andradit-, Spessartin-, Grossularfelse (s. a. Skarne).
Vorkommen: Böhrigen, Waldheim im Sächsischen Granulitgebirge, Zöblitz, Schmalzgrube, Marienberg, Breitenbrunn u. a. des Sächsisch-Böhmischen Erzgebirges (DDR, ČSSR); Spessart, Odenwald, Schwarzwald u. a. (BRD); New York u. a. (USA); Skandinavien sowie weltweite Vorkommen in Gebirgen
Praktische Bedeutung: Granatfelse (Almandin, Pyrop) werden wegen ihrer hohen Härte als Schleifmittel und für die Herstellung von Granatpapieren (Möbelpolituren) verwendet. Manche Granatfelse, als Skarne (s. d.) ausgebildet, sind Begleitgesteine von Magnetit- und Buntmetallagerstätten.

Granitgruppe, Granite, Granitoide

auch Feldspat-Quarz-Plutonite genannt
lat. granum − Korn
Granite sind die häufigsten Tiefengesteine der Kontinentalmassen.

Mineralbestand: (s. Tabelle 17) Quarzgehalt größer 10 bis 50 %, Alkalifeldspate (Orthoklas, Mikroklin) und Plagioklase (Oligoklas, Albit) 40 bis 80 %, dunkle Gemengteile (Biotit, seltener Hornblende, Pyroxene, Turmalin) größer 5 bis 25 %, Akzessorien
Chemische Charakteristik: (s. Tabelle 18) Siliziumdioxid (SiO_2) 62 bis 80 %, Aluminiumoxid (Al_2O_3) 10 bis 16 %, Natriumoxid (Na_2O) und Kaliumoxid (K_2O) 5 bis 9 %, wenig Erdalkalien in Form von Kalziumoxid (CaO) und Magnesiumoxid (MgO) 0,5 bis 3,5 %, Eisenoxidgehalt (FeO, Fe_2O_3) zwischen 0,5 und 3,5 %
Nach der chemischen Zusammensetzung sind die Granitoide kieselsäurereiche und alkalibetonte, mehr oder weniger magnesium-, kalzium- und eisenarme Gesteine (s. Tabelle 18).
Arten: (s. Bild 33) Wenn der Alkaligehalt etwa 8 bis 9 % ausmacht und die Kali- bzw. Alkalifeldspate im Mineralbestand vorherrschen, ordnet man diese Gesteine in die Familie der Alkaligranite ein. Zu ihnen gehören die Typen Alaskit und Charnockit. Mit zunehmendem Kalziumgehalt gelangen neben den Alkalifeldspaten stärker Plagioklase (vorwiegend Oligoklas) zur Ausscheidung. Es sind die Granite im engeren Sinne, auch als Alkalikalkgranite bezeichnet. Sind sie plagioklasärmer, so heißen sie Syenogranit. Ein spezieller, als Bau- und Denkmalsgestein sehr bekannter Syenogranit ist der skandinavische Rapakivi (finn. − verfaulter Stein). Beträgt der Plagioklasanteil am Gesamtfeldspat 35 bis 65 %, so handelt es sich um Monzogranite. Die kalkreichen Granitoide, meist mit CaO Gehalten über 3 %, die auf 6 bis 8 % ansteigen können, werden als Granodiorite (s. d.) bezeichnet. In diesen am weitesten verbreiteten granitischen Gesteinen überwiegt der Plagioklas- den Alkalifeldspatanteil. Seltene Gesteine der Granitoidgruppe sind die quarzreichen (20 bis 60 % der hellen Bestandteile), aber sehr alkalifeldspatarmen Quarzdiorite und Tonalite (s. Tabelle 17).

Tabelle 17. Mineralbestand einiger Gesteine der Granitgruppe

Gestein	Vorkommen	Quarz	Alkalifeldspat	Plagioklas	Biotit	Hornblende	Pyroxen	Akzessorien
Alkaligranite								
Alaskit	Skwenta (Südalaska)	34	64	—	—	—	—	2
Charnockit	Madras (Indien)	40	48	6	—	—	3	±
Syenogranite								
Granit	Brocken/Harz (DDR)	32	41	21	3	—	—	2
Biotit-Syenogranit	Königshain (DDR)	30	51	8	10	—	—	1
Rapakivi	Skandinavien	18	51	19	1	7	2	2
Monzogranite								
Biotit-Hornblende-Granit	Suhl (DDR)	17	56	18	3	5	—	1
Biotit-Granit	Berbersdorf (DDR)	32	32	29	6	—	—	2
Granodiorite								
Lausitzer Granodiorit	Demitz-Thumitz (DDR)	30	16	35	17	—	—	2
Hornblende-Granodiorit	Meißen (DDR)	17	27	46	4	4	—	2
Quarzdiorite								
Quarzdiorit	Suhl (DDR)	15	—	64	16	5	—	1
Tonalit	Adamello (Italien)	30	—	33	—	6	30	1

Nach dem Gehalt an dunklen Mineralen unterscheidet man Biotit-, Augit-, Hornblende-, Augit-Hornblende- und Turmalin-Granite (z. B. Luxullianit, s. Tafel IV, V/2).

Entstehung: Granitoide sind die häufigsten Tiefengesteine der kontinentalen Lithosphäre. Sie stehen in engem Zusammenhang mit tektonischen Vorgängen. Während früher die Bildung granitischer Schmelzen vor allem auf Differentiation eines »Urstammagmas« zurückgeführt wurde, weisen die meisten heute bekannten Vorkommen auf eine sekundäre Entstehung hin. Aus vorher bereits verfestigten, meist klastischen Sedimenten entstehen, wenn sie während der Gebirgsbildung tektonisch bedingt in tiefere Stockwerke der Erdkruste gelangen, granitische Magmen durch teilweise bis vollständige Auf- und Umschmelzung, Vermischung verschiedener Ausgangsstoffe (Hybridisierung) und Aufnahme von Fremdgestein (Assimilation), aber auch durch Umwandlungen im nahezu festen Zustand. Wasser und andere flüchtige Bestandteile spielen für die dazu notwendigen Stofftransporte eine wichtige Rolle.

Die geologische Platznahme der Granitmassive erfolgte vorwiegend in den zentralen Teilen der großen Faltengebirge dort, wo die granitische Schmelze

Tabelle 18. Chemische Zusammensetzung verschiedener Gesteine der Granitgruppe

	Mittel aus 546 Graniten	Alaskit	Charnockit	Biotit-Syenogranit[1]	Turmalin-Granit[2]	Biotit-Syenogranit[3]	Hornblende-Monzogranit[4]	Zweiglimmergranit[5]	Granodiorit[6]	Quarzdiorit
SiO_2	70,0	75,0	77,5	75,1	73,6	72,7	73,6	69,8	65,2	64,0
TiO_2	0,4	0,1	0,3	0,2	0,1	0,2	0,2	0,4	1,1	0,4
Al_2O_3	14,5	14,0	11,0	12,4	14,3	13,4	13,5	14,9	16,1	16,0
Fe_2O_3	1,5	0,8	1,0	1,3	1,1	1,1	1,7	0,5	0,4	3,4
FeO	1,8	n. b.	2,0	0,8	0,6	1,6	0,2	2,2	4,3	1,4
MgO	0,9	0,1	0,5	0,3	0,6	0,2	0,1	1,1	1,9	3,4
CaO	2,0	1,0	1,0	0,8	0,5	1,2	1,4	2,2	2,9	4,4
Na_2O	3,3	3,5	3,0	3,9	3,7	3,1	3,9	3,3	3,3	4,0
K_2O	4,0	4,8	4,0	4,7	4,1	5,8	4,7	4,2	3,4	2,0
H_2O	1,0	0,3	0,2	0,5	0,5	0,9	0,5	1,2	1,0	0,5

[1] Königshain/Lausitz (DDR)
[2] Wilzschhaus-Eibenstock/Erzgebirge (DDR)
[3] Brocken/Harz
[4] Elbtal bei Meißen (DDR)
[5] Radeberg/Lausitz (DDR)
[6] Demitz-Thumitz/Lausitz (DDR)

in höhere Stockwerke gepreßt wurde. Derartige Massive sind häufig uneinheitlich aus verschiedenen Granitgesteinstypen aufgebaut. Ein Beispiel ist das Lausitzer Massiv mit dem Lausitzer Granodiorit und dem Zweiglimmergranit, die in unterschiedlichen Varietäten vorkommen.

Die entstandene granitische Schmelze kann aber auch die Hüllgesteine durchbrechen und in stock- bis gangförmigen Plutonen erstarren. Derartige Stockgranite sind meist einheitlicher aufgebaut. Beispiele stellen die Granite von Königshain (Lausitz) und die erzgebirgischen Zinngranite (Altenberg, Ehrenfriedersdorf, Geyer) dar.

Erscheinungsbild: Charakteristisch für granitische Gesteine ist im Großaufschluß die großebenflächige Klüftung in drei etwa senkrecht aufeinanderstehenden Richtungen, die im Steinbruchbetrieb das Herauslösen quaderförmiger Blöcke ermöglicht und bei freistehenden Felsen die typische sogenannte Wollsackverwitterung verursacht (s. Bild 15).

Gefüge: Im Handstück erweisen sie sich als vollkristallin und hypidiomorphkörnig. Die Korngrößen variieren zwischen 0,1 und 10 Millimeter an einer

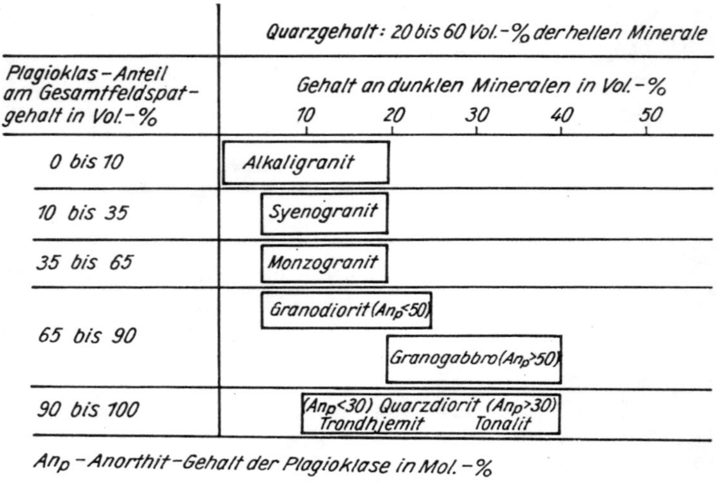

	Quarzgehalt: 20 bis 60 Vol.-% der hellen Minerale
Plagioklas-Anteil am Gesamtfeldspatgehalt in Vol.-%	Gehalt an dunklen Mineralen in Vol.-% 10 20 30 40 50
0 bis 10	Alkaligranit
10 bis 35	Syenogranit
35 bis 65	Monzogranit
65 bis 90	Granodiorit (An_P<50) Granogabbro (An_P>50)
90 bis 100	(An_P<30) Quarzdiorit (An_P>30) Trondhjemit Tonalit

An_P – Anorthit-Gehalt der Plagioklase in Mol.-%

Bild 33. Gesteine der Granit-Gruppe (Quarz-Feldspat-Plutonite); (nach *Peschel*, 1977)

Probe nur wenig (gleichkörnig). Entscheidend für den Gesamteindruck sind Größe und Form der Feldspate (am häufigsten weißgrau, hellgrau oder rötlich) sowie der Anteil an dunklen Gemengteilen (mehr oder weniger lebhafte Sprenkelung (s. Tafel IV, V/1 und 2).

Vorkommen: Hauptverbreitungsgebiete sind entsprechend der Entstehung die zentralen Teile der großen Faltengebirge (Karpaten, Alpen, Himalaja, Rocky Mountains, Anden), die Rümpfe alter Gebirge (z. B. Harz, Thüringer Wald, Erzgebirge, Bayerischer Wald, Schwarzwald, Vogesen, Lausitz) und die tiefen Anschnitte der Erdkruste in den sogenannten Alten Schilden (Skandinavien, Ukraine, Kanada, Süd- und Zentralafrika, Indien). Von den Granitgesteinen der DDR sind besonders zu nennen: Oberlausitz mit Demitz-Thumitz, Raum Bautzen, Raum Kamenz (Biotit-Granodiorit bis Biotit-Granit) und Raum Radeberg-Neustadt (Zweiglimmergranit), Elbtal bei Meißen (Hornblende-Granit), Brocken/Harz (Biotit-Granit), Königshain/Lausitz (Biotit-Granit), Hartmannsdorf bei Karl-Marx-Stadt (Biotit-Granit), Berbersdorf/Sachsen (Biotit-Granit), Henneberg bei Wurzbach/Thüringer Schiefergebirge (Biotit- und Muskovit-Biotit-Granit), Kirchberg/Erzgebirge (Biotit-Granit), Eibenstock, Sosa/Erzgebirge (Turmalin-Granit, Zinngranite).

Praktische Bedeutung: Die Granite, geologisch weltweit in den Gebirgen und abgetragenen Gebirgen aufgeschlossen, finden als Sockel-, Denkmals-, Werk-, Pflastersteine, Packlager und Schotter Verwendung. Das bei den meisten Granitplutonen vorhandene Kluftsystem (s. Bild 15) ist bei der Gewinnung von Werk- und Pflastersteinen aller Art von großer Bedeutung. Die meist nicht sichtbaren, geometrisch geordneten Haarrisse begünstigen das Spalten der Granite in bestimmten (erwünschten) Richtungen. Die aus Gesteinsschmelzen kristallisierten Granite zeichnen sich durch stark ausgeprägte Restkristallisation (pegmatitisch, pneumatolytisch, hydrothermal) aus. Durch die Entgasung der Restschmelze veränderte, mit Zinn imprägnierte Zonen werden Greisen (auch Zwitter) genannt. Mit diesen Kristallisationsphasen entstanden viele bedeutende Erz- und Minerallagerstätten mit Molybdän-, Zinn-, Wolfram-, Gold-, Silber-, Uran-, Wismut-, Kupfer-, Blei-, Zink-, Quecksilber-, Antimon- und anderen Erzen und den Mineralen Glimmer, Feldspat, Beryll, viele Edelsteine, Flußspat, Schwerspat u. a. Die auf der Erde weitverbreiteten, verhältnismäßig leicht verwitternden Granite sind die wichtigsten Gesteine für die Entstehung der Böden. Der in den Graniten vorwiegend an die Feldspate gebundene Aluminiumgehalt geht bei der Zersetzung der Feldspate unter Abbau des Kaliums, Natriums und Kalziums in Kaolinit über. Zurück bleibt chemisch ein Aluminiumhydrosilikat, welches das meistverbreitete Substrat in Form toniger Anteile ist. Auch der Quarz, fein zerrieben, und andere granitbildende Minerale (Glimmer) sind mechanisch den Böden beigemengt. Besondere Bedeutung kommt den Apatitausscheidungen (Kalziumfluorphosphate) zu. Dieses Mineral, chemisch in den Böden aufgeschlossen, trägt neben anderen Verbindungen, besonders mit Kalium, zur Bildung wichtiger Nährstoffe für die Pflanzen und damit zu weiteren Lebensprozessen bei.

Granodiorite

Gesteine der Granitgruppe
lat. granum – Korn, grch. diorizein – unterscheiden

Mineralbestand: (s. Tabelle 17) Granodiorite haben im Vergleich zum Biotit-(»Normal«-)Granit mehr Plagioklas als Kalifeldspat. Ihre chemische Zusammensetzung (s. Tabelle 18) ist kalzium-natrium-reicher.

Gefüge: Granodiorite sind meist hellgraue, vorwiegend grobkörnig ausgebildete Gesteine. Ähnliche Gesteine sind Granitarten, Quarzdiorite und manche Syenite.

Entstehung: Granodiorite kristallisieren aus sauren Gesteinsschmelzen (s. Gesteinsentstehung – plutonische Folge). Als häufigste Granitart erscheinen sie weltweit in riesigen Plutonen und als Batolithbildner. Ein Beispiel ist das Granodioritmassiv der Lausitz, eines der größten Europas, mit zahlreichen Granitarten und Nebengesteinen der Granite wie Apliten, Lamprophyren, Pegmatiten u. a. Gesteinen. Es ist bewiesen, daß Sedimentgesteine (Grauwacken und Tongesteine) zu granodioritischem Magma aufund umgeschmolzen worden sind. Übergangsgesteine Sediment – Granodiorit sind die über dem Granodiorit liegenden Zweiglimmer-(Muskovit- – Biotit-)Granodiorite.

Vorkommen: Oberlausitz (DDR); Karpaten (Rumänien); Ural, Tienschan, Transbaikalien u. a. (UdSSR); Skandinavien; Rocky Mountains (USA); weltweit verbreitet

Der bekannte Riesensteingranit von Meißen ist auch ein Granodiorit (s. Tafel IV, V/1):

Praktische Bedeutung: Granodiorite finden Verwendung als Werk-, Pflaster-, Grundmauersteine, Schotter und Fußwegplatten.

Granulite

Metamorphite

Es werden verschiedene Granulitarten unterschieden, z. B. helle Granulite, auch Weißsteingranulite genannt, körnige Granulite, Augengranulite mit deformierten Feldspatkörnern sowie nach besonderen Mineralausscheidungen u. a. Sillimanit-Korund-, Pyroxengranulite.

Mineralbestand: Die hellen glimmerfreien bis glimmerarmen Granulite setzen sich aus Kalifeldspat (Orthoklasperthit), Plagioklas, Quarz, Granat (Eisengranate), Rutil und Nebengemengteilen wie Disthen, Sillimanit, Herzynit (Eisenspinell), Magnetit, Magnetkies (Pyrrhotin) und Graphit, die dunklen Pyroxengranulite aus Andesin, Labradorit, Pyroxen, Eisenmagnesiumgranat, Herzynit, Magnetit, Nickelmagnetkies, Ilmenit zusammen.

Gefüge: fein-, mittel-, seltener grobkörnig (s. Tafel XVII/1); mitunter lineares Gefüge mit Schieferung

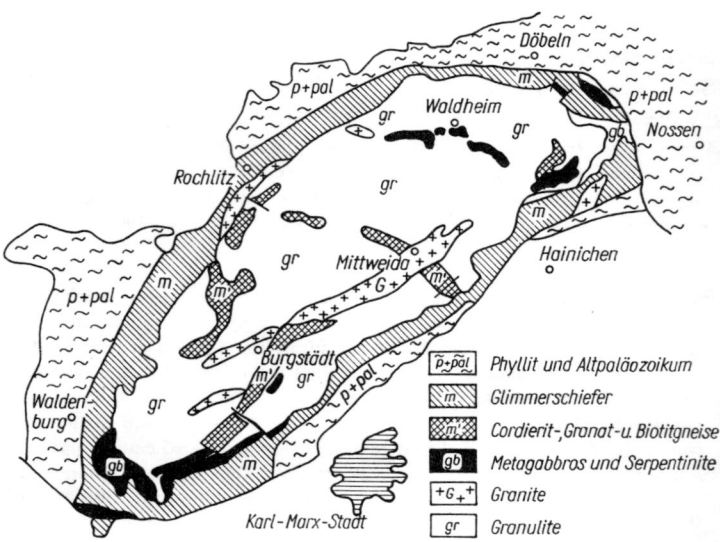

Bild 34. Geologische Übersichtsskizze des Granulitgebirges (DDR); (nach K. *Pietzsch*)

Chemische Charakteristik: Im chemischen Aufbau ähneln die »hellen Granulite« den Graniten bzw. granitoiden Gesteinen. Die »dunklen Granulite«, speziell als (Plagioklas-) Pyroxengranulite bezeichnet, sind dagegen umgewandelte Diorite und Gabbros.

Entstehung: Die Granulite sind z. T. hochmetamorphosierte Eruptivgesteine (teilweise ehemalige Granite) und fein- bis grobklastische Sedimente (Tone, Grauwacken und ähnliches), die im tiefsten tektonischen Stockwerk der Gebirge unter sehr hohen Druckeinwirkungen und Mangel an flüchtigen Komponenten, besonders Wasser, entstanden. Geologisch erscheinen Granulite als abgeschlossene Gebirgseinheiten. Weltbekannt ist das Sächsische Granulitgebirge in der DDR (s. Bild 34). Man findet Granulite verbreitet in den Grundgebirgen Böhmens (ČSSR), in Niederösterreich und Finnland. Mitunter kommen granulitische Gesteinsmassen als Linsen in Gneisverbänden vor, so u. a. im Sächsischen Erzgebirge, im Schwarzwald, im Bayrischen Wald und in anderen Gebirgen.

Vorkommen: Penig, Hartmannsdorf, Burgstädt, Limbach, Hohenstein-Ernstthal, Mittweida, Waldheim, bei Karl-Marx-Stadt (DDR); Cheb u. a. (ČSSR); Etzmannsdorf (Niederösterreich); Insel Ahl, Ivalo, Enare (Finnland); Indien u. a.

Praktische Bedeutung: Infolge ihrer hohen Druckfestigkeit von etwa 3000 kp/cm^2 (300 MPa) eignen sich Granulite als Straßenbaustoffe (Packlager, Kleinpflaster, Schotter, Splitt) und Eisenbahnschotter.

Grauwacken

Es sind graue, dunkelgraue, sandsteinartige Sedimentgesteine, bestehend aus Körnern von Quarz, Feldspaten, Muskovit, Chlorit und Schwermineralen. Neben diesen Mineralen setzen vor allem Gesteinsbruchstücke die Grauwacken mit zusammen (s. Tabelle 39, Bild 35), die damit von den Sandsteinen zu den Konglomeraten (s. d.) überleiten.

Gefüge: Die Grauwacken sind klastisch, mittel- bis feinkörnig, teilweise in grobkörnigere Typen übergehend. Die mineralischen Bruch- und Gesteinsstücke sind meist eckig ausgebildet. Nach dem Gefüge unterscheidet man körnige, deutlich geschichtete, konglomeratische, schiefrige Grauwacken und Grauwackenschiefer.

Entstehung: Grauwacken entstehen aus dem Abtragungsschutt gebirgsbildender Gesteinsmassen (Eruptiv-, kieseligen Sediment- und metamorphen Gesteinen). Es sind mechanisch gebildete Sedimentgesteine von Landoberflächen, die nur wenig transportiert wurden. Die Hauptbildungszeit der Grauwacken fällt in das Paläozoikum.

Vorkommen: in der DDR im Harz, in der Lausitz, in der Leipziger Tieflandsbucht; in der BRD im Rheinischen Schiefergebirge sowie in zahlreichen Gebieten der Erde

Praktische Bedeutung: Grauwacken werden wegen ihrer relativ hohen Druckfestigkeit als Straßenbaustoffe verwendet.

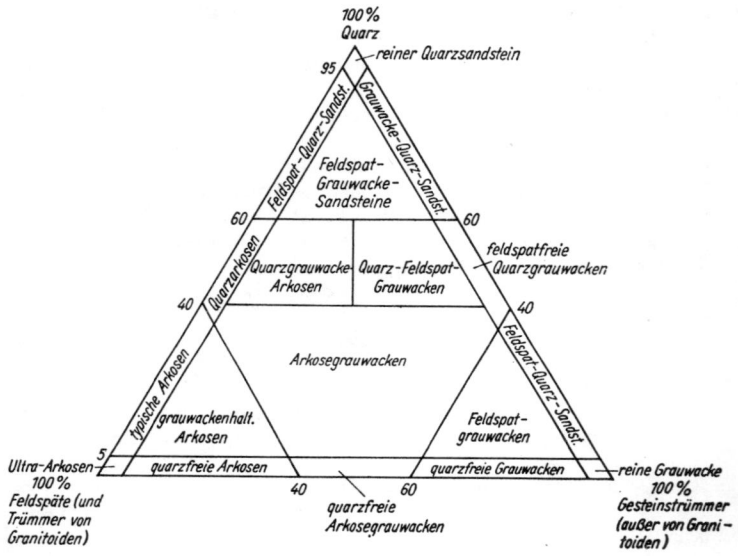

Bild 35. Schema der Klassifikation von Grauwacken und Arkosen auf Grund des Mineralbestandes der sie zusammensetzenden Gesteinstrümmer (nach *Ruchin*)

Grünschiefer

Metamorphite

Diese Gesteinsgruppe kommt gemeinsam mit Gneisen, Glimmerschiefer und Phylliten vor.

Mineralbestand: An der Zusammensetzung sind vor allem »grün« aussehende Minerale wie Chlorite, Epidot, grüne Hornblende (Aktinolith), der grüne Granat Grossular, Chloritoid beteiligt, die stark variierende Gemenge mit Sericit, Zoisit, Talk, Albit, Bytownit, Calcit, Dolomit, Magnetit bilden. Erze wie Magnetit, Hämatit, Siderit, Pyrit, Pyrrhotin und andere Minerale sind ebenfalls in den Grünschiefern vertreten. Typische Gesteinsvertreter der Grünschiefer sind Prasinit, Epidotfels, Talkschiefer, Chloritschiefer. Magnetitchloritschiefer, Epidotchloritschiefer, Topfstein, Talkmagnesitfels.

Gefüge: meistens weiche, schiefrig-blättrig-schuppige, mitunter sich griffig-fettig anfühlende Gesteine

Entstehung: Grünschiefer sind umgewandelte, ehemalige basische Eruptivgesteine (Gabbros, Diabase, »Spilite«, Diabastuffe und ähnliche) und kalziummagnesiumreiche Sedimente (Dolomite, Kalk-Dolomitmergel und ähnliche Gesteine). Die Bildungsorte dieser »Schiefergesteine« sind die oberen tektonischen Stockwerke der Gebirge. Unter lebhaften Faltungsprozessen bei

Tabelle 19. Chemische Zusammensetzung einiger Grünschiefervertreter in Masse-%

Chemische Verbindung	Prasinit	Epidotfels	Talkschiefer	Chloritschiefer	Magnetit-chloritschiefer	Epidot-chloritschiefer	Topfstein	Talkmagnesitfels
SiO_2	47	38	53	27	28	50	52	28
Al_2O_3	20	25	4	31	21	16,5	2	0,5
Fe_2O_3	4	10	6	20	3	4	4	4
FeO	4	—	1	1,5	15	7	—	5,7
MgO	8	—	30	11	19	6	29	33
CaO	11	23	1,5	1,7	2,5	7	3	0,7
Na_2O	2	—	\} 1,5	\} 2,8	0,2	3	—	—
K_2O	1,5	—					0,1	1	—
H_2O	2	2,6	2,5	3,8	10	4	3	\} 27
CO_2	±	—	—	—	—	—	9	

»geringem« Druck und unter dem Einwirken von Wasser, das molekular in den Gesteinsmassen gebunden oder auch bei der Gebirgsbildung auf Spalten aszendent zugeführt worden ist, kommt es zur Entstehung der aufgezählten, meist wasser-(OH-)haltigen gesteinsbildenden Silikate. Chemisch sind es kieselsäurearme, teilweise aluminiumreiche (dann magnesiumarme) oder aluminiumarme (dann magnesiumreiche) Schiefergesteine (s. Tabelle 19). Am einfachsten ist die Herkunft der Prasinite zu übersehen. Die chemische Zusammensetzung läßt keratophyr- und diabasähnliche Ausgangsgesteine erkennen.

Vorkommen: weltweit in den Kerngebieten abgetragener Gebirge; Sächsisches Granulitgebirge, Sächsisch-Böhmisches Erzgebirge (DDR, ČSSR); Fichtelgebirge, Bayerischer Wald, Spessart, Odenwald (BRD); Sudety (ČSSR); weitverbreitet in den jungen alpidischen Kettengebirgen Österreichs, Italiens, Frankreichs u. a.

Praktische Bedeutung: Talkschiefer und Topfsteine werden vor allem als mineralische Rohstoffe genutzt, die Prasinite als Straßenbaustoffe.

Heizölschlacken

Mineralbestand: vorwiegend Thenardit (Natriumsulfat) und Natriumvanadylvanadat, Nickel-Eisen-Olivin, Nickel-Eisen-Spinell, untergeordnet verschiedene andere Sulfate, Vanadate und wenig Silikate

Gefüge: Die Heizölschlacken stellen dunkle, meist schwarze Ansätze an den Wänden und Rohren ölgefeuerter Großkessel dar, die sehr hart sind und kristallinen Aufbau besitzen. Meist sind sie in Schichten aufgebaut, wobei die nadel- oder säulenförmigen Natriumsulfat- und Natriumvanadatkristalle parallel zueinander angeordnet sind.

Chemische Charakteristik: Das Erdöl enthält nur sehr geringe Mengen anorganischer Substanz (0,01 bis 0,5 %), in der Natrium- und Vanadiumoxid neben Schwefel die Hauptrolle spielen. Gelegentlich treten größere Mengen an Eisen- und Nickeloxid auf (s. Tabelle 41).

Entstehung: Die anorganischen Bestandteile sind im Erdöl vorwiegend in organischer Bindung enthalten. Sie werden beim Verbrennungsprozeß des Öles oxydiert und in den Kesselräumen angereichert. Die Heizölschlacken setzen sich an den Wänden und Rohren der ölgefeuerten Großkessel ab, wobei eine Schichtung in den Ansätzen entsteht. Bei langandauerndem kontinuierlichem Betrieb der Ölfeuerungen können diese Schlacken ernsthafte Betriebsstörungen hervorrufen.

Praktische Bedeutung: Gelegentlich werden Heizölschlacken bei der Erzeugung von Edelstahl zugesetzt (Vanadiumgehalt). Bisher haben sie keine weitere Bedeutung.

Hochofenschlacken

Mineralbestand: Melilithe als Hauptgemengteile, Merwinit, Dikalziumsilikat, Glas

Gefüge: Je nach den Abkühlungsbedingungen besitzen die Hochofenschlacken kristallines oder glasiges Gefüge. Die kristallinen Hochofenschlacken bestehen überwiegend aus taflig oder leistenförmig ausgebildeten Melilithkristallen, die häufig Einschlüsse von Merwinit oder Dikalziumsilikat enthalten. Diese Kristalle liegen in einer meist glasigen dunklen Grundmasse, die der Schlacke ihre dunkle Farbe verleiht. Bei gut gesteuerter Kristallisation während der Abkühlung entstehen nur mikroskopisch feine Poren, während bei unkontrollierter Erstarrung grobe Poren das Erscheinungsbild der Schlacke beherrschen.

Chemische Charakteristik: Die Eisenhochofenschlacken sind basische kalkreiche Stoffe mit 25 bis 38 % SiO_2 und 35 bis 50 % CaO. Daneben treten Al_2O_3 (6 bis 18 %), MgO (2 bis 13 %) und in geringen Mengen Schwefel, FeO und MnO auf (s. Tabelle 41).

Entstehung: Die Schlacke wird im Hochofen aus den Mineralen der Gangarten Quarz, Chlorit usw., der Eisenerze, dem zugeschlagenen Kalkstein und der Koksasche als homogene Schmelze gebildet. Das vollständige Aufschmelzen während des Hochofenprozesses bewirkt eine gute Homogenisierung der Bestandteile. Die Schlackenschmelze wird nach dem Verlassen des Hochofens entweder im Wasser abgeschreckt und erstarrt glasig, oder sie wird langsam zu kristalliner Stückschlacke abgekühlt. Ein Hochofen mit 1000 t Roheisen als Tagesproduktion liefert täglich 600 bis 700 t Schlacke.

Praktische Bedeutung: Die glasige granulierte Hochofenschlacke wird als Zementzuschlag mit Portlandzement vermahlen und liefert Eisenportlandzement oder Hochofenzement. Die kristalline Stückschlacke wird als Schottermaterial für Straßen- und Eisenbahnanlagen verwendet. In Formen langsam erstarrte Schlacke liefert die bekannten Straßenpflastersteine. Ein Teil der Schlacke wird zu Schlackenwolle, einem ausgezeichneten Isoliermaterial, verblasen. Heute wird die Hochofenschlacke restlos als hochwertiges Nebenprodukt der Roheisengewinnung weiterverwendet.

Ijolithe

Gesteine der Foid-Plutonite
benannt nach dem Fundort von Iivaara, Kuusamo in Nordfinnland

Mineralbestand: Die Ijolithe sind eine viele Arten umfassende Gesteinsgruppe. Die Zusammensetzung dieser Nephelin-Aegirin-Gesteine kann stark wechseln (s. Bild 30 und Tabelle 13).
Gefüge: grob- bis feinkörnig, dunkelgrau, oft schlierig ausgebildet (s. Tafel VI, VII/4)
Entstehung: Ijolithe differenzieren auf komplizierte Weise, vermutlich aus basischen Stammagmen. Zum Teil sind es stark hybridisierte »Syenitschmelzen«, aus denen sich durch magmatische Differentiationen Teilschmelzen wie Urtit, Chibinit und im Mineralbestand abweichende Übergangsschmelzen entwickelten.
Vorkommen: Kuusamo (Finnland); Fengebiet bei Oslo (Norwegen); Ice River (Kanada) u. a.

Itabirite, Hämatit-, Hämatit-Magnetit-Quarzite

Metamorphite

Mineralbestand: Roteisenerz (Hämatit, Eisenglanz), Quarz, häufig Magnetit
Gefüge: dicht, lagenartig gebändert, geschiefert („Hämatitschiefer")
Vorkommen: Riesenlagerstätten in Alten Schilden (geologisch sehr alt) – Kriwoi Rog/Ukraine (UdSSR); Brasilien; Indien
Praktische Bedeutung: größte Eisenerzvorkommen der Erde

Kalksteine, Kalke, Karbonatgesteine

Sedimentgesteine
Es sind graue, hellgraue, weiße, bräunliche, rötliche, bläuliche bis schwärzliche Gesteine.

Mineralbestand: An der Zusammensetzung sind vorwiegend das Kalziumkarbonat Calcit ($CaCO_3$), das karbonatische Doppelsalz Dolomit $(CaMg)[CO_3]_2$ beteiligt (s. Tabelle 20). Als Verunreinigung finden sich in den Karbonatgesteinen, z. T. in beträchtlichen Mengen, Ton, Sand, Kohle und Bitumen. Während Calcit mit verdünnter kalter Salzsäure aufbraust, ist Dolomit erst in heißer Salzsäure löslich.

Tabelle 20. Chemische Zusammensetzung sowie Dichte und Druckfestigkeit einiger Karbonatgesteine (in Masse-%)

Chemische Verbindung	Kalkstein	Dolomit	Stringo-cephalenkalk	Kreide	Oolithischer Kalkstein	Sandiger Dolomit	Toniger Dolomit	Kalkmergel	Sandmergel
$CaCO_3$	89,0	62,0	98,0	94,0	97,0	36,0	44,0	71,0	65,0
$MgCO_3$	9,0	36,0	0,3	1,4	0,5	26,0	37,0	1,5	0,9
$FeCO_3$	—	—	0,2	—	—	—	—	—	1,6
SiO_2	Sp.	0,4	—	—	—	*	*	**	24,0
Al_2O_3	Sp.	1,2	—	1,4	—	2,6	2,2	—	4,5
Fe_2O_3	0,6		—	—	0,1			0,8	3,5
Na_2O	—	—	—	—	—	—	—	—	—
K_2O	—	—	—	—	—	—	—	—	—
Ton	—	—	0,2	—	1,0	—	—	26,0	—
H_2O	0,1	—	—	0,6	—	—	—	—	—
Rückstand	0,8	—	—	3,5	—	35,0	16,5	—	—

Gestein	Dichte in g/cm³	Druckfestigkeit in MPa
Kalkstein	2,72	80 ... 150
Dolomit	2,85	(150)
Oolithischer Kalkstein (Rogenstein)	2,60	130
Muschelkalk	2,20	20
Travertin	2,40	50

* im Rückstand   ** im Ton

Gefüge: Es ist dicht, feinkörnig, mitunter spätig, locker, porös, tuffig, häufig brekzienartig (s. S. 93), aderförmig mit spätigem Calcit durchsetzt.

In vielen Kalksteinen sind Fossilien und Fossilreste bereits makroskopisch zu erkennen (s. Tafel XII, XIII/3 und 4). Einige physikalische Eigenschaften von Karbonatgesteinen sind in Tabelle 20 angegeben.

Entstehung: Die Bildungsräume der meisten Kalksteine sind die Meere, wobei unter günstigen Bedingungen, besonders in den warmen Flachmeerbereichen, aus übersättigten Lösungen die Karbonate Calcit und Dolomit ausfallen. Man bezeichnet diese Gruppe auch als Ausfällungsgesteine. Als Kalksteine bilden sich unter diesen Entstehungsbedingungen dichter Kalk, Oolithkalk (Rogenstein), Dolomit, Plattendolomit, dolomitische Kalke, Kalkmergel (Gemenge von Kalk und Ton) und Dolomitmergel (Gemenge von Dolomit und Ton) in breiter Folge. Einen Überblick über die karbonatischen und tonig-karbonatischen Gesteine gibt das Stoffdreieck »reine Kalksteine – reine Dolomite – reine Tone« (s. Bild 36). In kalk-karbonathaltigen Süßwässern, besonders an Quellen und in deren Nähe, kommt es zu lockeren tuffigen Quellabsätzen. Die sich dabei bildenden Kalksteine werden wegen ihrer hohen Porosität als Kalktuff, Kalksinter, Tuffkalk oder Süßwasserkalk bezeichnet, die festeren Arten als Travertin (s. Tafel XV), die an heißen Quellen zum Absatz kommenden Kalke als Kalksinter (s. Tafel XVIII/1), Sprudelstein oder Erbsenstein.

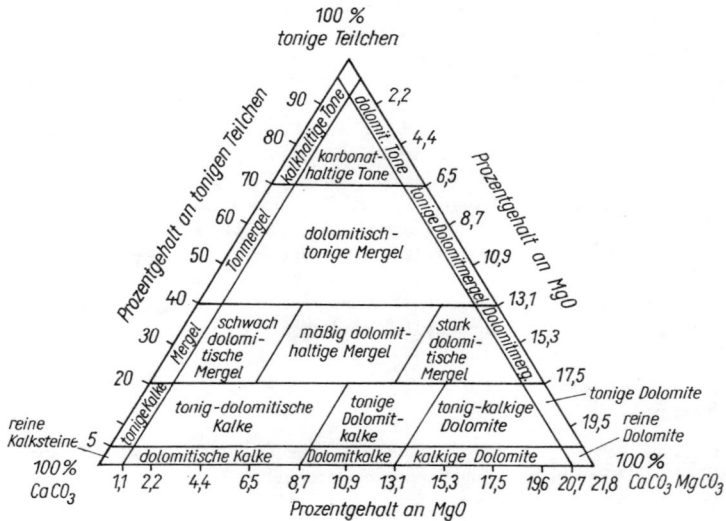

Bild 36. Schema der Klassifikation tonig-karbonatischer Gesteine (nach *Ruchin*)

Eine weitere große Gruppe bilden die organogenen oder zoogenen Kalksteine, die aus Schalenresten, Korallenstöcken usw. bestehen. Aus diesen bilden sich z. B. Muschelkalk, Korallenkalk u. ä., aus Mikrolebewesen z. B. die erdigen Kreidekalke. Die bevorzugten Bildungsräume sind die warmen Flachmeere im Paläozoikum, Meso- und Neozoikum.

Die Einteilung der Kalksteine erfolgt häufig nach dem geologischen Alter (z. B. Silur-, Devon-, Karbon-, Trias-, Jura-, Kreide-, Tertiärkalke) oder nach bestimmten Fossilien (z. B. Stringocephalenkalk mitteldevonischen Alters, Riffkalk, jurassische Korallenkalke, Muschelkalke). Weiter werden die Kalkgesteine nach mineralischen Gemengteilen als Stink- oder Asphaltkalke bezeichnet, wenn diese Bitumen führen (s. d.). Sind Kalke mit Tonen vermengt, werden diese Gesteine als Mergel (s. Bild 36) bezeichnet. Durch andere Beimengungen, z. B. Eisenoxide, bilden sich die Eisenkalksteine, mit Glaukonit die Glaukonitkalksteine. Die besonderen Eigenschaften und Verwendungsmöglichkeiten prägen den Namen der Kalke, z. B. Lithographenkalk, »Marmorkalke«.

Vorkommen: Kalksteinmassen erstrecken sich über ausgedehnte Gebiete (z. B. die Kalkalpen), Mesozoische Kalkgebirge sind erdumspannende Erscheinungen, Muschelkalk findet sich in Thüringen (Thüringer Becken), Rüdersdorf bei Berlin; Kreidekalke als Kreide auf Rügen (DDR); Dolomite u. a. im Bezirk Gera; Plattendolomite im Thüringer Becken u. a. (DDR); dolomitische Kalke weltweit in den alpidischen Faltungsgebieten; Travertine (tuffige Kalksteine) in der Umgebung von Weimar (DDR); bei Stuttgart (BRD); bei Rom (Italien) u. a.

Praktische Bedeutung: Kalksteine sind wichtige Baustoffe. So wird gebrannter Kalk als Baukalk, der sogenannte Düngekalk zur Düngung verwendet. Sie liefern den Rohstoff für bestimmte Produktionszweige der Schwerchemie. Zum Beispiel wird »Carbidkalk« für die synthetische Gummiherstellung (Buna) gebraucht. Kalksteine finden Verwendung beim Bau von Grundmauern, als geschliffene, vielseitig verwendbare Verblendgesteine (sogenannte »Architektenmarmore«). Kalke und Dolomite werden als Zuschlagstoffe in der Schwarzmetall-, Glas- und Hüttenindustrie und als Reinigungsmasse in der Zuckerindustrie benötigt. Die Mergelkalke (Mergel) sind die Rohstoffgrundlage der Zementherstellung. Einige spezielle Karbonatgesteine, u. a. Siderit, Magnesit, sind weitere wichtige Rohstoffe.

Keramik

Keramik ist eine Sammelbezeichnung für eine Gruppe technischer Gesteine, die durch Brennen eines bei Normaltemperaturen geformten Körnergemisches bis zur Sinterung verfestigt werden.

Zur Keramik gehören die Untergruppen der *Grobkeramik* mit Töpferwaren, Ziegeleiwaren, der *feuerfesten Steine* und der *Feinkeramik* mit Porzellan und Elektrokeramik (z. B. Isolatoren, Ferrite, Dielektrika).

Charakteristisch für alle Gesteine dieser Gruppe ist das keramische Gefüge. Es besteht aus Einzelkörnern gleicher oder unterschiedlicher Größe, die durch eine glasige, z. T. auch kristalline Zwischenmasse fest miteinander verbunden sind. Im keramischen Gefüge wird zwischen Grobkorn- und Feinkornanteil unterschieden. Das Grobkorn wirkt als Stützgerüst und ist besonders für die mechanische Festigkeit verantwortlich, während das Feinkorngewebe die chemische Widerstandsfähigkeit bedingt.

Technische Gesteine der Keramikgruppe besitzen große Bedeutung in der modernen Technik. Dauerhafte Rohrleitungen für die Kanalisation und Dränage, Keramikplatten als Verblendmaterial im Bauwesen, Töpferei-, Steingut-, Porzellangeräte, riesige Isolatoren in der Starkstromtechnik und winzig kleine Bauelemente in der Hochfrequenztechnik und Elektrotechnik zeigen die Vielfalt und Anwendungsbreite keramischer technischer Gesteine.

Keratophyre

Gesteine der Feldspat-Vulkanite
grch. keratos – Horn, weil hornsteinartig ausgebildet

Keratophyre gehören zu den paläozoischen Ergußgesteinen. Nach ihrem nur mikroskopisch bestimmbaren Mineralbestand (Gehalt an Alkalifeldspat Albit) sind sie als Paläoalkalitrachyte in die Gesteinssystematik einzuordnen. Genetisch werden sie als chemisch veränderte (hybride) helle Differentiationsprodukte von Diabasschmelzen angesehen. Sekundäre Beeinflussung führte zu einer Trennung des chemischen Bestandes, der ursprünglichen Plagioklase in Albit und Calcit. Die dunklen Gemengteile Pyroxen, Hornblende und Biotit wurden zu Chlorit umgesetzt (hellgrünliche Färbung der Keratophyre). Als Differentiations- und Assimilationsprodukt mit unterschiedlichen Umwandlungsgraden variieren sie in einer Vielzahl von zum Teil recht extremen Typen (Quarzkeratophyre – Plagioklaskeratophyre). Mit ihnen verwandt sind die ebenfalls albitisierten, aber eisen- und magnesiumreicheren Spilite (s. d.), wie auch die Übergangstypen der Keratophyrspilite zeigen.

Gefüge: dicht »hornsteinartig«; mitunter bereits am Handstück Fließtextur erkennbar

Entstehung: Die meisten Keratophyre entstammen submariner vulkanischer Tätigkeit, die auch als Keratophyrvulkanismus bezeichnet wird. Gemeinsam mit den Diabasen gehören die Keratophyre zum Initialmagmatismus, dessen Bildungsräume die Geosynklinalen sind. Die Keratophyre als Abkömmlinge vorwiegend dioritischer Gesteinsschmelzen differenzierten mehr oder weniger in Teilschmelzen, wobei Assimilationsprozesse wie Aufschmelzung von Fremdgesteinen (Tone, Mergel, Kalksteine) mit die Ursache für die Bildung von Keratophyrarten sein können. Mit den teilweise auch subvulkanisch erfolgten Lavaeruptionen kam es u. a. zur Bildung von Keratophyrtuffen, aus denen bei späteren gebirgsbildenden Prozessen die Keratophyrschalsteine (»geschieferte Tuffe«) entstanden. Keratophyrlaven zeigen oft mit Calcit, Chlorit u. a. Mineralen gefüllte Blasenräume. Solche Erscheinungsformen tragen die Bezeichnung Keratophyrmandelstein.

Vorkommen: Elbingerode, Wernigerode, Blankenburg im Harz, Thüringer Wald (DDR); Lahn-Dill-Erzbezirk (BRD); Ural, Kriwoi Rog (UdSSR); Sudety-Gebirge (Polen); östliches Mittelgebirge, Sumperk, Ostrava (ČSSR); Trondhjems-Gebiet (Norwegen); Mittelschweden; Oberer See, Carbon County, Wyoming (USA) u. a.

Praktische Bedeutung: Keratophyre sind als Straßenbaustoffe (Packlager, Schotter) geeignet. Mit dem Keratophyrvulkanismus entstanden beachtliche Erzlagerstätten vom Typ submarin-exhalativer Eisenerz- (»Keratophyreisenerz«), Pyrit- und Pyrit-Kupferkies-Lagerstätten.

Kieselgesteine, kieselige Sedimente

eine durch anorganische Ausfällung von Kieselsäure (SiO_2) aus Wasser oder durch Organismen (Radiolarien, Diatomeen) und andere in Meeren und Wassern lebende Kleinlebewesen entstandene kieselsäurereiche (s. Tabelle 21),

Tabelle 21. Chemische Zusammensetzung einiger Kieselgesteine in Masse-%

Chemische Verbindung	Kieselschiefer	Kieselschiefer (Lydit)	Diatomite	Tripel	Spongilite	Opoka (Kieselkalktonerde)	Flint (Feuerstein)	Geysirit
SiO_2	97,0	67,4	66,5	80,3	88,0	92,0	51,0	96,0
Al_2O_3	0,2	7,1	7,0	5,4	3,7	2,1	1,0	
Fe_2O_3		2,3	2,5		2,1	1,3	0,5	2,7
FeO	0,9							
MgO			0,5	1,5	0,4	0,5	0,3	Sp.
CaO			2,5	1,3	0,4	1,5	1,0	6,0	Sp.
Na_2O	0,2			Sp.				Sp.
K_2O	0,3				0,3			Sp.
H_2O				19,0	10,9			1,5
Glühverlust	1,4	17,0*		1,3	3,0	1,4	6,5	

* reichlich Kohlenstoff   Sp. = Spuren

im wesentlichen aus Siliziumdioxid (Opal, Chalcedon und Quarz) bestehende lockere und verfestigte Gesteinsgruppe (s. Quarzite)
Bekannte Gesteinsvertreter sind die Radiolarite, zu denen die Varietäten Kieselschiefer, Diatomit, Spongilit, Tripel, Kieselerde, Opoka, Jaspisgesteine und teilweise die Geysirite zählen.

Radiolarite: Eine an organischen Resten reiche Art von Kieselgesteinen. Sie bestehen zu mehr als der Hälfte aus Radiolarienschalen. Viele Varietäten ähneln den Kieselschiefern (Lyditen).

Diatomite: Die Diatomite bestehen hauptsächlich aus Resten von Diatomeen (Kieselalgen). Es sind weiße bis gelbliche, weiche, sehr leichte, poröse Gesteine. Sie werden in der Zuckerindustrie, Pflanzenölgewinnung, Erdölproduktion zur Reinigung von verschiedenen Produkten verwendet.

Tripel: Kieselerden, die den Diatomiten im Aussehen gleichen. Es sind hellgraue oder hellgelbliche, sehr weiche, hochporöse, zwischen den Fingern leicht zerreibbare Erden. Im Gegensatz zu den Diatomiten sind die Diatomeenreste in Kieselsäure und Opal zerstört. Sie können als Absorptionsmittel oder Wärmeschutzmaterial verwendet werden.

Spongilite: Feste bis lockere Kieselgesteine, die zu mehr als 50 % aus den Nädelchen von Kieselschwämmen (Chalcedonpseudomorphosen) bestehen.

Opoka: Opokagesteine bestehen aus Opal-Kieselerde mit feinkörniger Struktur. Es sind hellgraue bis schwarze Gesteine, die neben Resten von Diatomeen und Schwammnadeln etwas Quarz, Feldspat, Glimmer, Glaukonit und tonige Anteile führen. Sie werden als Absorptionsmittel verwendet.

Flint (Feuerstein), *Kiesel:* Knollen und Knollenhorizonte in Kalksteinmassen, besonders in der Kreide (s. Bild 37). Diese Opal-Chalcedon-Quarzgesteine entstanden aus gallertartiger »Kieselsäure«, die den Mikrolebewesen der Kreidekalke entstammt (s. S. 112).

Geysirit: Kieselgesteine, die bei Austritt heißer Quellen (Geysire) entstehen. Es sind meist lockere, tuffige Sintermassen bildende Gesteine. Mitunter werden durch die kieselsäurehaltigen Wässer Laven, Gesteine und Hölzer verkieselt.

Vorkommen: weltweit, besonders in paläozoischen und altpaläozoischen Grundgebirgen, z. B. Elbingerode im Harz, Frankenberg im Bezirk Karl-Marx-Stadt, Ronneburg im Bezirk Gera (DDR); Tirpenreut im Fichtelgebirge (BRD); Leiten, Ostalpen (Österreich); Ural (UdSSR) u. a.

Praktische Bedeutung: Kieselschiefer werden als Straßenbaustoffe und als Rohstoffe für Silikasteine verwendet. Kohlenstoffreiche Lydite wurden im alten Lydien als Probiersteine der Goldschmiede verwendet. Auf ihnen kann man an der Strichfarbe Gold- und Silberlegierungen von nichtedlen Metallegierungen unterscheiden. Außerdem gewinnen die Kieselschiefer als Uranerze an Bedeutung.

Bild 37
Steilküste der Stubnitz/Rügen (DDR); Feuersteinlagen in Kreideablagerungen
(Foto *D. Spott*)

Kimberlit

Tiefengestein der Peridotitgruppe
benannt nach der Diamantengrube Kimberley (Südafrika)

Mineralbestand: Olivin (meist als Serpentin-Pseudomorphosen), Phlogopit, Augit (Pseudomorphosen), Pyrop, Ilmenit, Perowskit, Apatit. Dazu treten in Einschlüssen eklogitartige Gesteine (die genetisch mit der Bildung des

Kimberlitmagmas im Zusammenhang stehen): Pyrop, Klinopyroxen, Omphacit, Spinell, Chromit, Disthen, Korund, Rutil; diamantführend. Sekundär gebildet Serpentin, Calcit, Dolomit, Chalcedon. Beispiel für Anteile der Hauptminerale s. Tabelle 34.

Gefüge: Brekzie aus etwa 90 % Gesteins- und Mineraltrümmern bis wenige cm Größe und 10 % karbonatisch-serpentinischem Bindemittel. Die Trümmer bestehen vorwiegend aus einem pikritähnlichen Gestein mit 50 bis 80 % Olivinkristalloklasten (umgewandelt in Serpentin), wenigen % Pyrop und einer phlogopithaltigen Karbonat-Serpentin-Grundmasse, dazu Bruchstücke von Kalkstein, Serpentin-Chlorit- und anderen kristallinen Schiefern. Die Farbe variiert von bläulich-grün über grünlich-grau bis bräunlich. Kimberlite werden in röhrenförmigen Körpern (Durchschlagsröhren, Pipes) von 40 bis 600 m Durchmesser und bisher nicht ergründeter Tiefe angetroffen. Die Kimberlitbrekzie ist in den Pipes stark zerklüftet und mechanisch durchbewegt worden (Gleitbahnen, Harnische).

Entstehung: Die Form ist scheinbar »endlose« Tiefe der Kimberlitröhren. Ihr Auftreten in tektonisch durch Tiefenbrüche der Erdkruste mit bedeutender Förderung basischer Magmatite (Trappbasalte Sibiriens, Karroo-Dolerite Südafrikas) und ihre peridotitische Zusammensetzung deuten an, daß diese Gesteine ihren Ursprung in den Bereichen des oberen Erdmantels unterhalb der Kruste (mindestens 30 bis 100 km tief) haben. Darauf deutet auch das Vorkommen der Diamanten, einer Kohlenstoffmodifikation, hin, die zu ihrer Bildung Drücke von mindestens 18 000 Atmosphären (1800 MPa) benötigt. Solche Drücke treten erst in Tiefen von über 70 km auf. Man nimmt heute an, daß die in den Kimberliten vorkommenden Bruchstücke von eklogitischen Olivin-Granat-Pyroxen-Gesteinen (bezeichnet als Griquait, Newlandit, Grospydit) Reste der teilweise aufgeschmolzenen Erdmantelmaterie sind, die nach *Ringwood* als Pyrolit bezeichnet werden und einem Gemisch aus drei Teilen Dunit (s. Peridotite) und einem Teil Basalt (s. d.) entsprechen. Tiefreichende Brüche führten zu einer örtlichen Druckentlastung, wodurch Teilschmelzen mobilisiert wurden, die bei ihrer Förderung an die Erdoberfläche diese im Erdmantelteil gebildeten Hochdruckgesteine und -minerale als Bruchstücke mitgerissen haben (s. a. Basalte).

Vorkommen: Jakutien (UdSSR); Zaire, Simbabwe (Südafrika); Brasilien. Ein Vorkommen kimberlitischen Gesteins ist im Böhmischen Mittelgebirge (ČSSR) als Muttergestein der böhmischen Granate nachgewiesen worden.

Praktische Bedeutung: Diamantmuttergestein

Kohle, Kohlengesteine

organogene Sedimentgesteine

Die Kohlen sind brennbare Gesteine meist pflanzlichen Ursprungs. Zu den Kohlen zählen Torf, Braunkohlen, Steinkohlen und der Anthrazit (vgl. auch Bitumen).

Gefüge: Die Gefügebestandteile der Kohlengesteine heißen Mazerale. Torf und viele Braunkohlen sind erdig, weich (Weichbraunkohlen). Harte Kohlearten sind Steinkohle, Anthrazit und manche Braunkohlen (sogenannte Hartbraunkohlen). Kompliziert sind die Mikrostrukturen der Kohlengesteine, die vielfältig die Kohlen gesteinskundlich charakterisieren (s. Tabelle 22).

Inkohlungsstufe	C	H	O	N
Holz	50	6	43	1
Torf	58	5,5	34,5	2
Braunkohle	70	5	24	0,8
Steinkohle	82	5	12	0,8
Anthrazit	94	3	3	Spuren
Graphit	100	—	—	—

Tabelle 22 Chemische Zusammensetzung der Kohlengruppe in % (Inkohlungsreihe nach K. A. Jurasky)

Entstehung: Die meisten Kohlen und Kohlearten entstanden aus den Pflanzen von Sumpfmoorwäldern unter feuchtwarm-tropischen bis subtropischen Klimaten. Aber auch unter gemäßigtem Klima entstehen – wie uns die Gegenwart zeigt – als jüngste Kohlebildung Torfgesteine. Seit etwa 300 Millionen Jahren kommt es auf dem Festland zur Entstehung von Kohle. Die Erdgeschichte weist Epochen der Kohlebildung aus, die vor allem mit dem Karbon (lat. carbo – Kohle »Kohlezeit«) begann. Aber auch während des Mesozoikums und Neozoikums (Tertiär) kam es auf der Erde zu weiteren mächtigen Kohleanreicherungen (Braun- und Steinkohle). Die Bildung der Kohle, ihre Verfestigung und Umwandlung (Inkohlung) überbrückt Zeiträume von Jahrmillionen, wobei unter Luftabschluß die Pflanzen im wesentlichen in Kohlenstoff und Kohlenwasserstoffe umgesetzt wurden. Zuerst entsteht Torf (biochemische Inkohlung), durch Überlagerung von Sand- und Tongesteinen Braunkohle. Unter starkem tektonischem Druck und Temperatursteigerung (Kohlenmetamorphose) entstehen aus den Braunkohlen die Steinkohlen und Anthrazit (grch. anthrax – Glutkohle), unter sehr hohem Druck mit steigender Temperatur als Endprodukt Graphit. Die Kohlen unterscheiden sich durch ihren Gehalt an Kohlenstoff (C).

Einteilung der Kohlen: Braunkohlen werden in wasserreiche (bis 60 % H_2O) und wasserarme Braunkohlen unterschieden. Letztere können im Chemismus den Steinkohlen ähnlich sein. Braun- und Steinkohlen lassen sich durch einen Strich auf einer rauhen Porzellanplatte (Braunkohle gibt einen braunen und Steinkohle einen schwarzen Strich) unterscheiden. Nach Strukturmerkmalen (pflanzlicher Herkunft), chemischen und physikalischen Eigenschaften lassen sie sich in Weichbraunkohlen, Xylite, Lignite (lat. lignus – Holz) und Knorpelkohle einteilen. Zu den Hartbraunkohlen zählen Pechkohlen. Die zum Verschwelen geeignetsten Braunkohlen heißen Schwelkohlen, die mit größerem Salzgehalt belasteten Salzkohlen. Eine weitere Kohlegruppe bilden die Bitumenkohlen, die im wesentlichen aus Eiweiß- und Fettstoffen entstanden. Es sind die Boghead (engl. bog – Sumpf) oder Kännelkohlen und andere Vertreter innerhalb der Kohlengruppen.

Normal ausgebildete Steinkohle besteht abwechselnd aus dünnen glasglänzenden und matten Streifen. Die glänzenden Streifen werden als Glanzkohle (Vitrit), die mattglänzenden als Mattkohle (Durit), die holzkohleartigen faserigen Anteile als Fusit bezeichnet. Nach dem Gasgehalt werden Steinkohlen in verschiedene Arten unterteilt (s. Tabelle 23).

Tabelle 23 Einteilung der Steinkohlen nach dem Gasgehalt

Kohle	flüchtige Bestandteile	Heizwert in kJ/kg
Flammkohle	35 ... 40 %	33 000
Gasflammkohle	35 ... 40 %	33 000
Fettkohle (Kokskohle)	20 ... 33 %	35 000
Gaskohle	33 ... 35 %	
Eßkohle	15 ... 20 %	
Magerkohle (Halbanthrazit)	5 ... 12 %	36 000
Anthrazit	5 ... 10 %	36 000

Praktische Bedeutung: Kohlen gehören zu den wichtigsten Bergbauprodukten der Erde und werden als Brennstoffe, für die Koksgewinnung und als Rohstoffe für die chemische Industrie verwendet.
Vorkommen: Torf ist gegenwärtig in Sumpfgebieten weltweit verbreitet.
Braunkohle (Weichbraunkohle) kommt in den Bezirken Leipzig, Halle, Magdeburg, Cottbus (DDR) vor; bei Köln (BRD).
Hartbraunkohle: Moskauer Becken u. a. (UdSSR); bei Most (ČSSR); Ungarn, Jugoslawien; USA u. a.
Steinkohle: Zwickau, Freital, Löbejün (DDR); Ruhrgebiet (BRD); Slask (Polen); Belgien; Frankreich; ausgedehnte Lagerstätten: Petschora, Donez, Mittelasien, Sibirien (UdSSR); China; USA; Australien

Konglomerate

Sedimentgestein
lat. conglomerara – zusammenhäufen

Mineralbestand: Konglomerate sind grobkörnige, verfestigte Trümmergesteine, die aus Geröllen größer als 2 mm $\varnothing$ und einem feineren Bindemittel bestehen (s. Tafel XII, XIII/1). Die Mineral- und Gesteinsanteile, die ein Konglomerat charakterisieren, sind stets gerundet (Gerölle, Bild 38) im Gegensatz zu den kantigen Brekzien (s. d.).
Gefüge: grobklastisch »konglomeratisch« verfestigt durch karbonatische, eisenoxidische, kieselige, auch tonige Bindemittel
Entstehung: Es handelt sich dabei um durch Flüsse transportierten, durch Meeresbewegung in Küstenbereichen verrundeten (Transgressionskonglomerate), mehr oder weniger verfestigten Gesteinsschutt; Abtragungsschutt von Faltengebirgen (Molasse).

Bild 38. Ostseestrand nördlich Saßnitz/Rügen (DDR). Gut gerundete Gerölle sind das Ausgangsmaterial für die Konglomeratbildung; im Vordergrund ein riesiger eiszeitlicher Geschiebeblock (Foto *D. Spott*)

Je nach Zusammensetzung unterscheidet man Quarz-, Eisenstein-, Kalk-, Feuerstein (Puddingstein) und andere Konglomerate.

Vorkommen: weltweit in Sedimentationsgebieten, DDR: Thüringer Wald (bei Eisenach) u. a.

Praktische Bedeutung: Mitunter werden konglomeratische Gesteine als Baustoffe verwendet. Die Eisensteinkonglomerate bilden teilweise große Eisenerzlagerstätten (z. B. die Salzgittererze bei Braunschweig/BRD). Besondere Bedeutung haben die Goldkonglomerate in Südafrika (Transvaalkonglomerat), aus denen das meiste Gold der Erde gewonnen wird.

Kontaktgesteine, Hornfelse

Eine Gesteinsgruppe, die sich im Kontakt mit Gesteinsschmelzen (Magma) unter hohen Temperaturen und der Einwirkung magmatischer Gase (flüchtige Komponenten) in der Erdtiefe bildete.

Gefüge: gleichmäßige Kornanordnung, sogenannte Hornfelsstruktur bzw. Pflaster-(Mosaik-)Struktur

Entstehung: Die Entstehung von Kontakthornfelsen setzt reaktionsfähige Gesteinsmassen wie Tone, Tonschiefer, sandige Tone, tonige Sandsteine, Arkosen, Grauwacken, Karbonatgesteine wie Mergel, Kalksteine, Dolomite,

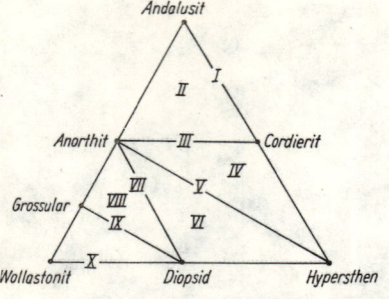

Bild 39
Darstellung der zehn Hornfelsklassen im Stoffdreieck
(nach *V. M. Goldschmidt*)

Tabelle 24. Mineralbestand einiger Hornfelsarten in %
(nach *V. M. Goldschmidt*)

Gestein	Feldspate				Glimmer		Mg-Fe-Silikate			Erze		
	Quarz	Kalifeldspat	Albit	Anorthit	Muskovit	Biotit	Andalusit	Cordierit	Pyroxen	Oxidische Erze	Sulfidische Erze	Nebengemengteile
Klasse I Andalusit-Cordierit-Hornfels	21	35	10	0,4	5	2	7	14		±	1	4,6
Klasse II Plagioklas-Andalusit-Hornfels	22	13	9	7		25		21		1	±	4
Klasse IV Plagioklas-Cordierit-Hypersthen-Hornfels	20	5	11	10		31		20	1,5			1,5
Klasse V Plagioklas-Hypersthen-Hornfels	13	10	12	25		24			15			1
Klasse VII Plagioklas-Diopsid-Hornfels	2,5	30	23	4		4			32			4,5

mitunter vulkanische Tuffe, Tuffite und ähnlich zusammengesetzte Gesteine voraus. Unter dem Einwirken granitischer, syenitischer Gesteinsschmelzen, die zu plutonischen Körpern kristallisieren, werden die umhüllenden Gesteinsmassen mehr oder weniger intensiv im Kontaktbereich umgewandelt. Dieser Prozeß, der statisch erfolgt, wird als Kontaktmetamorphose bzw. Kontaktmetasomatose bezeichnet. Die Kontakthornfelse, die entsprechend den Ausgangsgesteinen in ihrer Mineralzusammensetzung sehr unterschiedlich sind, wurden nach dem möglichen Mineralbestand von dem norwegischen Petrographen und Geochemiker *V. M. Goldschmidt* in 10 Hornfelsklassen unterteilt (s. Bild 39 und Tabellen 24 und 25).

Tabelle 25. Chemische Zusammensetzung einiger Hornfelse in Masse-% (nach *V. M. Goldschmidt*)

Chemische Verbindung	Klasse I Andalusit-Cordierit-Hornfels	Klasse II Plagioklas-Andalusit-Hornfels	Klasse IV Plagioklas-Cordierit-Hypersthen-Hornfels	Klasse V Plagioklas-Hypersthen-Hornfels	Klasse VII Plagioklas-Diopsid-Hornfels
SiO_2	63	59	58	57	57
TiO_2	1	0,5	0,2	0,3	0,6
Al_2O_3	20	17	18	18	12
Fe_2O_3			2,4	4,2	1,8
FeO	2	8,4	6,5	5,2	3,0
MnO	0,1	0,1	0,2	0,2	0,1
MgO	1,3	3,4	4,9	5,0	4,8
CaO	0,9	2,2	2,0	5,1	10,3
Na_2O	1,2	1,4	1,4	1,4	2,8
K_2O	6,6	4,3	4,3	3,6	5,4
P_2O_5	0,6	0,5	0,1	0,1	1,0
S	0,5				
H_2O	1	2,5	2,19	0,6	0,2
C	1,6	0,5			

Die Kontaktzonen, auch Kontakthöfe genannt (s. Bild 22), haben meist eine Ausweitung von etwa 1 bis 2 km, wobei im unmittelbaren Kontaktbereich die Hornfelse, vom Kontakt entfernter die Frucht- und Knotenschiefer aus tonigen, grauwackenähnlich zusammengesetzten Gesteinen entstehen. Kalksteine, Dolomite werden meist in Skarne und vom Kontakt weg in Marmor umgewandelt.

Vorkommen: Klassische Gebiete der Hornfelsverbreitung sind Sächsisches Erzgebirge und Vogtland mit Kirchberg, Eibenstock, Ehrenfriedersdorf,

Schwarzenberg, Theuma u. a. (DDR); Stavanger Gebiet (Südwestnorwegen); Vogesen (Frankreich); Laacher See-Gebiet u. a. (BRD); Somma-Vesuv (Italien); Transbaikalien, Mittelasien, Ferner Osten, Ural, Kaukasien u. a. (UdSSR); Bulgarien; Rumänien; Polen; in Gebirgsanschnitten mit Graniten bzw. granitähnlichen Gesteinen weltweit verbreitet; Adinole, Spilosit, Desmosit in Diabasgebieten u. a. im Harz bei Allrode und Mägdesprung, Vogtland (DDR); Fichtelgebirge (BRD) u. a.

Praktische Bedeutung: Hornfelse als Straßenbaustoffe; Fruchtschiefer mit ihrer plattigen Spaltbarkeit als Sockel- und Verblendgesteine; Skarne (s. d.) bilden wichtige Eisen- und Buntmetall-Lagerstätten

Kristalline Schiefer

Sammelbezeichnung für Metamorphite

Kristalline Schiefer sind eine bedeutende Gruppe umgewandelter »metamorphosierter« Gesteine, die durch Regionalmetamorphose (s. S. 46) bei gebirgsbildenden und vielfältigen tektonischen Prozessen im Bereich der Erdkruste bevorzugt in den Kontinentalmassen entstand (s. Tafel II, III/2).

Zu den wichtigsten Vertretern zählen die Gneise, Gneisglimmerschiefer, Glimmerschiefer, Phyllite, Granulite, Serpentinite, Eklogite, Granatfelse, Amphibolite, Grünschiefer, Marmore und andere Gesteinsarten (s. Tabellen 26 und 27).

Entstehung: Die Umwandlung der Gesteine in Kristalline Schiefer erfolgt innerhalb der tektonischen Stockwerke. Die Kristallinen Schiefer schwächeren Umwandlungsgrades umfassen die Grünschiefer, Serpentinite und Phyllite, die stärkeren Umwandlungsgrade die Gneise, Schiefergneise und Glimmerschiefer. Höchste Umwandlungsstufen zeigen die Granat-, Sillimanit-, Cordierit- und Injektionsgneise (Anatexite, Metatexite), die Granulite, Granatamphibolite, Granatfelse, Eklogite und ähnlich zusammengesetzte Gesteine. Für die Bedeutung der Kristallinen Schiefer beim Aufbau der Gebirge, besonders der Kernregionen, gilt das Sächsisch-Böhmische Erzgebirge als beispielhaft. Der Gebirgsanschnitt (s. Bild 40) zeigt, in welchem Maße sich die wichtigsten Vertreter der Kristallinen Schiefer an der Zusammensetzung (nach *K. Schmidt*) prozentual beteiligen:

Untere Graugneise	etwa 620 km^2 etwa 15,0 %
Obere Graugneise	etwa 770 km^2 etwa 18,6 %
Rote Gneise	etwa 830 km^2 etwa 20,0 %
Schiefergneise	etwa 620 km^2 etwa 15,0 %
Glimmerschiefer	etwa 380 km^2 etwa 9,2 %
Phyllite	etwa 650 km^2 etwa 15,7 %
Granite und »Porphyre«	etwa 270 km^2 etwa 6,5 %

Es sei vermerkt, daß die Eklogite, eklogitverwandte Gesteine, Amphibolite und gewisse Marmore in der Aufzählung nicht erfaßt sind. Sie bilden klei-

Tabelle 26. Chemische Zusammensetzung einiger kristalliner Schiefer in Masse-%

Chemische Verbindung	Gneise			Granulite		Metabasite				Schiefer			
	Granodiorit-gneise	Dioritgneise	Paragneis	Granulite (Weißstein)	Pyroxen-granulit (Pyriklasit)	Amphibolit	Eklogit	Bronzit-serpentinit	Granat (Pyrop-)Serpentinit	Phyllit	Glimmerschiefer (Muskovitschiefer)	Granatglimmerschiefer	Quarzit-schiefer
SiO_2	66	68	62	75	49	49,5	46,5	41	44	58	75	59	90
TiO_2	0,7	0,5	1,7		2,5	1,5	0,3					0,3	0,2
Al_2O_3	15	15,5	20	13	12	14,2	14,5	0,8	2,2	23	13	26	6,6
Fe_2O_3	2,2	1,5		2	3	3,0	4,5	4	10	7	1,4	1,8	1,6
FeO	3,5	2,5	4,6	0,8	9,6	7,2	6,0	2,8	2	0,6	2	3,7	0,5
MgO	2	1	1,8	0,3	10	7,6	12,0	42	31,6	2,3	0,4	2,3	0,0
CaO	2	4,5	0,4	0,8	10,3	12,9	11,5	Sp.	5	0,2	0,6	1,5	0,1
Na_2O	3,1	4,2	0,8	3,77	3	2,9	2,5			0,7	0,7	1,3	0,1
K_2O	4	1,4	2,5	4,84	0,2	0,2	1,5			3,5	4,5	2,3	0,5
P_2O_5	0,1			—								0,5	0,0
H_2O	1		1,8	0,5				11	5	4	2	0,8	1,0

Tabelle 27. Mineralbestand einiger kristalliner Schiefer in %

Gestein	Feldspate		Glimmer		Mg-Fe-Ca-Silikate							Nebengemengteile	Physikalische Eigenschaften	
	Quarz	Kalifeldspat	Plagioklas	Muskovit	Biotit	Pyroxene	Amphibol	Chlorit	Serpentinminerale	Epidot-Zoisit Granat	Olivin		Dichte in g/cm³	Druckfestigkeit in MPa
Granodioritgneis	29	8	38	10	14							1	2,68	160 bis 180
Syenitgneis	3	69	9		17							2	2,70	
Dioritgneis	30	2	52		10		5					1	2,72	
Paragneis	33	7	40	10	9							1	2,73	
Granulit	40	55			±			±				+		160 bis 280
Pyroxengranulit			40			50				3		4	3,00	
Amphibolit			39			12	44			5		5		
Gabbroamphibolit			40...70		0...5	0...40	10...50	0...10				2		
Eklogit						48,5				50,5		1	3,45	
Bronzitserpentinit						(10)		+	(80)		±	(10)	2,60	60 bis 70
Granatserpentinit						22			(66)	(10)	±	(2)	2,80	
Phyllit	30		11	38				18				3	2,76	
Glimmerschiefer	(50)		(4)	(23)	(10)							(3)	2,77	
Granatglimmerschiefer	46		9	24	16					3		2	2,79	
Gneisglimmerschiefer	30		47	18	3							2	2,71	
Quarzitschiefer	84			5						8 Disthen		3	2,72	
Grünschiefer			18		10			24		43		5	3,05	

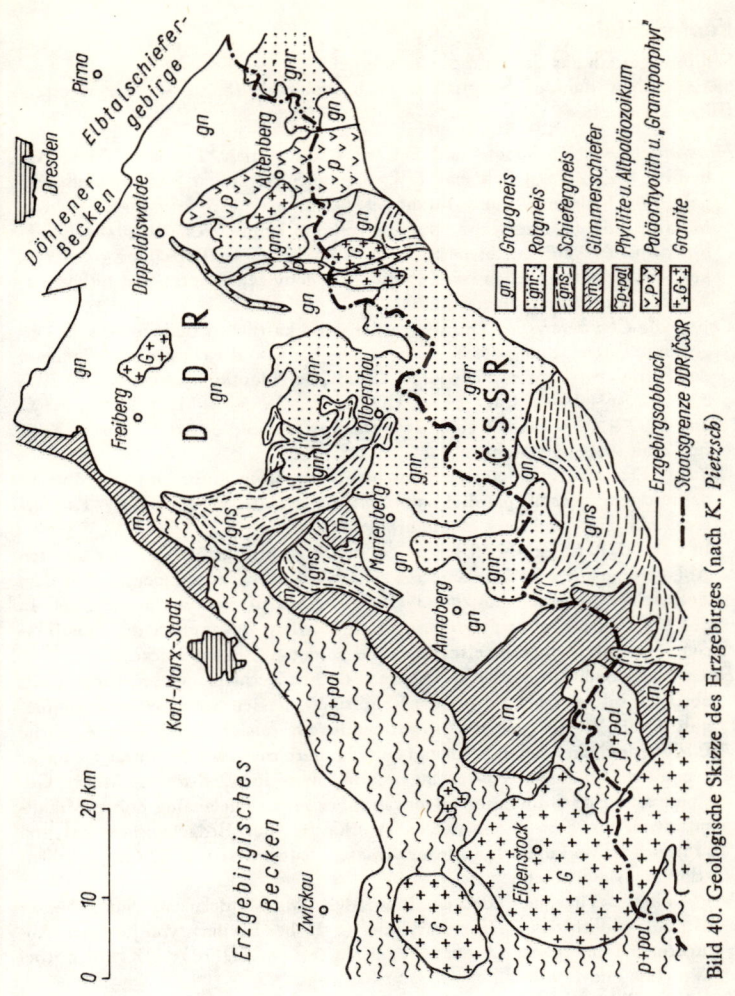

Bild 40. Geologische Skizze des Erzgebirges (nach K. Pietzsch)

nere Körper (Linsen, Einlagerungen) in Gneisen und Glimmerschiefern und befinden sich nur selten am ehemaligen Bildungsort. Die meisten wurden als sogenannte tektonische Späne bei den Auffaltungsprozessen zerrissen und verschuppt.

Vorkommen: weltweit, s. Gneise, Glimmerschiefer. Amphibolite, Eklogite, Granulite, Serpentinite, Marmore, Grünschiefer

Kupferschiefer

Sedimentgestein aus der Gruppe der Mergel
metallhaltiges dunkles bituminöses (d. h. kohlenstoffhaltiges) Mergelgestein (»Schwarzschiefer«)

Mineralbestand: Karbonate und Sulfate 41 %, (Calcit, Dolomit, Gips, Anhydrit), Quarz 5 %, Feldspat 7 %, Kaolin 5 %, Serizit 2 %, Kieselsäuregel 29 %, Kohlenstoff und Bitumen 9 %
Metallsulfide (Kupferglanz, Buntkupferkies, Kupferkies, Bleiglanz, Zinkblende u. a.) sind durchschnittlich zu 2 % in feiner Verteilung vertreten, können aber auch stellenweise ebenso wie gediegen Kupfer und Silber makroskopisch sichtbar angereichert sein.

Chemische Charakteristik: Die wegen der wirtschaftlichen Bedeutung sehr eingehende Untersuchung des Kupferschiefers hat fast alle chemischen Elemente des Periodensystems nachgewiesen. Chemische Hauptkomponenten sind SiO_2 33 %, Al_2O_3 14 %, CaO 14 %, CO_2 13 %, C 5,5 %, MgO 4,8 %, Na_2O und K_2O 4,4 %. Dazu treten als Nebenbestandteile Schwefel, Eisen, Kupfer, Zink, Blei und Mangan.

Gefüge: Der Kupferschiefer ist fein- bis mikrokörnig, dicht und in grobe bis papierdünne Lagen parallel zur Schichtung aufspaltbar (daher Kupfer-»schiefer« – obwohl kein Metamorphit).
In der DDR ist er als 30 bis 50 cm mächtige Schicht als eine der ältesten Ablagerungen des Zechsteinmeeres zwischen Rotliegendsedimenten und dem Zechsteinkalk nahezu horizontal über viele km Erstreckung ausgebildet. In der VR Polen erreicht er größere Mächtigkeiten. Bekannt ist die Fossilführung (vor allem die teilweise mit Sulfid vererzten Fischabdrücke).

Entstehung: Sedimentgestein des warmen flachen Zechsteinmeeres. Unter Luftabschluß bildet sich Faulschlamm (Sapropel), dessen Schwefelwasserstoffgehalt die im Wasser gelösten Schwermetalle zur Ausfällung brachte. Ähnliche Bildungsbedingungen herrschen heute in Bereichen des Schwarzen Meeres (euxinische Bedingungen von lat. pontus euxinicus – Schwarzes Meer). Gesteine ähnlicher Bildungsbedingungen, aber selten mit analog hohen Metallsulfidgehalten gibt es aus vielen Abschnitten der Erdgeschichte und von zahlreichen Vorkommen (Schwarzschiefer, Rußschiefer, z. T. Graptolithenschiefer, Alaunschiefer u. a.).

Vorkommen: Thüringer Becken (besonders Mansfelder und Sangerhäuser Mulde), südlich des Thüringer Waldes (z. B. bei Förtha), von jüngeren Ablagerungen überdeckt in der Niederlausitz u. a. (DDR); VR Polen (bei Wroclaw und Lublin).

Praktische Bedeutung: Es handelt sich um seit über 1000 Jahren abgebautes, z. Z. für die DDR einziges Kupfererz.

Kupferschlacke

Mansfelder Rohhüttenschlacke

Mineralbestand: fast ausschließlich Pyroxen und Glasphase, untergeordnet

Sulfidtröpfchen, nur in Ausnahmefällen weitere Minerale wie Spinelle oder Ca-Alumosilikate.

Gefüge: Je nach Abkühlungsbedingungen treten unterschiedliche Gefügetypen in Erscheinung. Rasch gekühlte Kupferschlacke erscheint glasig mit oft deutlich erkennbarer Schlierenbildung. Bei langsamer Abkühlung (Pflastersteinproduktion) entsteht ein relativ grobkörniges Gefüge, das durch Pyroxenkristalle von Nadel-, z. T. auch Grobskelettform, eingebettet in Glasphase, gebildet wird. Unter den speziellen Bedingungen der Steingußtechnik bildet sich ein porzellanartiges Gefüge mit äußerst geringen Kristallgrößen (kleiner als 1 tausendstel Millimeter).

Chemische Charakteristik: Hauptkomponenten sind SiO_2, Al_2O_3 und CaO, doch spielen außerdem Eisenoxide und MgO eine wichtige Rolle. Zahlreiche Elemente sind in Spuren in der Kupferschlacke enthalten.

Entstehung: Der als Erz geförderte Kupferschiefer (s. d.) wird mit Koks, Kalk und weiteren Zuschlägen im Schachtofen völlig aufgeschmolzen. In einem sogenannten Vorherd trennt sich die flüssige Schlacke von den Kupfer- und Eisenbestandteilen. Je nach Abkühlungsbedingungen erstarrt die flüssige Schlacke glasig oder kristallin.

Verwendung: Kupferschlacke findet vielseitige Verwendung als Bau- und Pflastersteine. Die flüssige Schlacke kann zu Glaswolle verblasen werden. Man stellt Formkörper daraus her (z. B. Rohre, die sich durch hohe Verschleißfestigkeit auszeichnen). Stückige Kupferschlacke dient als Schottermaterial; heute wird sie in großem Umfang als Zementzumahlstoff verwendet.

Lamprophyre

Ganggesteine
grch. lampros – glänzend, phyrein – besprengen

Die Lamprophyre bilden die dunkle Reihe (im Gegensatz dazu die Aplite die helle Reihe) der Ganggesteine. Sie umfassen eine Vielzahl unterschiedlicher Gesteine, die in der chemischen und mineralischen Zusammensetzung sowie in den Struktur- und Gefügemerkmalen voneinander abweichen.

Mineralbestand: (s. Tabelle 28) Die tabellarische Übersicht zeigt, daß die Lamprophyre entweder aus Kalifeldspat, Plagioklas und Hornblende (Augit) oder vorherrschend aus Plagioklas, Pyroxen (Biotit, Hornblende), z. T. Olivin und reichlich Akzessorien (Apatit, Titanomagnetit, Ilmenit, Pyrrhotin, Pyrit, Chalkopyrit u. a. Mineralen) zusammengesetzt sind. In bestimmten Lamprophyren finden sich mitunter reichlich Feldspatvertreter wie Leucit, Nephelin, Sodalith, Nosean und Hauyn (Melilith). Wegen ihrer relativen Seltenheit werden diese Vertreter in dem vorliegenden Buch nicht beschrieben.

Entstehung: Es sind Differentiationsprodukte verschieden zusammengesetzter »Stammagmen«, u. a. granitischer, »syenitischer«, dioritisch-gabbroider Gesteinsschmelzen. Interessanterweise sind viele Lamprophyrarten aus einer Restschmelze hervorgegangen. Als klassisches Beispiel einer sogenannten

Tabelle 28. Mineralbestand der wichtigsten Lamprophyrarten in Vol.-%

Gestein	Vorkommen	Dichte in g/cm³	Quarz	Kalifeldspat	Plagioklas	Pyroxene	Amphibole	Biotit	Olivin	Glas	Nebengemengteile
Minette	Elsaß/Frankreich	2,82	—	36	25	20	—	12	—	—	7
Vogesit	Vogesen/Frankreich	2,83	—	30	21	—	37	—	—	—	4
Kersantit	Lausitz/DDR	2,86	9	—	53	8	—	24	—	—	7
Spessartit	Lausitz/DDR	2,87	±	10	45	—	40	—	—	—	5
Camptonit	Lausitz/DDR	2,93	—	—	47	31	10	—	9	—	3
Monchiquit	Algarve/Portugal	2,74	—	—	—	24	—	—	—	67	4

Lamprophyrprovinz mit zahlreichen Vertretern (Kersantite, Vogesite, Spessartite, Camptonit u. a. Typen) gilt das Lausitzer Granit-Granodioritmassiv mit mehr als 1000 nachgewiesenen Lamprophyrgängen.

Vorkommen: zahlreich in der Oberlausitz, im Erzgebirge, im Thüringer Wald, im Harz (Brocken und Umgebung), im Massiv von Meißen (DDR); Odenwald, Pfalz, Kaiserstuhl u. a. (BRD); Böhmisches Mittelgebirge in der Umgebung von Usti (ČSSR); Mittelasien, Alma-Ata, Transbaikalien, Ural, Halbinsel Kola u. a. (UdSSR); Portugal; Spanien; Norwegen; Montreal (Kanada); New-Jersey, Colorado u. a. (USA); Brasilien; Australien; Afrika; weltweit, wenn auch mehr vereinzelt, in allen Eruptivgesteinsprovinzen anzutreffen

Praktische Bedeutung: Die Lamprophyrgänge füllen mitunter lange, bis 100 m breite Spalten. Die Mächtigkeit der Gänge liegt in der Regel bei 1 m. Die breiten Gänge, meist mit Spessartit und ähnlich zusammengesetzten Gesteinen gefüllt, finden als wertvolle Denkmalgesteine, polierte Verblendgesteine, auch als Grundmauer- und Straßenbausteine Verwendung. Selten sind mit diesen Gesteinen größere Erzausscheidungen (Nickelmagnetkies, Chalkopyrit) verknüpft.

Laterite

lat. láter – Ziegelstein

Laterite sind rote Verwitterungsprodukte feldspat-eisenoxidreicher Gesteine in tropisch-subtropischen Klimazonen. Hier erfolgt eine Anreicherung von Aluminiumhydroxiden und Eisenoxiden (s. Tabelle 44). Die eisenoxidreichen werden als Laterite im engeren Sinne, die aluminiumreichen als Bauxite (s. d.) bezeichnet.

Praktische Bedeutung: Zu den Lateriten gehören die wichtigsten Aluminiumrohstoffe Bauxit und eine Reihe hochwertiger Eisenerze.

Vorkommen: weltweit in gegenwärtigen und geologisch zurückliegenden tropischen Klimabereichen der Erde, z. B. Afrika; SO-Asien; Südamerika; Ungarn, Jugoslawien; Südfrankreich; mitteleuropäische Basaltgebiete u. a. Orte

Magnesiasteine

Magnesiasteine sind feuerfeste technische Gesteine aus der Gruppe der Grobkeramik.

Mineralbestand: vorwiegend Periklas (Magnesiumoxid-Magnesia-MgO), der Magnesioferrit in fester Lösung enthält; daneben treten in geringen Mengen Forsterit, Monticellit und Spinell auf.

Gefüge: Das keramische Gefüge der Magnesiasteine ist durch ein Grobkorngerüst gekennzeichnet, in dem die Grobkörner ihrerseits aus zahlreichen Periklaseinzelkristallen gebildet werden. Sie bestehen aus Sintermagnesia. Das Feinkorn bewirkt die Porosität der Steine. Es besteht hauptsächlich aus Periklas, der durch Forsterit, Monticellit oder Spinell fest gebunden ist.

Chemische Charakteristik: vorwiegend MgO (85 bis 90 %), Fe_2O_3 (4 bis 8 %), CaO (1,5 bis 3 %), SiO_2 (1 bis 3 %).

Entstehung: Magnesiumsulfate oder -karbonate werden erhitzt. Dabei entsteht stark poröse Magnesia, die durch Zusatz von Fe_2O_3 und CaO dichtgesintert wird. Die gebildete Sintermagnesia wird zerkleinert, klassiert, Steine werden geformt und bei 1500 °C gebrannt.

Praktische Bedeutung: Magnesiasteine sind hochwertige Feuerfestmaterialien, die vor allem in der Stahlerzeugung eine wichtige Rolle spielen.

Marmore

lat. marmor, grch. marmaros

Gesteinskundlich versteht man unter Marmor metamorphosierte Kalksteine, Dolomite mit körnig-kristallinem Gefüge (s. Tafel II, III/1). Die Technik bezeichnet auch gewöhnliche, dichte, farbige Kalksteine, die schleif- und politurfähig sind, als Marmor (sog. »Architektenmarmor«), der sich vom echten Marmor (»Bildhauermarmor«) streng unterscheidet.

Entstehung: Marmore entstehen durch Gebirgsdruck (Dynamometamorphose) oder durch höhere Temperatureinwirkungen im Kontakt mit Gesteinsschmelzen (Kontaktmetamorphose). In beiden findet eine Sammelkristallisation von Calcitkristallen statt. Die ursprünglich dichte, auch unregelmäßig ausgebildete Kalkstein- (Sedimentgesteins-) Struktur wird in eine gleichmäßige, mittel- bis feinkörnige Gesteins- (Marmor-) Struktur umgewandelt. Entsprechend der chemischen Zusammensetzung der Ausgangsgesteine, die bei dem Umwandlungsprozeß kaum eine Veränderung erfährt, spricht man von »Kalkmarmoren«, wenn sie aus Kalksteinen, und von »Dolomitmarmoren«, wenn sie aus Dolomitkalken gebildet sind.

Vorkommen: Carrara (seit der Antike bekannt), Oberitalien; Griechenland; Bulgarien; Rumänien; UdSSR; Sächsisches Erzgebirge (Crottendorf, Scheibenberg, Hammerunterwiesenthal u. a.), Elbingerode, Harz; weltweit in Gebirgen verbreitet

Praktische Bedeutung: Technisch geeignete Marmorarten werden zu Platten verschliffen, die, je nach Farbe (weiß, gelblich, rötlich, schwarz), als Verblendgesteine und für Fußbodenauslegungen Verwendung finden. Der weiße Marmor ist von der Antike bis in die Gegenwart als Bildhauermarmor begehrt. Andere Marmore eignen sich nur zum Kalkbrennen und als Baustoffe.

Melilithite

Ergußgesteine

Mineralbestand: (s. Tabelle 7) Charakteristisches Mineral dieser Gesteine ist Melilith. Dazu treten Olivin, Augit oder Biotit sowie relativ hohe Gehalte an Akzessorien (Apatit, Chromit, Magnetit, Perowskit). Die hellen Gemengteile (Quarz, Feldspat, Foide) fehlen, von wenigen Vorkommen mit geringen Nephelingehalten abgesehen, gänzlich.

Chemische Zusammensetzung: Es handelt sich dabei um ungewöhnlich kieselsäurearme (weniger als 35 % SiO_2), magnesium- und kalziumreiche (14 bis 18 % MgO, 13 bis 18 % CaO) Gesteine.

Gefüge: Das Gefüge ist dicht bis feinkörnig, dunkel. Im Feld werden sie als basaltische Gesteine angesprochen.

Entstehung: Die ungewöhnliche chemische Zusammensetzung zeigt an, daß basische Schmelzen (s. Basaltische Gesteine) auf ihrem Weg an die Erdoberfläche Kalk- und Dolomitgesteine aufgenommen (assimiliert) haben. Dadurch werden Kieselsäure- (SiO_2) und Alkali- (Na_2O, K_2O) Gehalte so gering, daß anstelle der Feldspate und Foide die selten anzutreffenden Melilithe kristallisieren.

Vorkommen: Es sind gangförmige bis kleinvulkanische, lokal auf tektonische Störungszonen begrenzte, aber gesteinskundlich sehr interessante Vulkanite. Beispiele sind Česká Lípa (ČSSR) und Winterberggebiet/Elbsandsteingebirge (DDR) in Verbindung mit der Lausitzer Hauptstörung, die Schwäbische Alb (BRD), der Ostafrikanische Grabenbruch (Uganda) u. a.

Mergel

Es sind Sedimentgesteine, zusammengesetzt aus Ton und Karbonaten. Der Ton- und Karbonatanteil schwankt in breiten Grenzen. Spezifische Bezeichnungen der Mergel, siehe Stoffdreieck Bild 36. Die meisten Mergel zählen zu den Lockergesteinen. Mit zunehmendem Anteil an karbonatischen Verbindungen gehen die Mergel in »feste« Gesteine über.

Entstehung: Die Mergel entstehen in flachen See- und Meeresteilen durch Absetzen von Schlamm und Ausfällen karbonatischer Verbindungen. Geschiebemergel sind durch Eis- und Gletscherbewegung transportierte Tonmassen. Durch mechanische Zerstörung von Kalkgesteinen (Moränenschutt) werden Tone und aufgeriebene Kalke miteinander vermengt.

Praktische Bedeutung: Mergel sind wichtige Rohstoffe für die Zementherstellung und werden auch zeitweilig für Bodenverbesserung (Düngekalk) genutzt. Metallsulfidführende Mergel sind wichtige Erzgesteine (s. Kupferschiefer).

Vorkommen: weltweit in kalkigen Schichten; Geschiebemergel in Moränengebieten.

Mikrogabbros

Übergangsmagmatite
Mikrogabbros stehen genetisch den Diabasen (s. d.) nahe.

Mineralbestand: Plagioklas, Pyroxen, gelegentlich etwas Olivin, auch Hornblende, Magnetit und Ilmenit; im Gegensatz zu den Diabasen meist nicht oder wenig sekundär verändert

Gefüge: fein- bis mittelkörnige Intersertalgefüge; in mächtigeren Vorkommen unregelmäßig grob geklüftet (Werksteingewinnung)

Entstehung: hypabyssische, z. T. mächtige Gangfüllungen gabbroider Magmen (s. Diabase)

Vorkommen: Lausitz, Schnellbach im Thüringer Wald (DDR); Südschweden (oft als eiszeitliche Geschiebe auch in der DDR); Norilsk u. a. (UdSSR); Appalachen (USA); Südafrika; Rhodesien u. a.

Praktische Bedeutung: Geschliffen und poliert sind es wegen des Hell-Dunkel-Kontrastes der ungeordneten (ophitischen) Leistenstruktur begehrte Denkmals- und Fassadengesteine.

Mondgesteine

Durch die Mondlandeunternehmen der Luna- und Apollo-Serien in den Jahren 1969 bis 1972 sind größere Mengen Gesteine von verschiedenen Stellen der Mondoberfläche zur Erde gebracht, an den bedeutendsten Gesteinsforschungsstätten in aller Welt eingehend untersucht und die Ergebnisse in zahlreichen Arbeiten veröffentlicht worden. Dadurch verfügen wir heute über ein gesichertes Wissen über den Gesteinsaufbau der Mondoberfläche und über gut fundierte Theorien ihrer Entstehung. Obwohl es auf dem Mond weder eine Wasser- noch eine Lufthülle gibt, wird die Mondoberfläche nach ihrem Relief in Mondozeane (Mare-Becken) und Mondkontinente (Plateau-Bereiche) gegliedert, die sich in ihrer Gesteinszusammensetzung charakteristisch unterscheiden.

Mondgesteinstypen: Der Mond, erheblich kleiner als die Erde (3476 km Durchmesser), durchlief eine weniger komplizierte Entwicklung. In der ersten Phase spielten wohl Schmelz- und Differentiationsprozesse der ursprünglichen Mondmaterie (magmatische und vulkanische Tätigkeit) eine wichtige Rolle. In der weiteren Entwicklung fehlen alle gesteinsbildenden Vorgänge, die auf der Erde unter dem Einfluß von Luft- und Wasserhülle sowie der Lebenstätigkeit der Organismen Millionen Jahre lang eine besondere Vielfalt von Gesteinstypen hervorbrachten. An ihre Stelle treten auf dem Mond die Einwirkungen kosmischer Materie, die als Geschosse von vielen Kilometern Durchmesser bis zu Staubgröße, durch keine Gashülle gebremst, mit Weltraumgeschwindigkeit seit über vier Milliarden Jahren ständig die Mondoberfläche bombardieren. Deshalb zeigen die Mondgesteine einerseits nicht die Typenvielfalt irdischer Gesteine, andererseits trotz ähnlichem Mineralbestand charakteristisch andere Gefügemerkmale.

Die Mondoberfläche ist von einer relativ geringmächtigen Schicht von Regolith (grch. regos – Decke, lithos – Stein) bedeckt. Das ist ein lockeres Gemenge (Mondsediment) von Gesteinsbruchstücken, einzelnen Mineralen, gesinterten Teilchen und vor allem Glasbruchstücken und Glastropfen. Charakteristisch ist eine große Menge von Glaskügelchen unterschiedlicher Färbung und Zusammensetzung.

Unter der Regolithdecke liegen die festen Gesteine der Mondlithosphäre. Überwiegend sind die untersuchten Proben nicht einheitlich aufgebaut, sondern als metamorphosierte Brekzien ausgebildet, die aus eckigen Bruchstücken magmatischer Gesteine, z. T. verkittet mit Gesteinsglas, bestehen.

Diese Ausbildungsform ist auf Meteoritenbombardement zurückzuführen, weshalb man sie als Impaktite (engl. impact – Einschlag) bezeichnet. Fast alle diese Brekzien aufbauenden Gesteine sind nach chemischer Zusammensetzung und Mineralbestand mit basischen, z. T. ultrabasischen irdischen Magmatiten (Basalten, Mikrogabbros, Noriten, Anorthositen, Peridotiten – s. d.) vergleichbar. Saure, den irdischen granitischen Gesteinen vergleichbare Erscheinungen sind nur ganz untergeordnet gefunden worden. Sie spielen mengenmäßig keine Rolle. Die auf der Erde häufigen Sedimentite (Sandgesteine, Kalksteine, Tongesteine) gibt es auf dem Mond nicht.

Mineralbestand: Tabelle 29 zeigt den gemessenen Mineralbestand einiger Basalte als Hauptvertreter der Mondgesteine. Neben Gesteinsglas unterschiedlicher chemischer Zusammensetzung treten nur wenige Mineralarten gesteinsbildend in den Mondgesteinen auf. Zu mehr als 10 % vertreten sind Pyroxene (Ca-Mg-Fe-Silikate), Plagioklas (vorwiegend anorthitreich) und Erzminerale, vorwiegend Ilmenit (Fe-Ti-Oxid). Dazu treten in Mengen zwischen 1 % und 10 % Olivin (Mg-Fe-Silikat), die auf der Erde seltenen Hochtemperaturformen der Kieselsäure Cristobalit und Tridymit sowie das auf der Erde nicht bekannte Mineral Pyroxferroit (ein Ca-Fe-Silikat $CaFe(SiO_3)_7$). Als Akzessorien (weniger als 1 %) wurden gefunden Kupfer, Eisen, Nickeleisen, Cohenit (Fe_3C), Schreibersit ($(Fe, Ni)_3P$), Troilit (FeS), Kalifeldspat, Quarz, Armalcolit ($(Fe,Mg)Ti_2O_5$), Ulvöspinell (Fe_2TiO_4), Chromit, Spinell, Perowskit ($CaTiO_3$), Rutil, Baddeleyit (ZrO_2), Zirkon, Apatit, Whitlockit ($Ca_3(PO_4)_3$). In den Mondgesteinen fehlen alle wasser-, hydroxyl- und karbonathaltigen Minerale.

Tabelle 29. Mineralbestand einiger Mondbasalte

	1	2	3	4
Pyroxen	3	35 … 60	40 … 55	45 … 55
Olivin	15 … 30	2 … 20	0 … 5	0 … 2
Plagioklas	—	10 … 25	30 … 45	20 … 30
Erzminerale	2	5 … 15	5 … 10	15 … 20
Cristobalit	—	0 … 2	5 … 10	2 … 5
Glas	65 … 80	—	—	5 … 10

1 Mikroporphyrischer Olivinbasalt (Apollo 12), *2* Mikroporphyrischer Basalt (Apollo 12)
3 Ophitischer Basalt (Apollo 12), *4* Intersertaler Basalt (Apollo 11)

Chemische Zusammensetzung: Eine Übersicht über die chemische Zusammensetzung einiger wichtiger Mondgesteine gibt Tabelle 30. In den mengenmäßig überwiegenden basaltischen Mondgesteinen sind nach *Mason* und *Melson* folgende chemische Elemente zu mehr als 1 Masse-% vertreten: Sauerstoff (40 bis 45), Silizium (19 bis 25), Eisen (7 bis 18), Kalzium (7 bis 9), Aluminium (5 bis 8), Magnesium (4 bis 7), Titan (bis 6), Natrium (bis 1,6). Das bedeutet Ähnlichkeit mit der chemischen Zusammensetzung der Erdkruste (s. Tabelle 1). Für die Deutung der Mondgesteinsentstehung haben sich

Analysen der Neben- und Spurenelemente (vor allem Kalium, Seltenerdelemente, Phosphor) als sehr wichtig erwiesen. Die mittlere chemische Zusammensetzung der Mondlithosphäre enthält nach *Wänke* u. a. (1974) in Masse-%: 39,9 SiO_2, 0,8 TiO_2, 17,4 Al_2O_3, 0,2 Cr_2O_3, 8,1 FeO, 19,6 MgO, 13,6 CaO, 0,3 Na_2O.

Gefüge: Die Gefüge der Mondgesteine widerspiegeln in besonderem Maße ihre Entstehungsbedingungen. Die Ähnlichkeit mit den Erstarrungs- bzw. Kristallisationsgefügen der irdischen basischen Magmatite veranlaßte die Übernahme von Gesteinsnamen wie Basalt, Norit, Gabbro (speziell Troktolith), Anorthosit (s. d.) für die häufigsten Mondgesteine. Die basaltischen Mondgesteine zeigen den irdischen rasch abgekühlten Vulkaniten ähnliche Gefüge. Ihre Korngrößen variieren von sehr fein- bis mittelkörnig, die Gefüge von mikroporphyrisch mit glasiger Grundmasse über ophitisch-dicht bis intersertal (ähnlich den Gefügen der irdischen Basalte, Glasbasalte, Mikrogabbros und Diabase, s. Tabelle 29).

Die unmittelbare Auswirkung der Zustandsbedingungen des Weltraumes auf der Mondoberfläche zeigt sich jedoch in Gefügemerkmalen, die auf der Erde unbekannt sind oder an Gesteinen aus Riesenmeteoritenkratern gefunden wurden. Es sind die Gefügekennzeichen des Regoliths und der Impaktite: Gesteinsglas in Kugel- und Tropfenform sowie als Bindesubstanz in Brekzien, Trümmer- und Deformationsstrukturen (Lamellen, Verformungen) in Pyroxen-, Olivin- und Plagioklaskristallen und Umwandlung von besonders Plagioklaskristallen in Glas (sog. diaplektische Gläser) als Folge von Stoßwellen, wie sie beim Auftreffen sehr schneller Geschosse auftreten (solche Strukturen konnten durch Explosionsversuche künstlich erzeugt werden).

Entstehung: Im Ergebnis der vielfältigen Untersuchungen an den Mondgesteinen, physikalischer Messungen sowie der Deutung der Oberflächenmorphologie des Mondes ist eine Theorie über die Entstehung der Mondgesteine abgeleitet worden, die heute von den meisten Fachleuten vertreten wird. Danach differenzierte in einer sehr frühen Periode der Mondentwicklung (vor mehr als 4 Milliarden Jahren) die Mondmaterie in eine eisen- und magnesiumsilikatische, titanreiche Mantelzone von basaltischer Zusammensetzung und eine äußere (60 bis 100 km mächtige) Kruste, in der sich die Plagioklase anreicherten. Dabei erfolgte eine Differenzierung in Feldspatgesteine (Anorthosite) und olivin-pyroxen-reiche Dunite, Peridotite (Troktolith) sowie Pyroxen-Feldspat-Gesteine (Norite). In der Folgezeit führten Einschläge von Riesenmeteoriten, kosmischen Körpern von einigen zehn Kilometern Durchmesser, zu einer Zertrümmerung der äußeren Kruste. Die Bewegungsenergie der kosmischen Geschosse wurde beim Aufprall größtenteils in Wärme umgewandelt, die das zertrümmerte Gestein zum Aufschmelzen bis zum Verdampfen brachte. Das entstandene Gemenge von Gesteinstrümmern und Schmelze, dessen Material aus Tiefen bis zu einigen zehn Kilometern herausgeschleudert wurde, vermischt mit dem Material der Projektile (Meteoritenminerale wie Nickeleisen, Troilit u. a.), füllte das Aufschlagbecken. Weitere Einschläge und Differenzierung der entstandenen Schmelze, die Wirkung der Druckwellen und der Temperatur des Weltrau-

Tabelle 30. Chemische Zusammensetzung von Mondgesteinen

	1	2	3	4	5	6	7	8	9
SiO_2	41,70	46	43,8	48,8	45,0	44,08	49,5	43,2	39,93
TiO_2	3,39	0,8	4,9	2,2	0,4	0,02	0,16	0,03	0,03
Al_2O_3	15,32	24	13,65	14,0	30,2	35,49	20,87	19,1	1,53
FeO	16,80	7	19,35	20,4	2,4	0,23	5,05	5,4	11,34
MgO	8,73	8	7,05	8,4	6,4	0,09	11,76	21,0	43,61
CaO	12,20	13	10,4	12,2	15,3	19,68	11,71	10,1	1,14
Na_2O	0,37	0,6	0,38	0,37	0,6	0,34	0,35	0,2	0,02
K_2O	0,10	0,1	0,15	0,10	0,1	$<0,01$	0,06	0,05	0,00

1 Regolith (Luna 16), *2* Gesteinsglas (Mittel aus 13 Proben von Apollo 11), *3* Basalt (Sammelprobe von Bruchstücken von Luna 16), *4* Mittel aus 43 irdischen Basalten, *5* Gabbro (Apollo 12), *6* Anorthosit (Apollo 17), *7* Norit (Apollo 17), *8* Trokolith (Apollo 17), *9* Dunit (Apollo 17)

mes führten zur Bildung der charakteristischen inhomogenen Brekziengefüge mit allen Übergängen von schwach verfestigten Gesteinstrümmern, glasig erstarrter Schmelze bis zu sekundär kristallisierten Magmatiten.
Nach heute vorherrschender Meinung sind viele Mondgesteine mit magmatischen Gefügen (vor allem der Mare-Gebiete) Produkte der oft mehrfachen aufschlagsbedingten Aufschmelzung komplexer Impaktite. Die Spurenelementanalysen machen wahrscheinlich, daß die gewaltigen Einschläge auch tieferliegende Schichten mobilisierten und einen basaltischen Magmatismus/Vulkanismus mit Ursprung in der oberen Mondmantelzone auslösten. Die heutigen »Mondozeane« (Mare-Becken) stellt man sich etwa so entstanden vor (Tabelle 30, Analysen 2, 3, 5), während in den »Mondkontinenten« die durch Meteoritenbombardement nicht so tiefgründig veränderte ursprüngliche Außenkruste des Mondes mit der vorherrschenden Gesteinskombination von Anorthosit, Norit, Troktolith und Dunit (Tabelle 30, Analysen 6 bis 9) in Erscheinung tritt.
In Analogie zu dieser etwa 4 Milliarden Jahre umfassenden Entwicklung der Mondlithosphäre nimmt man heute an, daß auf unserer Erde in ihrer frühesten Zeit ähnliche Bedingungen herrschten, die die Entstehung einer wegen der größeren Masse der Erde stabilen Wasserhülle und Atmosphäre zu der uns geläufigen Vielfalt magmatischer, metamorpher und sedimentärer Gesteine mit ihren kreislaufartigen gegenseitigen Umwandlungen führte.

Monzonite
Gesteine der Feldspat-Plutonite
benannt nach dem Vorkommen vom Monzoni-Berg, Fassatal (Norditalien)

Die Monzonite stehen in der Systematik der Tiefengesteine zwischen der Syenit- und Gabbro-Diorit-Gruppe.

Mineralbestand: zu etwa gleichen Anteilen Alkalifeldspat und Plagioklas mit 15 bis 45 % dunklen Gemengteilen, arm bis frei an Quarz (s. Tabelle 11) Chemische Zusammensetzung: 54 bis 64 % SiO_2, zu etwa gleichen Anteilen CaO, Na_2O und K_2O zwischen 4 und 5 % (s. Tabelle 12)

Gefüge: Monzonite sind granitähnliche, meist mittelkörnige Gesteine, die durch den Gehalt an Alkalifeldspat eine rötliche bis graue, mitunter grünliche Grundfarbe aufweisen. Die dunklen Gemengteile (Hornblenden, Pyroxene, Biotite) bewirken eine recht gleichmäßige schwarzbraune bis schwarzgrüne Tüpfelung (s. Tafel IV, V/3). Von Graniten und Granodioriten unterscheiden sie sich durch den fehlenden oder wesentlich geringeren Quarzgehalt (s. Bild 23).

Entstehung: Monzonite sind oft mit granodioritischen Gesteinen in Plutonitmassiven verknüpft, die geringere Ausdehnung als Granitplutone besitzen und infolge Magmenvermischung oder Assimilation von Fremdgestein einen wechselnden uneinheitlichen Aufbau haben. Ein typisches Beispiel ist das Meißener Monzonit-Granodiorit-Massiv. Im Bereich der tektonisch bedeutungsvollen Elbtal-Störungszone ist hier eine Serie von entstehungsgeschichtlich verwandten Gesteinen in einem Plutonitkörper vereinigt. Sie umfaßt von fast quarzfreiem, biotit- und pyroxenreichem Monzodiorit (»Gröbait«) über quarzarmen Hornblendemonzonit (früher fälschlich als Syenit-»Plauenit«, dann als »Syenodiorit« bezeichnet) bis zu den quarzreichen Granodio-

Tabelle 31. Mineralbestand und physikalische Eigenschaften der wichtigsten Tiefengesteine des Meißener Monzonit-Granodiorit-Massivs

Gestein	Quarz	Feldspate		Dunkle Minerale				Physikalische Eigenschaften[1]	
		Alkalifeldspat	Plagioklas	Augit	Hornblende	Biotit	Akzessorien	Dichte in g/cm^3	Magnetisierbarkeit in cgs-Einheiten
Monzodiorit (»Gröbait«)	3	16	57	12	—	10	2	2,87	6 000
Monzonit (»Plauenit«)	5	32	44	—	15	1	3	2,74	2 500
Hornblende-Granodiorit	17	27	46	—	4	4	2	2,64	1 000
Granodiorit (»Hauptgranit«)	23	28	43	—	—	5	1	2,63	150
Granodiorit (»Riesensteingranit«)	30	34	33	—	—	2	1	2,62	100

[1] Die Druckfestigkeit beträgt zwischen 150 und 300 MPa

riten (Hornblende-Granodiorit, Biotit-Granodiorit – »Meißener Hauptgranit«, »Riesensteingranit«) verschiedene Differentiationsprodukte eines derartigen hybriden Magmas. Eine Übersicht (s. Tabelle 31) veranschaulicht die Gesteinsentwicklung am Anteil der gesteinsbildenden Minerale. Deutlich kommt die Vergesellschaftung von Alkalifeldspat und Hornblende zum Ausdruck, die früher zu der Einstufung dieses Vorkommens zu den Syenitkomplexen führte. Der in jüngerer Zeit nachgewiesene erhöhte Kalziumgehalt, der seinen Ausdruck in der Häufigkeit der Plagioklase findet, bedingt die Zuordnung zu den monzonitischen Gesteinen. Bemerkenswert sind auch die Veränderungen der physikalischen Eigenschaften der verwandten Gesteine, z. B. höhere Dichte und Magnetisierbarkeit bei den monzonitischen, Reduzierung dieser Eigenschaften bei den saureren granodjoritischen Typen.

Vorkommen: Hornblende-Monzonit (früher fälschlich Syenit genannt) im Meißener Massiv/Plauenscher Grund bei Freital/Dresden; Vitoscha-Gebirge bei Sofia, bei Plovdiv (Bulgarien); Blansko bei Brno (ČSSR); Predazzo und Monzoni (Italienische Alpen/Tirol); zahlreiche Vorkommen in der UdSSR (Ural, Kasachstan, Ukraine, Sichote-Alin) u. a.

Praktische Bedeutung: Zuschlagstoffe, Schotter, Splitt (ähnlich wie Granite)

Monzodiorite

Tiefengesteine der Feldspat-Plutonite

Es sind seltene Gesteine, die in ihrem Mineralbestand zwischen den Monzoniten, Granodioriten und Dioriten stehen.

Ein bekanntes Vorkommen von Pyroxen-Monzodiorit liegt am Nordwestrand des Meißener Massivs in Sachsen bei Gröba (früher »Gröbait«, auch »Augitsyenodiorit« genannt).

Mineralbestand: s. Tabelle 11
Chemische Zusammensetzung: s. Tabelle 12

Norite

Gesteine der Gabbrogruppe

Neben dem Plagioklas (Labrador) zeichnen sich die Norite innerhalb der Gabbrogruppe durch Ausscheidung von rhombischen Pyroxenen aus. Die Norite sind also diallagfreie Gabbroarten (weitere Hinweise unter Gabbrogruppe).

Mineralbestand: (s. Tabelle 14) Je nach Pyroxenanteil werden Varietäten ausgegliedert, u. a. Enstatit-, Bronzit-, Hypersthen-Norit, wenn Olivin neben Pyroxen zur Ausscheidung gelangte.

Gefüge: Die Norite sind grob- bis mittelkörnige, hell- bis dunkelgraue Gesteine. Hell aussehende Typen enthalten meist Enstatit, dunkle dagegen meist Hypersthen.

Entstehung: Die Norite gelangen in Gabbromagmen durch gravitative Differentiation zuerst zur Ausscheidung. Mit den noritisch zusammengesetzten

Gesteinsschmelzen entstanden die größten Nickel-Magnetkies-Kupferkies-, teilweise auch Platinlagerstätten der Erde, wie z. B. Sudbury (Kanada); Petcenga (Nordkarelien); Norilsk am unteren Jenissei u. a. Vorkommen der mittelsibirischen Tafel (UdSSR); Norwegen; Südafrika u. a.

Vorkommen: Kanada; USA; Skandinavien (Norwegen, Schweden, Finnland); Karelien, Halbinsel Kola, Asow-Podolischer Block, Sibirische Tafel, Ural u. a. (UdSSR); Balkanhalbinsel (Albanien, Jugoslawien, Bulgarien, Türkei); Brockenmassiv bei der Ekkertalsperre (DDR); bei Harzburg (BRD); vermutlich im Sächsischen Granulitgebirge als Flasergabbro (Metabasite) bei Hohenstein-Ernstthal, Böhrigen bei Waldheim (DDR) u. a.

Praktische Bedeutung: Straßenbausteine

Mit dieser wichtigsten Gabbroart entstehen Nickel-, Buntmetall- und Edelmetall-Lagerstätten.

Obsidiane

Ergußgesteine

benannt nach Obsidianus, einem Römer, der dieses Gestein zuerst aus Äthiopien mitbrachte

Die Obsidiane sind praktisch frei von Kristallausscheidungen. Es sind glasig erstarrte, meist kieselsäurereiche (in granitischen Schmelzen) bis kieselsäuregesättigte (in syenitischen Schmelzen entsprechende) Glasgesteine. Die flüchtigen Komponenten (besonders Wasser), die etwa 3 % und mehr betragen, konnten bei der raschen Erstarrung nicht entweichen. Im Falle des Entweichens schäumt das Gesteinsglas auf; dann bildet sich Bimsstein, ein natürliches Schaumglas. Man unterscheidet Obsidianarten nach ihrer chemischen Zusammensetzung in Rhyolithobsidian (entspricht dem Rhyolith), in Trachytobsidian (entspricht dem Trachyt) und in Andesitobsidian (entspricht dem Andesit).

Vulkanische Gläser mit einem Wassergehalt über 3 %, vielfach geologisch alte Gesteinsgläser, heißen Pechstein, kugelförmig strukturierte Pechsteine, Perlit (s. d.).

Basische Gesteinsschmelzen von der Zusammensetzung der Basalte neigen weniger zur glasigen Erstarrung. Meistens gelangten bereits zu viele Kristalle (Plagioklase, Pyroxene, Olivine) bei hohen Temperaturen zur Ausscheidung, so daß nur der Rest der Schmelze glasig erstarrte. Man spricht dann von einer Glasbasis, in der viele Minerale eingebettet liegen. Halbglasige Erstarrungen wurden auch als vitrophyrisch bezeichnet und nach dem Gestein benannt (z. B. Trachytvitrophyr oder vitrophyrischer Trachyt usw.).

Die Farbe der Obsidiane und Pechsteine ist schwarz, rot, rotbraun, dunkelgrün, grünlich, grau oder dunkelgrau. Obsidiane und Pechsteine, besonders auch Vitrophyre, zeigen oft ausgezeichnete Fließ- (Fluidal-) Texturen.

Vorkommen: Pechsteine im Triebischtal bei Meißen, Leisnig, Ebersbach bei Leipzig (DDR); Tokaier-Berg (Ungarn); Kleiner Kaukasus in der Umgebung von Jerewan (UdSSR); vulkanische Inseln im Mittelmeer (Lipari, Pantelleria), im Golf von Neapel (Phlegräische Felder, Insel Ischia, Procida)

u. a. (Italien); längs des Pazifiks von Alaska bis Chile; Mexiko; andere weltweit verbreitete Vorkommen

Praktische Bedeutung: Vulkanische Gläser, besonders Perlit, werden zur Herstellung von Schaumglas verwendet. Diese wichtigen Leichtbaustoffe gewinnen bei der Errichtung von Hochhäusern immer mehr an Bedeutung. Schaumglasziegel wirken wärmeisolierend. Ihre Verwendungsmöglichkeit ist groß. Obsidiane wurden in der Jungsteinzeit zu Messern und Pfeilspitzen verarbeitet (auch Aztekenkultur in Mexiko). Heute stellt man teilweise geschliffene Kunstgegenstände und schwarze Perlen (Trauerschmuck) aus Obsidianen her.

Ophicalcite, Silikatmarmore

Metamorphite

Mineralbestand: Neben Calcit (z. T. auch Dolomit) bis zu 20 % Silikatminerale wie Glimmer, Pyroxene, Hornblenden, Feldspate und Quarz; bei höheren Silikatgehalten Übergänge zu Kalkphylliten und Kalksilikatfelsen

Gefüge: Es ist zuckerkörnig-kristallin, richtungslos. Mitunter sind reine Marmor- und Ophicalcitpartien unregelmäßig bis lagig zu heterogenen Gesteinen verbunden.

Entstehung: (wie Marmor) Ophicalcite entstehen aus tonigen und sandigen Kalksteinen. Der Silikatanteil kann auch durch magmatische Beeinflussung zugeführt worden sein.

Vorkommen: wie Marmor

Ophiolithe

Sammelname für meist grün aussehende, geologisch alte, basische (Spilite) bis ultrabasische Gesteinsgruppen

Zu ihnen zählen: verschiedentlich Gabbros, Diabase, Keratophyre, Serpentinite (als Abkömmlinge der Peridotite). In diesen Gesteinen sind Augite, Hornblenden in Chlorit(e), der Olivin in Serpentinminerale, evtl. vorhandene Feldspate in Albit umgesetzt worden. Solche Umwandlungen finden unter Gebirgsdruck und -bewegung statt.

Die Ophiolithe gehören im Sinne von *H. Stille* zum Initialmagmatismus; die geologische Platznahme erfolgt in Randbereichen von Geosynklinalen. Mitunter bezeichnet man die Ophiolithe auch als »Grüne Gesteine« (Grünstein). Im Rahmen der modernen Plattentektonik-Theorie werden die meisten Ophiolithe als Reste tektonisch umgelagerter »Späne« geologisch alter ehemaliger ozeanischer Kruste angesehen.

Paläoandesite (früher »Porphyrite«), Phänoandesite

alte Ergußgesteine der Feldspat-Vulkanite
grch. porphyreos – purpurfarbig

Die früher übliche Trennung der geologisch alten (meist paläozoischen) »Porphyrite« von den jungen Andesitgesteinen ist nicht mehr angebracht, da sich beide Gesteinstypen nur durch altersbedingte nachträgliche Umwandlungen unterscheiden.

Mineralbestand: (wie Andesite; s. d.) Die Grundmasseminerale sind zum größten Teil in Chlorit und Sericit umgewandelt, der Gehalt an zweiwertigem Eisen oxydiert, so daß die Paläoandesite dunkelrotbraune Färbung aufweisen. Es existiert die gleiche Vielfalt von Varietäten. Als Beispiel sei der Mineralbestand des »Enstatitporphyrits« von Ilmenau im Thüringer Wald angegeben: 58 % Plagioklas (z. T. als Einsprenglinge), 16 % Enstatit (Einsprenglinge), 15 % Orthoklas, 5 % Augit und Biotit, 6 % Nebengemengteile, wenig Glas.

Entstehung: Die Paläoandesite sind, als Ergußgestein dioritischer Magmen im Bereich der DDR zum variszischen Vulkanismus als Bestandteil der Vulkanitkomplexe des Grundgebirges gehörig, oft vergesellschaftet mit Paläorhyolithen (»Quarzporphyren«).

Vorkommen: Muldenbereiche variszischer Gebirgsrümpfe (Harz, Thüringer Wald, Erzgebirgisches Becken, Sächsischer Vulkanitkomplex, Flechtinger Höhenzug (»Augitporphyrit«), im Norden der DDR unter mächtiger Sedimentbedeckung auf großen Flächen verbreitet, weltweit in paläozoischen Gebirgsrümpfen

Praktische Bedeutung: Die Paläoandesite sind bei gutem Erhaltungszustand der Plagioklase ein festes und zähes Straßenbau- und Betonzuschlagmaterial (z. B. Großsteinbrüche im Raum Flechtingen). Mit ihnen sind die Manganerzlagerstätten des Harzes und Thüringer Waldes (Ilfeld, Ilmenau) verbunden.

Paläorhyolithe (früher »Quarzporphyre«), Phänorhyolithe

alte Gesteine der Quarz-Feldspat-Vulkanite

Die weithin bekannte Bezeichnung »Quarzporphyr« ist nicht mehr zulässig. Unter diesem Gesteinsnamen wurden geologisch alte (paläozoische) Rhyolithe (s. d.) und Rhyodacite zusammengefaßt, die sich von den jüngeren Vertretern dieser Gruppe nur durch Veränderungen der gesteinsbildenden Minerale unterscheiden. So führte die Oxydation von Eisen zu Hämatit zu rötlichen, die Umwandlung dunkler Minerale (Hornblende, Pyroxen) zu Chlorit zu grünlichen Farben der Gesteine vor allem in der Grundmasse. Die Feldspateinsprenglinge sind häufig teilweise oder ganz in Tonminerale umgesetzt. Das andersartige makroskopische Erscheinungsbild beider Gesteinstypen und die räumliche Trennung ihrer Vorkommen verursachten die heute nicht mehr aufrechtzuerhaltende Unterscheidung.

Mineralbestand: s. Tabelle 32

Gefüge: zahlreiche Varietäten mit Einsprenglingen von Millimeter- bis Zentimetergröße, homogene bis schlierig-fluidale Grundmassetextur, sehr unterschiedlich im Erhaltungszustand, Färbung von rot über gelblichbraun, hellgrau, hellgrün bis fast schwarz, im Vorkommen meist unregelmäßig geklüf-

Tabelle 32. Mineralbestand einiger Paläorhyolithe und Paläorhyodazite der DDR in Vol.-%

Gestein	Vorkommen	Grund-masse	Phänokristalle Quarz	Kalifeldspat	Plagioklas	Biotit u. a.
Paläorhyolith	Tharandter Wald	67	7,3	24,3	0,8	0,6
quarzarmer Paläorhyolith	Tharandter Wald	87	0,6	11,1	0,7	0,6
Paläorhyolith (»Rochlitzer Porphyr«)	Colditz	50	10	30	9	1
Paläorhyodazite:						
»Gattersburgporphyr«	Grimma	75	6	10	6	3
»Pyroxenquarzporphyr«	Hohnstedt	46	2	16	27	9
»Pyroxenquarzporphyr«	Ammelshain	47	8	12	24	9
»Quarzporphyr«	Petersberg/Halle	51	20	15	12	2

tet, selten säulig abgesondert; blasenreiche Partien enthalten häufig Kristalldrusen (Amethyst, Eisenglanz) oder Achatmandeln (»Schneekopfkugeln«)
Entstehung: s. Rhyolithe
Vorkommen: als charakteristische Gesteine des variszischen Vulkanismus in Mitteleuropa weitverbreitet (Nordwestsächsischer Vulkanitkomplex, s. Bild 44, Erzgebirge, Thüringer Wald, Harz u. a.)
Praktische Bedeutung: Die Paläorhyolithe sind wichtige Schotter- und Splittgesteine, die in Großsteinbrüchen gewonnen werden. Grobklüftige Vorkommen werden als Dekorationsmaterial (z. B. »Löbejüner Quarzporphyr«) genutzt.

Pechsteine, Perlite

Ergußgesteine
Nach dem pechähnlichen Glanz benannt
Wasserreiche (über 3 %) Gesteinsgläser meist rhyolitischer Zusammensetzung.

Pechsteine sind die geologisch alten Äquivalente der jungen wasserarmen Obsidiane (s. d.). Die mitteleuropäischen Pechsteine sind im Zusammenhang mit der variszischen Gebirgsbildung im Oberkarbon – Perm entstanden.
Bemerkenswerte Vorkommen mit schönen Farb- (rot, grün, schwarz) und Struktur-(z. B. Kugelpechstein-)Varianten sind in der DDR im Tharandter Wald und in der Umgebung von Meißen zu finden.

Etwas wasserärmere Pechsteine mit konzentrisch-schaligem, zwiebelähnlichem Aufbau (Kugeln bis etwa Erbsengröße), die beim Erhitzen aufblähen, werden als Perlite als Rohstoffe in der Silikat- und Baustoffindustrie eingesetzt. Wirtschaftlich bedeutende Perlitvorkommen besitzt die Ungarische VR.

Pegmatite

Erstarrungsgesteine, Gang- und Tiefengesteine
grch. pegma, pegmatos – das Gefrorene
Die Pegmatite zeichnen sich durch Grob- bis »Riesenkörnigkeit« aus. Die meisten dieser hellen, besonders feldspatreichen Gesteine gehören granitischen Restkristallisationen an. Neben den Granitpegmatiten werden auch andere Pegmatite wie Syenit-, Gabbro-, Diorit- und Nephelinsyenitpegmatite unterschieden.

Mineralbestand: s. Tabelle 33
Gefüge: grob- bis riesenkörnig
Entstehung: Pegmatite kristallisieren aus gasreichen (Wasser, Fluor, Bor) Restschmelzen. Neben den in Tabelle 33 aufgezählten Pegmatittypen gibt es eine Reihe Pegmatite mit besonderen Mineralbildungen. Unter anderem werden speziell ausgegliedert Quarz-, Turmalin-, Beryll-, Topas-, »Glimmer«-, Muskovit-, Zirkon-, Zinnstein-, Wolfram-, Edelsteinpegmatite. Eine Gruppe für sich bilden die Pegmatite der Seltenen Erdmetalle mit Niob, Tantal u. a. Elementen.
Vorkommen: Lausitz, Erzgebirge, Vogtland, Mittelsächsisches Bergland (Granulitgebirge), Thüringer Wald, Harz (DDR); Fichtelgebirge, Oberpfalz, Hagendorf im Bayerischen Wald, Spessart, Odenwald, Schwarzwald (BRD); Vogesen, Bretagne, Französisches Zentralmassiv (Frankreich); Spanien; Portugal; Pyrenäen; West-, Süd-, Ostalpen; Karpaten (Rumänien); Skandinavien; Halbinsel Kola, Ural, Kaukasus, Mittelasien, Transbaikalien, Baikalgebiet, Sibirien (UdSSR); Mongolei; Indien; Sri Lanka; Korea; reiche, wertvolle, weitverbreitete Pegmatitvorkommen in Afrika; Madagaskar; Appalachen, Missouri, Black Hills, Texas, Colorado, Montana, Kalifornien, Alaska (USA); Argentinien; Bolivien; Brasilien; Kolumbien; Peru; Australien
Praktische Bedeutung: Pegmatite sind wichtige mineralische Rohstoffe, Kalifeldspate für die Porzellanherstellung, Glimmer für die Elektroindustrie, Beryllium als wichtiges Leichtmetall, reine durchsichtige Quarze für optische Zwecke, Lithiumminerale für Lithiumgewinnung usw.

Peridotite, Peridotitgruppe

Tiefengesteine, auch Mafitolithe oder Ultrabasite genannt
Peridot, franz. Bezeichnung für das Mineral Olivin

Mineralbestand: Diese Gesteine setzen sich im wesentlichen aus körnigem Olivin (60 bis 95 $\%$); rhombischen und monoklinen Pyroxenen (Bild 41), mitunter auch Granat (Pyrop) und Akzessorien (Chromit, Ilmenit, Titanomagnetit) zusammen (s. Tabelle 34).

Chemische Charakteristik: Chemisch sind die Peridotite magnesium-eisen-reiche, seltener magnesium-kalzium-reiche, aber stets »aluminium-alkali-freie« und an Kieselsäue stark untersättigte (ultrabasische) Gesteine in zahlreichen Arten (s. Tabelle 35).

Tabelle 33. Mineralbestand der wichtigsten Pegmatitarten in %

Gestein	Quarz	Kalifeldspat	K-Na-Feldspat	Albit	Oligoklas	Nephelin	Muskovit	Biotit	Amphibol	Verschiedene Minerale
Runit (Schriftgranit)	25		75				+			
Pegmatit	31	39		21			4	4		
Oligoklasgranitpegmatit	26				70			4		
Albitpegmatit				96				4		
Alkalisyenitpegmatit			88			4				
Syenitpegmatit		60			15				8	7
Plagiopegmatit					86			7	15	
Oligoklaspegmatit	7				53		3			37

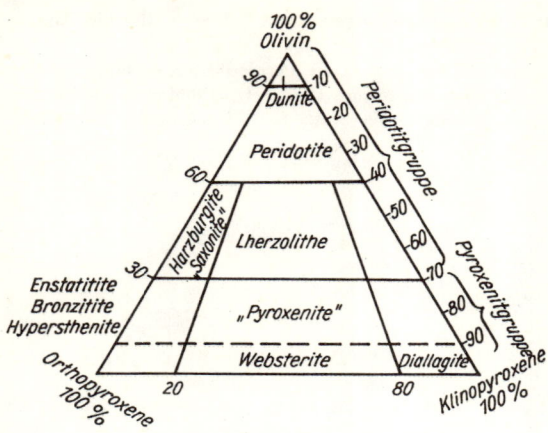

Bild 41. Einteilung der Olivin-Pyroxen-führenden Tiefengesteine (Ultramafite); nach *Rost* und *Streckeisen*, 1972

Entstehung: Die Peridotite entstammen basischen und ultrabasischen Gesteinsschmelzen. Meistens kommen die Peridotite gemeinsam mit Gabbros und Pyroxeniten vor. Der Bildungsort dieser Gesteine ist der obere Mantel der Erde (unterhalb der Erdkruste – früher auch Peridotitschale genannt). Auf Tiefenbrüchen gelangen diese Magmen in die Erdkruste, wo sie kristallisieren und in Teilschmelzen differenzieren (vgl. Gabbros). Seltener entstanden Peridotite aus sauren hybridisierten Gesteinsschmelzen durch Kristallisationsdifferentiation, wie es am Brocken (Harz) erkannt worden ist.

Vorkommen: Die Peridotite sind weniger verbreitet. Sie bilden mitunter über viele Kilometer ausgedehnte Gebirgseinheiten, u. a. Ural; Balkanhalbinsel; Anatolien; Neuseeland; Kuba; Neukaledonien; Philippinen; Great Dyke (Rhodesien).

Praktische Bedeutung: Mit dem Kristallisationsprozeß peridotitischer Gesteinsschmelzen entstanden die Lagerstätten der Chromiterze, Platin und Platinmetalle, mit den Kimberliten die Diamantlagerstätten.

Umwandlung der Peridotite und Pyroxenite: Sehr zahlreich sind die Umwandlungen (Metamorphosierung) peridotitischer und pyroxenitischer Gesteinsmassen in Serpentinit (s. d.). Andere chemische Umwandlungen sind die Verwitterungs- und Zersetzungsprozesse, die unter Bildung von erdigen eisenreichen Rückständen (sog. Rotverwitterung – Laterite, s. d.) vor sich gehen. Dabei entstanden die »weitverbreiteten« Nickelhydrosilikatlagerstätten, anzutreffen in vielen Peridotit-Serpentinitgebieten. Die Peridotite, denen Aluminium praktisch fehlt, gehören zu den schlechtesten Bodenbildnern. Deshalb sind Peridotit- (Serpentin-) Landschaften oft kahl, oder das Pflanzenwachstum ist recht kümmerlich.

Tafelteil

In den folgenden Farbtafeln sind Handstücke von Gesteinen in ihrer makroskopischen Erscheinung dargestellt. Die Originalgröße ist dem beigegebenen Maßstab zu entnehmen.

Die mikroskopischen Dünnschliffbilder zu den Gesteinshandstücken sind jeweils auf der nebenstehenden Seite in Verbindung mit den Bildunterschriften in gleicher Anordnung dargestellt.

Aus der Gegenüberstellung von makroskopischer Erscheinung und mikroskopischem Bild wird deutlich, daß eine exakte wissenschaftliche Gesteinsbestimmung auf der Grundlage des Mineralbestandes in vielen Fällen nur unter Zuhilfenahme des Mikroskops erfolgen kann. Sie soll auch demonstrieren, daß äußerlich einheitliche Gesteine aus unterschiedlichen Mineralen aufgebaut sind.

Die Bezeichnung »Pol +« bedeutet mikroskopische Aufnahme bei gekreuzten Polarisatoren, »15fach« die Vergrößerung des Dünnschliffes im Mikroskop.

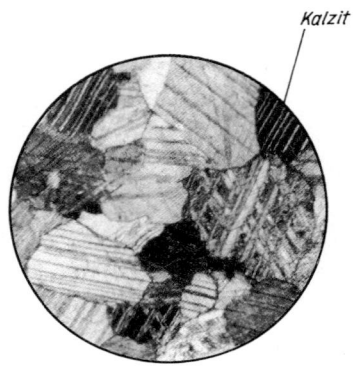

Bild 1. Dünnschliffbild Marmor, 20fach, Pol +

Tafel III, links oben: Marmor, geschliffen und poliert

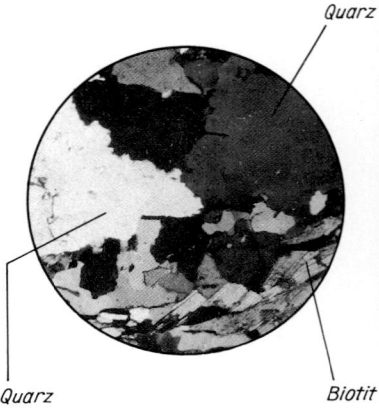

Bild 2. Dünnschliffbild Flasergneis, 15fach, Pol +

Tafel III, rechts oben: Augengneis, geschliffen und poliert, vom Hirtstein bei Satzung/Erzgebirge (DDR)

Bild 3. Dünnschliffbild Quarzkonglomerat, 15fach, Pol +

Tafel III, links unten: »Puddingstein« – Feuersteinkonglomerat, geschliffen und poliert (England)

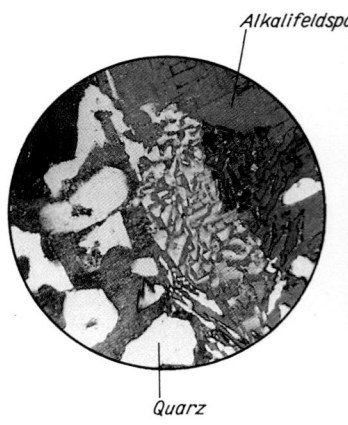

Bild 4. Dünnschliffbild Rapakivi – schriftgranitische Grundmasse, 20fach, Pol +

Tafel III, rechts unten: Rapakivi – Syenogranit, geschliffen und poliert (Finnland)

Tafel II/III

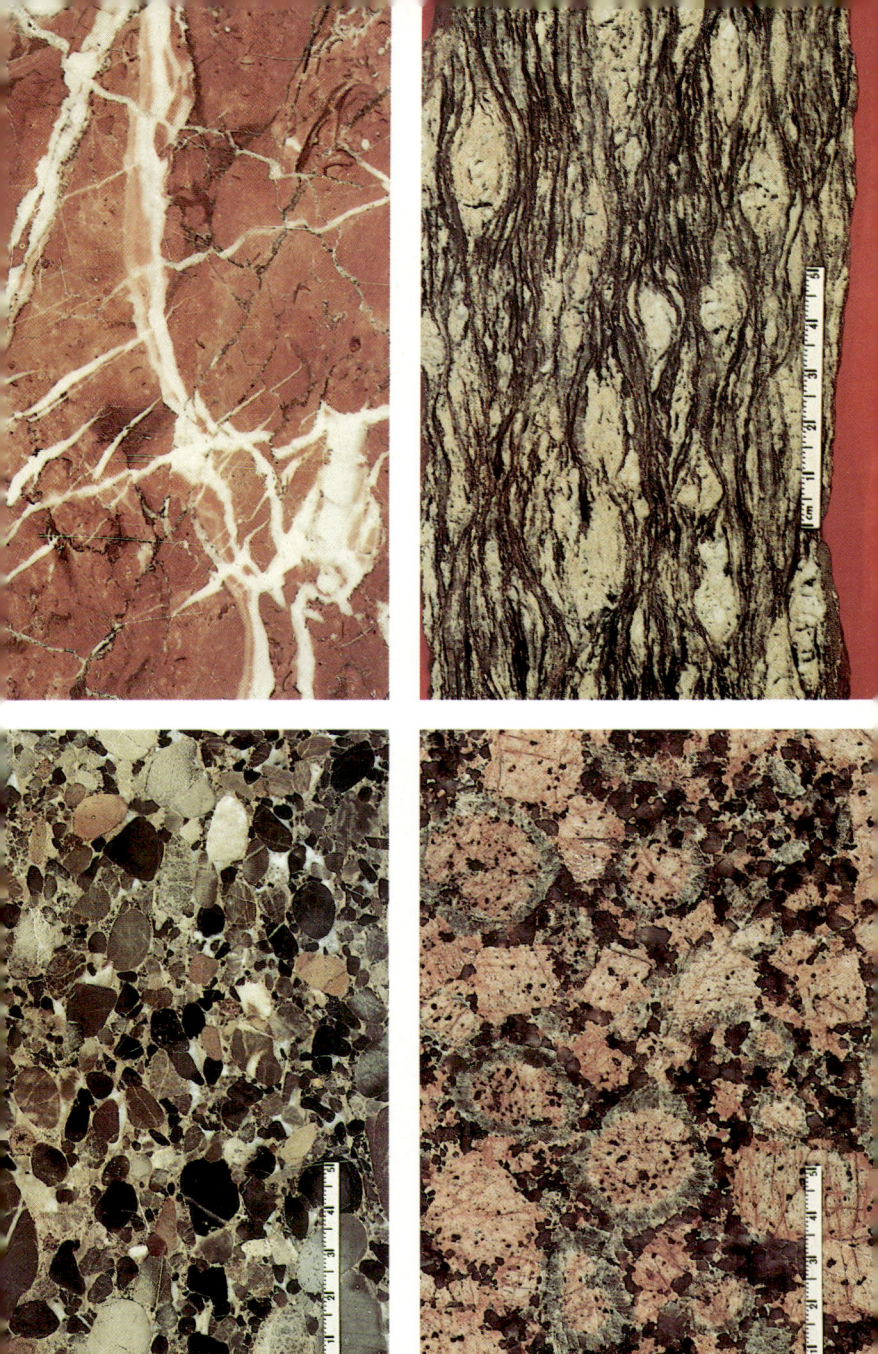

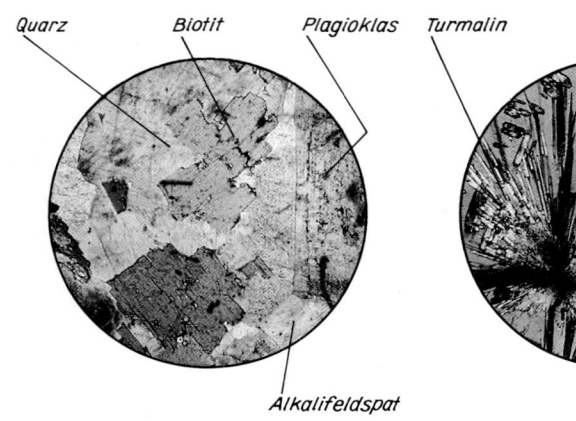

Bild 1. Dünnschliffbild Biotit-Granit, 20fach, Pol −

Tafel V, links oben: »Riesensteingranit« − Granodiorit von Meißen (DDR)

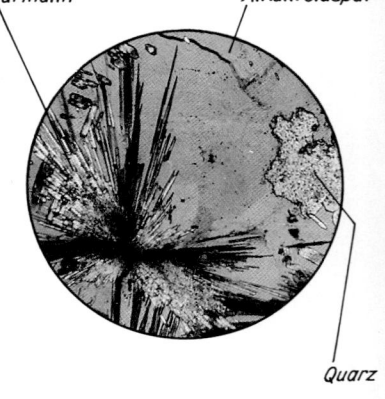

Bild 2. Dünnschliffbild Luxullianit − radialstrahliger Turmalin, 20fach, Pol +

Tafel V, rechts oben: Luxullianit − Turmalin-Granit von Cornwall (Großbritannien)

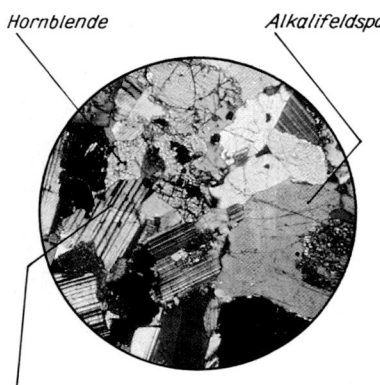

Bild 3. Dünnschliffbild Monzonit, 15fach, Pol +

Tafel V, links unten: Monzonit von Monzoni (Italien)

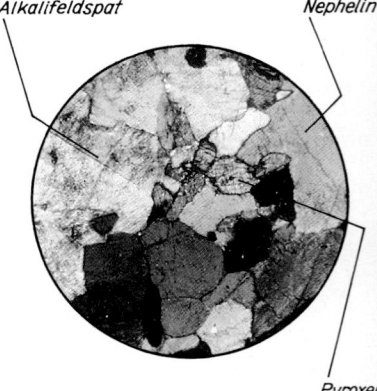

Bild 4. Dünnschliffbild Foyait, 15fach, Pol +

Tafel V, rechts unten: Amphibol-Foyait von Sierra de Monchique (Portugal)

Tafel IV/V

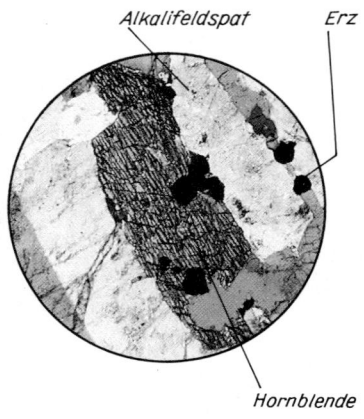

Bild 1. Dünnschliff Hornblende-Syenit, 15fach, Pol +

Tafel VII, links oben: Syenit von Wilsdruff (DDR)

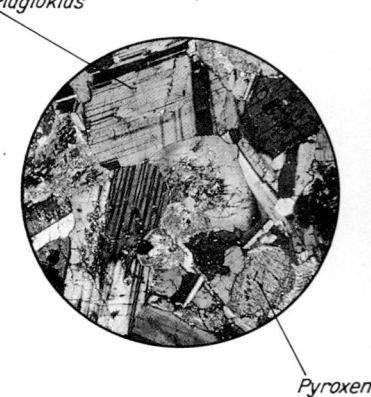

Bild 2. Dünnschliffbild Gabbro, 15fach, Pol +

Tafel VII, rechts oben: Hornblende-Gabbro vom Odenwald (BRD)

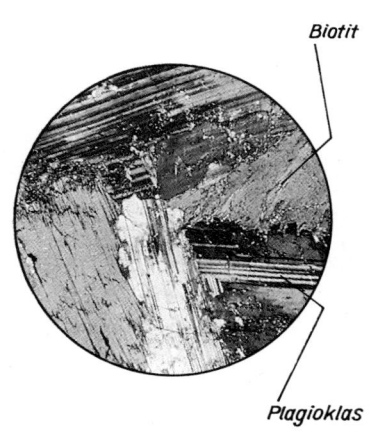

Bild 3. Dünnschliffbild Diorit, 15fach, Pol +

Tafel VII, links unten: Diorit vom Odenwald (BRD)

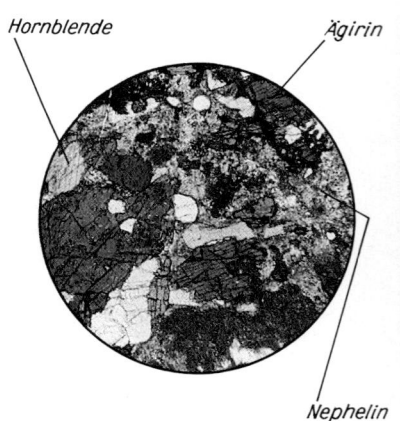

Bild 4. Dünnschliffbild Ijolith, 15fach, Pol +

Tafel VII, rechts unten: Ijolith von Alnö (Schweden)

Tafel VI/VII

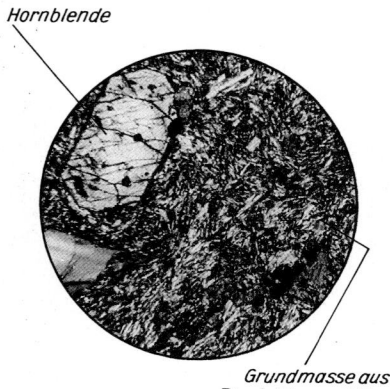

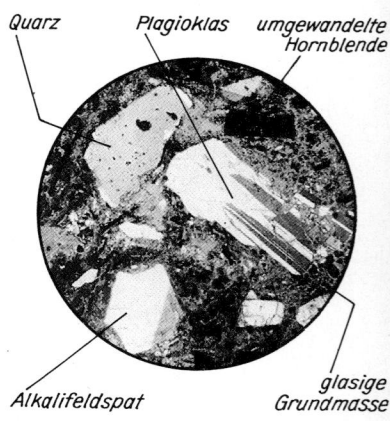

Bild 1. Dünnschliffbild Andesit, 20fach, Pol +

Tafel IX, links oben: Andesit von Karanes (Ungarische VR)

Bild 2. Dünnschliffbild Dacit, 20fach, Pol +

Tafel IX, rechts oben: Dacit von Kis Sebes (SR Rumänien)

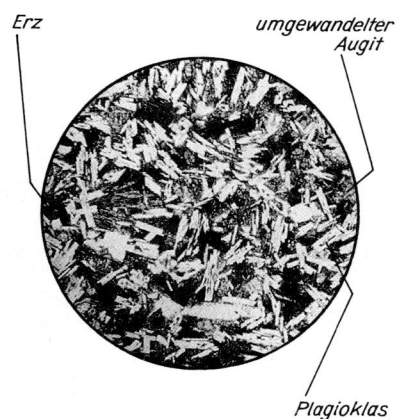

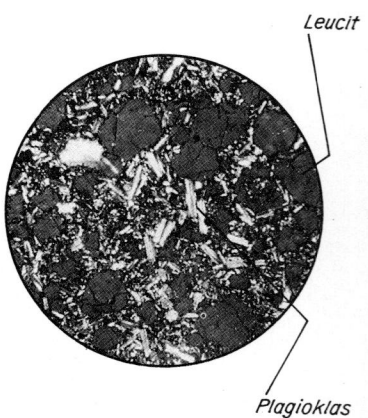

Bild 3. Dünnschliffbild Diabas, 15fach, Pol +

Tafel IX, links unten: Diabas von Elbingerode/Harz (DDR)

Bild 4. Dünnschliffbild Leucittephrit, 20fach, Pol −

Tafel IX, rechts unten: Leucittephrit vom Monte-Somma-Vesuv (Italien)

Tafel VIII/IX

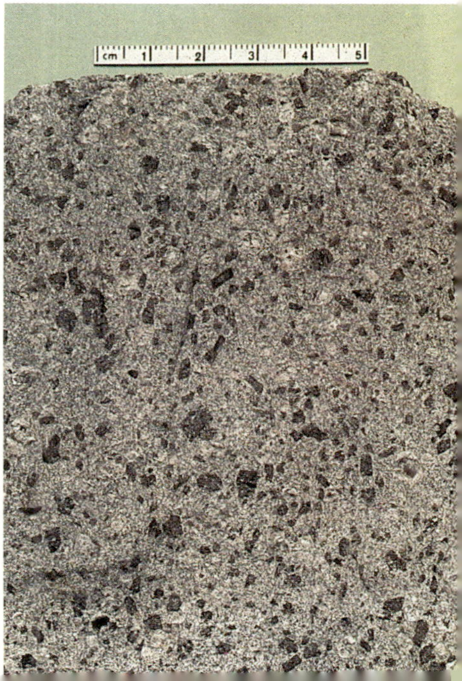

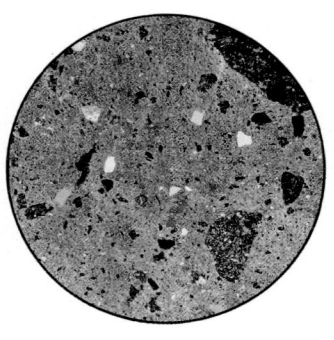

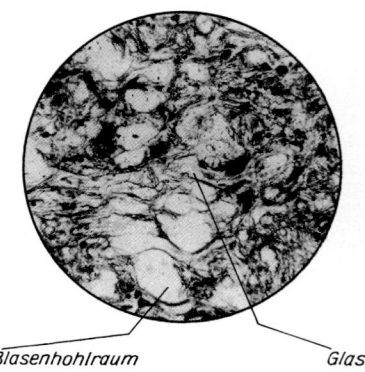

Bild 1. Dünnschliffbild Rhyolithtuff von Luisenthal (Thüringer Wald, DDR), 8fach, Pol + (Foto *J. Mädler*, Jena)

Tafel XI, links oben: Rhyolithtuff von Leukersdorf bei Karl-Marx-Stadt (DDR)

Bild 2. Dünnschliff Bimsstein, 15fach, Pol −

Tafel XI, rechts oben: Liparit-Bimsstein von der Insel Milos (Griechenland)

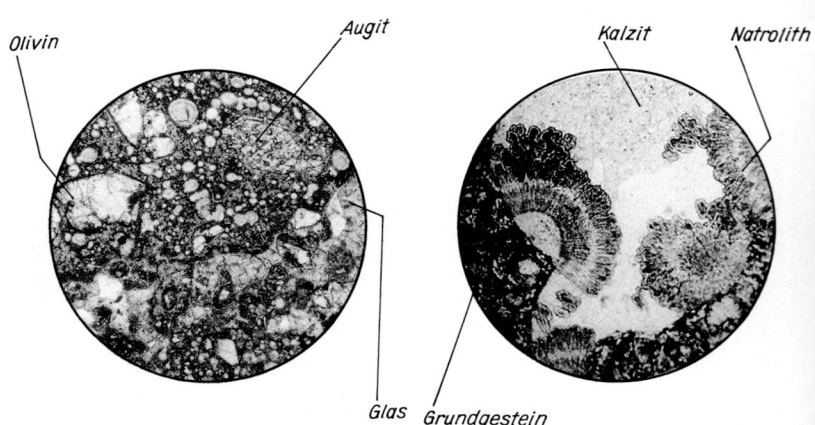

Bild 3. Dünnschliffbild Basalttuff, bestehend aus zusammengesinterten Lavafetzen, 20fach, Pol −

Tafel XI, links unten: Basalttuff von Punta dei Nasone bei Rom (Italien)

Bild 4. Dünnschliffbild Miarole in Basanit − gefüllt mit Calcit und radialstrahligem Natrolith

Tafel XI, rechts unten: Diabasmandelstein aus dem Prager Becken (ČSSR); große Blasenhohlräume mit Calcit gefüllt

Tafel X/XI

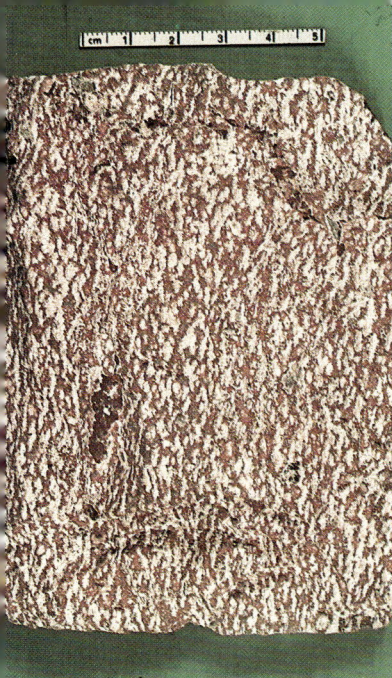

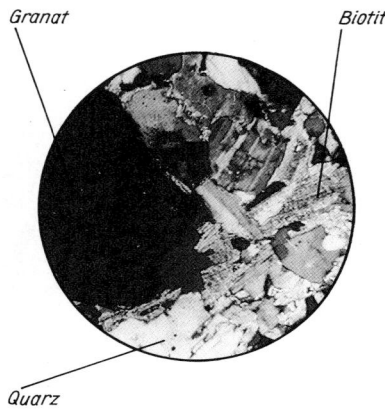

Bild 1. Dünnschliffbild Granatgneis, Erzgebirge (DDR); 8fach, Pol +

Tafel XIII, links oben: Konglomeratgneis von Obermittweida/Erzgebirge (DDR); die ursprünglichen Gerölle sind gut zu erkennen

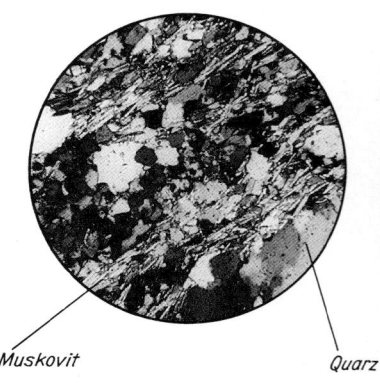

Bild 2. Dünnschliffbild Stengelgneis, 20fach, Pol +

Tafel XIII, rechts oben: »Stengelgneis« (Muskovit-Biotit-Gneis) von Doubravca (ČSSR)

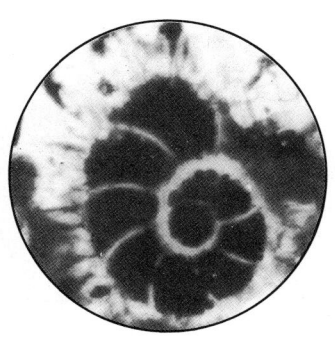

Bild 3. Dünnschliffbild fossile Schnecke in Mergelsediment

Tafel XIII, links unten: Paläozoischer Kalkstein mit Fossil Orthoceras; eiszeitliches Geschiebe

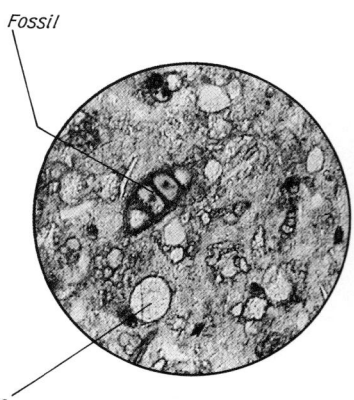

Bild 4. Dünnschliffbild Kalkmergel mit Mikrofossilien, 20fach, Pol −

Tafel XIII, rechts unten: Silurkalkstein mit Fossilien (Brachiopoden); eiszeitliches Geschiebe

Bildunterschriften zu den Tafeln XV bis XX

Tafel XV Bild 1. Travertin (»Kalktuff«) zeigt die Zusammensetzung aus kalkumhüllten Pflanzenresten; Ehringsdorf bei Weimar (DDR)

Bild 2. Travertin mit Blattabdrücken; Jena (DDR)

Tafel XVI Bild 1. »Pikritrose« – kugelförmige Absonderung in untermeerischem Lavagestein; Wetterabrücke bei Saalburg (DDR)

Bild 2. Granatsand am Strand bei Graal-Müritz (DDR); Anreicherung von Schwermineralen in einer Strandseife

Tafel XVII Bild 1. Stenglige Prismatinkristalle in Granulit; Waldheim (DDR)

Bild 2. Porphyrkörniger Granit mit großen Feldspateinsprenglingen von Altenberg/Erzgebirge (DDR)

Tafel XVIII Bild 1. Kalksinterterrasse aus dem Atlasgebirge (Algerien); Kalkabsätze aus heißen Quellen

Bild 2. Stirnfläche eines Lavastroms vom Kleinen Asau/Kaukasus (UdSSR)

Tafel XIX Bild 1. Kasbek im Kaukasus (UdSSR) – aufgebaut aus vulkanischem Gestein (Dacite und Pyroklastite); zeigt die Abtragung durch Eis und fließendes Wasser im gemäßigten Klimabereich

Bild 2. Wadi (Trockenflußbett); im Hintergrund mächtige Sanddüne – Sahara (Algerien); zeigt die Wirkung der Gesteinsverwitterung im trockenen Wüstenklima

Tafel XX Gesteinsklippe am Elbrus/Kaukasus (UdSSR) – aufgebaut aus vulkanischem Ausbruchsmaterial (Pyroklastit, bestehend aus Lavablöcken, -fetzen und vulkanischer Asche)

Tafel XV

Tafel XVI

Tafel XVII

Tafel XVIII

Tafel XIX

Tafel XX

Tabelle 34. Mineralbestand einiger Peridotit- und Pyroxenitarten in %

Gesteine	Olivin	Hortonolith	Enstatit	Bronzit	Hypersthen	Diallag, Diopsid	Granat: Pyrop	Erze: Chromit, Sulfide	Dichte in g/cm³
Peridotite									
Dunit	90			8				2	3,30
Hortonolith-Dunit		93				5		2	3,75
Saxonit	66		31					3	3,10
Harzburgit	65				35			±	3,10
Wehrlit	38					30	21		
						*11			
Lherzolith	50			32		15		3	
Kimberlit 14 % Calcit	60					6	7		
13 % Phlogopit									
Pyroxenite									
Hypersthenit					95			5	
Bronzitit				96				4	3,30
Enstatitit			95					5	
Websterit					58	40		2	
Diallagit					±	96		4	
Diopsidit						95		5	
Pikrit 34 % Titanaugit	31							(10)	3,00
25 % Hornblende									
Hornblendit	4					*91		5	

* Hornblende

Phonolithe

Gesteine der Foid-Feldspat-Vulkanite
grch. phonos – Klang, lithos – Stein (Klingstein)

Mineralbestand: s. Bild 27.

Chemische Zusammensetzung: Phonolithe sind mit Kieselsäure-(SiO_2-)Gehalten von 52 bis 58 %, Natrium-(Na_2O-)Gehalten von 5 bis 12 % und Kalk-(CaO-)Gehalten unter 5 %, Eisen- und Magnesiumoxid bis 7 % und relativ hohen Tonerde-(Al_2O_3-)Gehalten von 20 % intermediäre Alkaligesteine, deren ungewöhnliche chemische Zusammensetzung auf die Wirkung von Differentiations- und Assimilationsprozessen während der Gesteinsbildung schließen läßt.

Gefüge: dichte, splittrige, helle (graue bis bräunlich-gelbliche) Gesteine, im

Tabelle 35. Chemische Zusammensetzung der wichtigsten Peridotitarten in Masse-%

Chemische Verbindung	Dunit	Hortonolith-Dunit	Saxonit	Wehrlit	Lherzolith	Kimberlit[1]
SiO_2	38,8	34,0	43,0	33,0	45,0	27,2
TiO_2	0,0	0,1	0,0	6,0	0,0	2,2
Al_2O_3	2,24	1,5	1,0	1,5	6,0	5,0
Fe_2O_3	3,0	2,9	1,9	8,0	3,0	11,3
FeO	5,0	36,0	6	30,0	4,5	2,0
MgO	44,0	22,0	43,0	14,5	38,7	27,1
CaO	0,0	2,0	0,1	5,5	2,5	8,8
Na_2O	0,2	0,2	0,3	0,5	0,1	—
K_2O	0,1	0,2	0,1	0,0	0,1	—
H_2O	7,0	1,0	4,0	1,0	0,3	1,6
P_2O_5	0,1	0,1	0,1	0,1	0,1	0,1

[1]) Jakutien/UdSSR

Aufschluß häufig in dünne Platten teilbar, die beim Anschlagen hell klingen (»Klingstein«); Dichte 2,55 bis 2,58 g/cm³, Druckfestigkeit etwa 3500 kp je cm² (etwa 350 MPa)

Varietäten: Es gibt zahlreiche Abarten, die sich im Mineralbestand unterscheiden: Amphibol-Phonolith, nephelinitoider Phonolith (nephelinreich), trachytoider Phonolith (nephelinarm, sanidinreich), Leucit-Phonolith (als Foid Leucit auftretend), Nosean-Phonolith (neben Nephelin Nosean). Zu den alkaliärmeren und eisen-, kalzium-, magnesiumreicheren Tephriten leiten die Tephritphonolithe und Phonolithtephrite über (s. Bild 27).

Entstehung: Phonolithe sind Ergußäquivalente foyaitischer (nephelinsyenitischer) Magmen, die vielfältig differenzierten. Über die Entwicklung solcher Gesteinsschmelzen Näheres s. Foidite. Phonolithische Laven sind ähnlich den trachytischen (s. d.) zähflüssig. Sie bilden vorwiegend »lakkolithische« Quell- und Staukuppen in lockeren Sedimenten bzw. in mächtig angehäuften vulkanischen Aschen. Phonolithe erscheinen als Vulkankegel mit steil abfallenden Flanken (z. B. Porschen bei Bilina/ČSSR).

Vorkommen: südöstliche Oberlausitz (Zittauer Gebirge), Unterwiesenthal und Umgebung im Westlichen und Böhmischen Erzgebirge (DDR,ČSSR); auffällig verbreitet im Vulkangebiet des Erzgebirgsabbruchs zwischen Elbsandsteingebirge, Teplice, Most, Komoutov (ČSSR); Hegau und Eifel (BRD); Insel Ischia (Italien); weltweit verbreitet

Praktische Bedeutung: Straßenbaumaterial (Schotter, Splitt), z. T. als Natriumträger in der keramischen Industrie

Phyllite, Tonschiefer, Pelitschiefer
Kristalline Schiefer – Metamorphite
grch. phyllon – Blatt (Struktur ist blättrig)

Mineralbestand: Es sind umgewandelte Tongesteine mit feinblättrigem Glimmer (vorwiegend Muskovit) und feinkörnigem Quarz. Als Nebengemengteile treten in Phylliten Paragonit, Chlorit, Chloritoid, Ottrelith, Amphibol, Granat, Staurolith, Turmalin, Albit, Rutil, Titanit, Zirkon, Magnetit, Ilmenit, Pyrit, Apatit, Calcit, Magnesit, Dolomit u. a. Minerale auf. Je nach Zusammensetzung werden Phyllitarten wie Sericitphyllit (Sericitschiefer), Albitphyllit, Chloritphyllite (Chloritoid-, Ottrelithschiefer), Kalkphyllite, Magnetitphyllite unterschieden. Die Phyllite gehören zur Gruppe »Kristalline Schiefer« (s. d.) und bilden Übergangsgesteine zu den Glimmerschiefern. Die Bezeichnung Tonschiefer wird auf schwächer metamorphosierte, aber in Wasser nicht quellfähige ursprüngliche Tongesteine angewendet.

Gefüge: Es sind feinschuppig ausgebildete Schiefergesteine, die sich merklich von den Glimmerschiefern (s. d.), die hauptsächlich grobschuppige Strukturmerkmale besitzen und auffällig »glimmerglänzend« sind, unterscheiden. Die Phyllite zeichnen sich mehr durch seidenglänzenden Schimmer (»sericitglänzend«) aus. Meistens sind es hellgraue, mitunter auch dunkle, vorwiegend dünnspaltende Schiefer.

Entstehung: Die Ausgangsgesteine sind tonige Sedimente, die sich bei gebirgsbildenden Prozessen im oberen tektonischen Stockwerk auf große Räume erstrecken (Regionalmetamorphose) und in Tonschiefer sowie Phyllite umgewandelt wurden.

Vorkommen: in den Randgebieten vieler Gebirge; Sächsisches Erzgebirge, Vogtland, Sächsisches Granulitgebirge, südöstlicher Harzrand (DDR); Fichtelgebirge, Bayerischer Wald, Taunus u. a. (BRD); Vogesen (Frankreich); in den Alpen und alpidischen Gebirgen; weltweite Verbreitung

Praktische Bedeutung: Es sind Schiefer für Bauzwecke (z. B. Dachschiefer). Mitunter werden die stark sericitischen »griffigen« Phyllite zu Schiefermehl verarbeitet.

Pikrite
ultrabasische Übergangsmagmatite oder Vulkanite

Mineralbestand: (s. Tabelle 34) Ähnlich wie bei den Diabasen (s. d.), sind die Mineralbestandteile der Pikrite häufig stark umgewandelt: Olivin in Serpentin, Augite und Hornblenden in Chlorite, Titanomagnetit in Leukoxen (Titandioxid). Pikrite führen oft makroskopisch erkennbare tröpfchenförmige Magnetkieseinschlüsse.

Gefüge: fein- bis mittelkörnig ausgebildete dunkelgraue bis schwarze Gesteine (s. Tafel XVI/1)

Vorkommen: Thüringisch-Vogtländisches Schiefergebirge bei Saalburg, Seibis, Neuensalz (DDR); Rheinisches Schiefergebirge (BRD); Karelien, Ukraine, Ural u. a. (UdSSR) u. a.

Praktische Bedeutung: wie Diabase, aber geringere Wetterbeständigkeit

Porphyroide, Porphyroidgneise, Leptite, Hälleflinta

Kristalline Schiefer

Gneisarten, entstanden aus »Quarzporphyren«, Quarzkeratophyren und ähnlich zusammengesetzten Vulkangesteinen

Gefüge: Sie unterscheiden sich von den Granitgneisen durch eine dicht ausgebildete Matrix, in der mehr oder weniger deformierte Feldspateinsprenglinge vorhanden sein können. In diese Gruppe gehören auch die Hälleflinta und Leptite. Es sind sehr dichte, streifig ausgebildete »felsitische« Gesteine, bei denen es sich um metamorphosierte »Porphyr- und Keratophyrtuffe« handelt.

Entstehung: wie Gneise

Praktische Bedeutung: keine

Vorkommen: wie Gneise; Leptite und Hälleflinta, aus Skandinavien stammend, werden als eiszeitliche Geschiebe in Mitteleuropa gefunden

Porzellan

Porzellan ist ein Sammelbegriff für eine Reihe technischer Gesteine, die zur Keramik gehören, sehr feinkörnig und in dünnen Scherben durchscheinend sind.

Mineralbestand: Mullit, Quarz, Cristobalit, Glas

Gefüge: hyalokristallin

Die Mullitkriställchen sind in Glasmasse eingebettet und selbst unter dem Mikroskop nur schwer erkennbar (Größe 0,001 bis 0,01 mm). In der Grundmasse liegen in geringer Zahl Quarzkörner mit Lösungserscheinungen und Cristobalitkristalle vor. Porzellan ist sehr dicht, die Porosität ist geringer als 1 %.

Chemische Charakteristik: SiO_2 (64 bis 70 %), Al_2O_3 (20 bis 26 %), K_2O (4 bis 6 %)

Entstehung: Die Ausgangsstoffe Ton, Quarz und Feldspat werden fein gemahlen, nach Wasserzusatz in die gewünschte Form gegossen, gedreht oder gepreßt, die Rohlinge werden getrocknet und bei Temperaturen von zuerst 800 bis 900 °C, beim zweiten Brand nach dem Glasieren bei 1400 °C gebrannt. Dabei bilden sich aus dem Tonanteil der Ausgangssubstanz Mullitkriställchen und aus dem Feldspat eine Glasschmelze, die den Quarz auflöst und in Cristobalit umwandelt.

Praktische Bedeutung: Die drei Rohstoffkomponenten bedingen eine Reihe von Eigenschaften, die eine vielfältige Verwendbarkeit des Porzellans ermöglichen. Die Tonsubstanz bewirkt die Hitzebeständigkeit, der Quarzanteil die mechanische Festigkeit und der aus Feldspat hervorgegangene Glasanteil die ausgezeichneten elektrischen Isolationseigenschaften. Die Verwendung von Porzellan zu Haushaltgegenständen, hitzebeständigen und säurefesten Gefäßen, Sanitärerzeugnissen, elektrischen Isolatoren ist allgemein bekannt.

Pyroklastite, Tuffgesteine

grch. pyr – Feuer, klastein – zerbrechen

Pyroklastite ist die Sammelbezeichnung für alle Locker- und Festgesteine, die aus vulkanisch geförderten Lockerstoffen bestehen oder sie in deutlichen Mengen enthalten. Im Unterschied zu den Sedimenten gibt es hier spezielle Korngrößenbezeichnungen: kleiner als 2 mm Asche, 2 bis 64 mm Lapilli, größer als 64 mm Blöcke und Bomben (s. Tafel XX).

Arten: Tuffe sind mehr oder weniger verfestigte, wesentlich aus vulkanischen Auswurfprodukten bestehende meist poröse Gesteine. Nach der Zugehörigkeit zu den jeweiligen Vulkaniten werden die Tuffe benannt (z. B. Basalttuff, Rhyolithtuff – früher »Porphyrtuff«, Trachyttuff usw., s. Tafel X, XI/1 und 3). Es existieren alle Übergänge zu den Ignimbriten (»Schweißtuffe« – s. Rhyolithe). Schalsteine sind schwach geschieferte Tuffmassen des Diabas- und Keratophyrvulkanismus (s. d.), teilweise mit tonigen und kalkigen Beimengungen (tuffitische Schalsteine).

Als Tephra werden nicht verfestigte Pyroklastite bezeichnet.

Tuffite sind Pyroklastite mit erheblichen Mengen an tonigen, sandigen oder kalkigen Beimengungen.

Schlotbrekzien sind durch Lava mehr oder weniger verkittete, in den Korngrößen stark variierende Ausfüllungen von Eruptionsschloten und -spalten, zum Teil durchsetzt mit Nebengesteinsbruchstücken.

Vorkommen: weltweit in allen Vulkangebieten der Erde; Rhyolithtuffe bei Rochlitz und Zeißigwald bei Karl-Marx-Stadt, Diabastuffe bei Plauen, Diabas-Keratophyrtuffe bei Blankenburg und Elbingerode/Harz u. a. (DDR); Basalttuffe am Ätna, Andesit-Trachyttuffe auf der Insel Ischia im Golf von Neapel (Italien); Rhyolithtuffe im Kleinen Kaukasus in der Umgebung von Jerewan (UdSSR)

Praktische Bedeutung: Baustoffe (s. Tabelle 36)

Tabelle 36 Dichte und Druckfestigkeit einiger Vulkantuffe

Gestein	Dichte in g/cm^3	Druckfestigkeit in MPa
Diabastuffe (Schalsteine)	2,75	
Porphyrtuffe	2,0	35
Basalttuffe	2,0 ... 2,3	10 ... 32
Phonolithtuffe	1,5	15 ... 36
Trachyttuffe	1,4 ... 2,2	30 ... 72

Pyroxenite, Pyroxenitgruppe

Tiefengesteine der Mafitolithe

Eine aus basisch-ultrabasischen Gesteinsschmelzen kristallisierte Gesteinsgruppe, die sich in der Hauptsache aus rhombischem bzw. monoklinem Py-

roxen oder aus beiden zusammensetzt. Die Pyroxenite, vorwiegend Nach- oder Spätkristallisationen peridotitischer Magmen, sind bereits kieselsäurereichere Fraktionen (s. Tabelle 37).
Die meisten Pyroxenite werden als gangartige Intrusionen in Peridotit- und Gabbromassiven beobachtet.

Tabelle 37
Chemische Zusammensetzung der wichtigsten Pyroxenitarten in Masse-$^0/_0$

Chemische Verbindung	Bronzit	Websterit	Diallagit
SiO_2	55,0	55	50
TiO_2	0,4	0,7	0,6
Al_2O_3	2,0	3,5*	5,0
Fe_2O_3	4,0	0,5	3,6
FeO	6,0	5,0	9,0
MgO	30,0	26,0	18,0
CaO	1,7	8,0	12,0
Na_2O	—	0,3	0,9
K_2O	—	—	0,2
H_2O	1,0	0,5	1,0
P_2O_5	—	0,2	—

Die Dichte beträgt etwa 3,3 g/cm^3

Neben den Pyroxeniten finden sich in gleicher geologischer Position Anorthosit- und Gabbroeinschaltungen. Zur Pyroxenitgruppe zählen 26 Gesteinsarten (23 Tiefengesteine und 3 subvulkanische Gesteine). Ähnliche, mitunter in eiszeitlichen Geschieben zu findende seltene Gesteine sind die Hornblendite (s. Tabelle 33).

Mineralbestand: (s. Tabelle 34 und Bild 41) Nach dem Mineralbestand werden alkaliarme Pyroxenite wie Enstatitit, Bronzitit, Hypersthenit, Websterit, Diallagit, Diopsidit und Alkalipyroxenite unterschieden. Letztere Gruppe gelangt in peridotitischen Magmen kaum zur Ausscheidung. Es sind seltenere Gesteinsvertreter, die Verbindungen zu syenitischen Gesteinsarten zeigen.

Praktische Bedeutung: Mit einigen Pyroxeniten entstanden Chromit- und Platinlagerstätten.

Quarzite

Sediment- und Umwandlungsgesteine

Gesteine, die fast nur aus Quarzkörnern, Chalcedon und mehr oder weniger Opal bestehen.
Zu den Quarziten gehören Sedimentgesteine – die Süßwasserquarzite, die Zementquarzite, die sogenannten Braunkohlen- oder Tertiärquarzite, die Flint- oder Feuersteine, Umwandlungsgesteine – Felsquarzite, schiefrige Quarzite

bzw. Quarzitschiefer, die Eisenquarzite (Magnetitquarzite, Hämatitquarzite und ähnliche Gesteine, u. a. auch die Itabirite).

Gefüge: meist dicht, feinkörnig

Je nach Entstehung sind die Quarzkörner miteinander verschränkt, z. B. bei den Felsquarziten und ähnlich gebildeten Quarzitgesteinen, oder durch einen kieseligen Zement, Chalcedon, Opal fest miteinander verbunden.

Entstehung: Quarzite bilden sich sedimentär aus wäßrigen Lösungen durch Ausfällung von Kieselgel, das später in Opal, Chalcedon, Quarz überführt wird. Es sind feste Quarzgesteine mit feinem, dichtem Korngefüge, die als Süßwasserquarzite bezeichnet werden. Andere Quarzitbildungen finden in sandigen Schichten in Bereichen der Grundwasserzirkulation statt. In den Poren der lockeren Sande fällt aus den wäßrigen Lösungen Kieselgel aus, aus dem durch Wasserverlust Opal entsteht. Später kristallisieren aus dem Opal Chalcedon und Quarz. Bei der Verfestigung (Diagenese) entstehen Zementquarzite, Braunkohlen- oder Tertiärquarzite, die als massive Bänke und knollenartige Gebilde die lockeren Sandmassen durchsetzen. Die als Felsquarzite, Quarzitschiefer, schiefrige Quarzite, Magnetit-, Hämatit-, Magnetit-Hämatit-Quarzite bezeichneten Quarzitgesteine entstanden vorwiegend unter den Bedingungen der Regionalmetamorphose (s. S. 46). Eine abweichende Position innerhalb der Quarzitgruppe nehmen die hydrothermalen Spaltenfüllungen (Gangquarze) ein, die meist aus grobkörnig kristallisierten Quarzkörnern bestehen.

Vorkommen: Süßwasserquarzite (Mühlsteinquarzite) finden sich im Pariser Becken (Frankreich); in Arkansas (USA); Zementquarzite, »tertiäre« (Braunkohlen-)Quarzite in den Bezirken Leipzig, Halle u. a. (DDR); Flint (Feuerstein) weitverbreitet in Kreidefelsen, z. B. Insel Rügen (DDR); Campagne (Nordfrankreich); in den mächtigen Kreidekalkmassen der alpidischen Auffaltungen (Balkan, Mittelmeer) u. a. weltweit verbreitete Vorkommen, Felsquarzite finden sich in freigelegten tiefen Gebirgsanschnitten, z. B. im Erzgebirge, am Südrand des Sächsischen Granulitgebirges bei Glauchau (dort als verkieselte Serpentinite); weitere Vorkommen in den paläozoischen Sedimentgesteinsmassen des Taunus, im Rheinischen Schiefergebirge (BRD) und weltweit verbreitet.

Praktische Bedeutung: Geeignete Quarzite bilden den Rohstoff für die Silikasteine. Andere eignen sich als Mühlsteine (Mühlsteinquarzite). Als Mahlsteine für Kugelmühlen eignen sich besonders die Flinte (Feuersteine) wegen ihrer hohen Härte. Reine Quarzgesteine – meistens Gangquarz – werden für die Quarzglasherstellung verwendet.

Rhyolithe

Ergußgesteine der Quarz-Feldspat-Vulkanite

Rhyolithe sind als vulkanische Erstarrungsprodukte granitoider Magmen die bekanntesten Quarz-Feldspat-Vulkanite (Bild 42). Durch ihren Gehalt an mit bloßem Auge erkennbaren Quarz- und Kalifeldspateinsprenglingen sind sie auch ohne Hilfsmittel eindeutig zu bestimmen (Bild 43).

Allerdings umfassen sie eine Gruppe sehr verschiedenartig aussehender Ge-

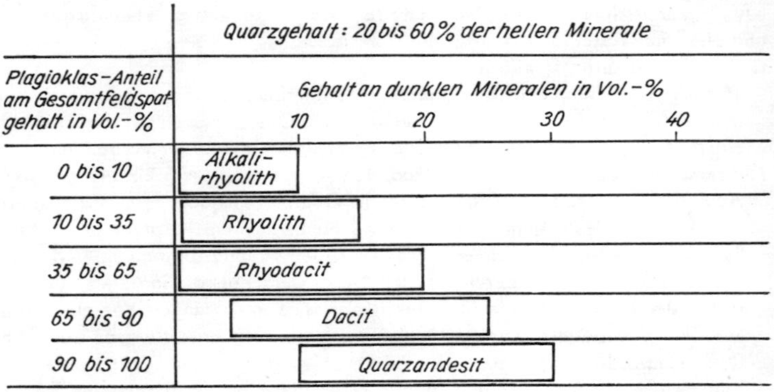

Plagioklas-Anteil am Gesamtfeldspatgehalt in Vol.-%	Quarzgehalt: 20 bis 60% der hellen Minerale
	Gehalt an dunklen Mineralen in Vol.-% 10　　20　　30　　40
0 bis 10	Alkalirhyolith
10 bis 35	Rhyolith
35 bis 65	Rhyodacit
65 bis 90	Dacit
90 bis 100	Quarzandesit

Bild 42. Gesteine der Quarz-Feldspat-Vulkanite (nach *Peschel*, 1977)

Bild 43. Dacit im Elbrusgebiet/Kaukasus (UdSSR). Das plattig abgesonderte Gestein ist bereits makroskopisch an den hellen Quarz- und Feldspateinsprenglingen in dunkler glasiger Grundmasse als Quarz-Feldspat-Vulkanit zu erkennen (Foto *D. Spott*)

steine, weshalb man früher im deutschen Sprachgebrauch die rötlichen bis grünlichen geologisch älteren Paläorhyolithe als »Quarzporphyre« (grch. porphyreos – purpurfarben) von den gelblichweißen bis grauen geologisch jüngeren als »Liparite« trennte.

Mineralbestand: in einer mit bloßem Auge nicht differenzierbaren, meist Glas enthaltenden Grundmasse Einsprenglingskristalle (0,1 mm bis mehrere cm Größe) von Quarz, Kalifeldspat (in älteren Rhyolithen oft durch Hämatit rot gefärbt), Plagioklas, Biotit, seltener Hornblende oder Pyroxen (s. Tabelle 32)

Gefüge: Die Rhyolithe sind meist dichte Gesteine, können aber auch blasige Partien führen, in denen sich die von Sammlern begehrten Quarz- und Achatdrusen (z. B. »Schneekopfkugeln«) finden. Sie können ausgeprägte Fließtexturen zeigen. In ihnen sind vor allem die Einsprenglinge in die ehemalige Fließrichtung der Lava eingeregelt. Spezielle Ausbildungsformen stellen die »Kugelporphyre« (kugelförmige Absonderungen z. B. bei Luisenthal im Thüringer Wald) dar. Im Aufschluß zeigen die Rhyolithe unregelmäßige, mehr oder weniger starke Klüftung. Säulige Absonderung ist relativ selten.

Entstehung: Rhyolithische Schmelzen sind sehr gasreich, weshalb mit ihrer Eruption gewaltige Tuffausbrüche (durch vulkanische Gase zerstäubte Lava) verbunden sind. Die entgaste Lava ist außerordentlich zähflüssig und bildet hochgestaute Gesteinskörper. Für viele, besonders über größere Flächen ausgebreitete Vorkommen ist ignimbritische Entstehung nachgewiesen worden, die sich aus dem mikroskopischen Gefügebild erkennen läßt. Ignimbrite (lat. ignis – Feuer, imber – Regen) sind die Produkte miteinander verschweißter Tuffe, die als teigig-plastische Lavafetzen von dichten Glutwolken beim Vulkanausbruch kilometerweit transportiert, abgelagert und in halbflüssigem Zustand durch ihr eigenes Gewicht verdichtet worden sind. Die mineralischen Bestandteile werden bei den hohen Temperaturen der Glutwolken (900 bis 1000 °C) plastisch verformt, zerbrochen, teilweise geschmolzen und innig verkittet, so daß die Ignimbrite als dichte, meist schlierig ausgebildete Ergußgesteine erscheinen.

Vorkommen: Ein Musterbeispiel für eine Rhyolithprovinz bildet der nordwestsächsische Vulkanitkomplex mit zahlreichen örtlich begrenzten und deutlich voneinander unterscheidbaren Typen (Bild 44 und Tabelle 32). Weitere Paläorhyolithe finden sich im Osterzgebirge (»Teplitzer Quarzporphyr«), Tharandter Wald, Flechtinger Höhenzug. Durch Tiefbohrungen sind rhyolithische Gesteine in weiter Verbreitung in tieferen Bereichen im Norden der DDR nachgewiesen worden. Geologisch junge Rhyolithe finden sich im Sudety-Gebirge (ČSSR, Polen); im Bükk-Gebirge (Ungarn); in Transsilvanien (Rumänien) u. a. Rhyolithe sind weltweit verbreitet.

Praktische Bedeutung: In der DDR sind sie wichtigste Schotter- und Splittgesteine, die in Großbrüchen z. B. bei Grimma, Halle und Flechtingen gewonnen werden. Wenig zerklüftete Vorkommen dienen als dekorative Verblend- und Denkmalsgesteine (z. B. »Löbejüner Quarzporphyr«). Mit Rhyolithen entstanden bedeutende Kupferlagerstätten (»porphyry copper ores«) in den westlichen USA, Mexiko, Chile, Mittelasien (UdSSR).

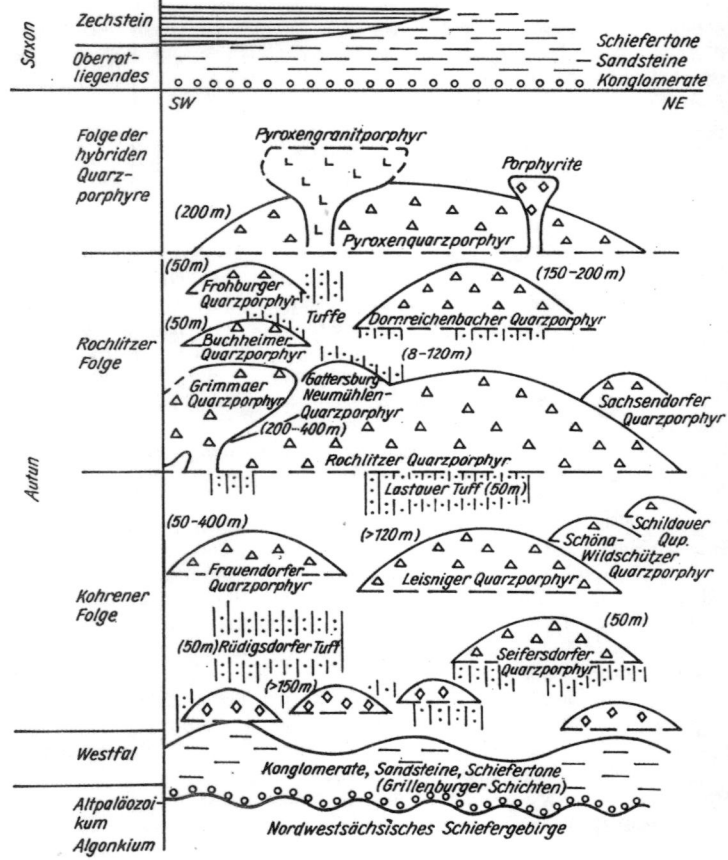

Bild 44. Schematischer Schnitt durch den nordwestsächsischen Vulkanitkomplex (nach *Eissmann* und *Röllig*)

Salzgesteine

Eindampfungsgesteine – Sedimentgesteine

Die chemisch gebildeten Sedimentgesteine entstehen durch Verdunstung des Wassers aus wässerigen Lösungen (Meeresbecken, Salzseen). Man bezeichnet sie auch als Eindampfungsgesteine (Evaporate). Die Salzgesteine setzen sich im wesentlichen aus »salzbildenden Mineralen« zusammen.

Die Salzminerale, gewöhnlich miteinander oder mit anderen Mineralen zusammen vorkommend, bilden mannigfaltig zusammengesetzte Salzgesteine. Die wichtigsten Salzgesteine sind:

Steinsalz (Halitit)
Es sind mittel- bis grobkörnige, hellgraue bis weißfarbene Gesteine, die mehr oder weniger durch tonige Anteile, Gips, Anhydrit und andere Salzminerale verunreinigt sind.

Sylvingesteine
Dabei handelt es sich um mittel- bis grobkörnige, weiße, gelbliche, graue oder rötliche Gesteinsmassen, die vorwiegend aus dem Mineral Sylvin bestehen und mit anderen Salzmineralen vermengt sind. Der Mineralbestand der Sylvinite ist in Tabelle 38 angegeben. Bei den Sylvingesteinen werden u. a. kieseritisches Hartsalz (Sylvin, Kieserit und Steinsalz), anhydritisches Hartsalz (Sylvin, Anhydrit und Steinsalz) und Sylvinit (Sylvin und Steinsalz) unterschieden.

Carnallitgesteine
Sie sind mittel- bis grobkörnige, weiße, graue, gelbliche, rötliche Gesteinsmassen, mehr oder weniger mit anderen Salzmineralen vermengt (s. Tabelle 38), z. B. Carnallit, Kieserit und Steinsalz; Carnallit, Anhydrit und Steinsalz; Carnallit und Steinsalz.

Entstehung: Salzgesteine bilden sich unter recht verschiedenen Bedingungen als lockere chemische Sedimente bei heißen trockenen Klimaten im Strand-

Tabelle 38. Mineralbestand der wichtigsten Salzgesteine in %

Gesteine	Chloride			Sulfate			Dichte
	Steinsalz (Halit) NaCl	Sylvin KCl	Carnallit $KCl \cdot MgCl_2 \cdot 6 H_2O$	Kieserit $MgSO_4 \cdot H_2O$	Polyhalit $K_2SO_4 \cdot MgSO_4 \cdot 2 CaSO_4 \cdot 2 H_2O$	Anhydrit $CaSO_4$	in g/cm^3
Halitgesteine	96	—	—	—	2	2	(2,4)
(Steinsalz)	95	—	—	—	1	4	
Sylvinitgesteine	4	95	—	—	—	1	(2,0)
	9	90	—	—	—	2	
Sylvingesteine	74	16	—	10	1	1,5	(2,4)
(Hartsalz)	26	23	1	48	2	—	
Carnallitgesteine	2	—	98	—	—	—	
	14	—	84	—	—	2	(1,8)
	0,5	—	99	—	—	0,5	(1,6)
	12	1,5	80	1	—	2,5	(1,7)

und Lagunenbereich der Meere, in künstlich angelegten Salzgärten, in Böden (»Salzböden«) von Steppen- und Wüstengebieten. Die Voraussetzungen für die massigen Salzbildungen auf der Erde waren die von Ozeanen abgeschnittenen Meeresteile (z. B. Zechsteinmeer), die bei einem heißen Trokkenklima eindampfen. Unter den sich ständig verändernden Konzentrationsbedingungen kristallisierten Salzminerale aus. Aus den Lösungen solcher Salzseen (Meere) schieden sich zuerst die schwerlöslichen Kalziumsulfate Anhydrit, Gips und das leichtlösliche Steinsalz ab. Bei dem weiter fortschreitenden Eindampfungsprozeß kristallisierten unter erheblicher Konzentrierung des im Wasser verbliebenen Kaliums und Magnesiums die Mutterlaugensalze (Kalium-Magnesium-Salze) wie Sylvinitgesteine und Carnallitgesteine. Nach völliger Trockenlegung solcher Salzbecken überdecken tonige und sandige Lockergesteine die Salzmassen. Unter dem ständig steigenden Druck der überliegenden Gesteinsschichten wurden die lockergefügten Salze zu festen Salzgesteinen. Im Verlauf erdgeschichtlicher Entwicklungsprozesse erfuhren die Salzmassen mannigfaltige mineralische Veränderungen und Verlagerungen. Durch Bruchbildungen in den überliegenden Gesteinsschichten begannen die unter Druck stehenden Salzmassen zu fließen. Bei genügender geologischer Raumschaffung stauten die Salzmassen zu sogenannten Salzgebirgen (Salzdome, Diapire, Ekzeme) auf. Bei diesen unter erhöhten Drücken und Temperaturen vor sich gehenden Faltungsprozessen wurden die Salzgesteine umkristallisiert. Besonders die Kalisalzgesteine erfuhren chemisch und mineralisch eine Veränderung. Diese recht komplizierten Prozesse bezeichnet man auch als Salzmetamorphose.

Vorkommen: Die größten Mineralsalzanhäufungen befinden sich auf der nördlichen Halbkugel der Erde. Sie entstanden vorwiegend während des Paläozoikums und Mesozoikums. Sehr große Lagerstätten besitzen beide deutsche Staaten. Bekannte Salzvorkommen sind u. a. das Magdeburg-Halberstädter Revier, das Südharzrevier, das Unstrut-Saale-Revier, das Thüringer Revier (DDR); das Hessische Revier, das Hannoversche Revier und das Flachlandrevier im Norden der BRD. Große Salzvorkommen befinden sich auch im südlichen und nordwestlichen Uralgebiet (UdSSR); im Elsaß (Frankreich); in Rumänien, Polen; den USA und Kanada.

Sandsteine, Sandgesteine

Sedimentgesteine
Die Sandgesteine bilden eine Gesteinsgruppe, auch als Psammite (grch. psammites – sandig) bezeichnet.

Die Einteilung erfolgt nach der Korngröße in großkörnige bis feinkörnige Sandgesteine; nach dem Grad der Verfestigung in lockere (Sande) und verfestigte Sande (Sandgesteine); nach der Art der Bindemittel in kalkigen Sandstein, tonigen Sandstein, eisenschüssigen Sandstein, kieselig-tonigen Sandstein, Sandsteinquarzit u. a.; nach der Art der Nebengemengteile in Arkose (Feldspat-, Glimmersandsteine) und in Grauwacken (feste, aus zahlreichen Mineral- und Gesteinstrümmern zusammengesetzte Sandsteine (Bild 35).

Tabelle 39. Mineralbestand einiger Sandgesteine in Vol.-%

	1	2	3	4	5
Quarz	65	45	28	46	60...84
Orthoklas	16	20	24	29	1,5...4,5
Plagioklas	3	5		9	1,2...4,2
Gesteinsbruchstücke	—	30	39	16	—
Sericit, Chlorit, Erz	16	—	9	—	9,6...16,8

1 Sandstein: Buntsandstein (kaolinisierte Arkose)/Thüringen, DDR
2 Grauwacke: Unterkeupersandstein/Thüringer Becken, DDR
3 konglomeratische Arkose/Katzhütte, DDR
4 Feldspatgrauwacke: Keupersandstein/Thüringer Becken, DDR
5 Sandstein: Variationsbreite aus sieben Bestimmungen an einem Vorkommen

Tabelle 40. Chemische Zusammensetzung einiger Sandgesteine in Masse-% (nach *Füchtbauer, Müller*, 1970)

	1	2	3	4
SiO_2	98,91	56,80	69,85	79,30
Al_2O_3	0,62	8,48	12,05	9,94
Fe_2O_3	0,09	1,67	2,72	1,00
FeO	—	—	2,03	0,72
MgO		1,24	2,96	0,56
CaO	0,02	15,25	0,50	0,38
Na_2O	0,01	1,31	4,87	2,21
K_2O	0,02	1,46	1,81	4,32
TiO_2	0,05	12,95	0,74	—
CO_2	—	12,95	0,08	—

1 St.-Peter-Sandstein (Ordovicium), Mennota, Minn./USA – Quarzsandstein
2 Subgrauwacke: (Aquitan Molasse), Lausanne/Schweiz (kalkig)
3 Tanner Grauwacke: (Devon, Karbon) Scharzfeld, Harz/BRD
4 Arkose: Jotnischer Sandstein (Präkambrium), Köyliö/Finnland

Mineralbestand: s. Tabelle 39

Chemische Charakteristik: (s. Tabelle 40) Der mineralische Aufbau und die chemische Zusammensetzung der Sandsteine sind auf Grund der sehr unterschiedlichen geologisch-stofflichen Bedingungen, unter denen sie entstehen, variabel.

Gefüge: Trümmerstruktur, mittel- bis feinkörnig mit Korndurchmessern von 2 bis 0,02 mm

Die Mineral- und Gesteinstrümmer zeigen einen unterschiedlichen Grad der Abrundung (s. Bild 6). Bei Verfestigung (Diagenese) treten abweichende Struktur- und Gefügemerkmale auf, z. B. lockersandig, leicht verfestigt (porös), dicht verfestigt, verzahnt, geschichtet.

Entstehung: Die Sandgesteine setzen sich im wesentlichen aus mechanisch durch Wasser und Wind aufbereiteten, verrundeten, selektierten Mineral- und Gesteinstrümmern zusammen. Locker angehäuft bilden sie fein- bis grobkörnige Sande (Wüstensande, Fluß- und Meeressande). Bei entsprechender Mineralanhäufung: Quarzsand, Feldspatsand, Granatsand (s. Tafel XVI/2) usw. enthalten Sande besonders geartete mineralische Rohstoffe und werden dann als Seifen bezeichnet, z. B. Quarz und Zinnstein, Quarz und Gold, Quarz und Edelsteine usw. werden als Zinnstein-, Gold-, Edelsteinseifen bezeichnet. Verfestigte Sande bilden die Sandgesteine, wobei die verfestigenden Mineralsubstanzen sehr unterschiedlich sein können. So werden Sande durch karbonatische Minerale, z. B. Calcit, Dolomit, Siderit, oder durch tonig-kieselige bzw. kieselige Bindemittel verfestigt, mitunter auch durch Eisenoxide (z. B. Limonit und Hämatit). Je nach dem Bindemittel sehen die Sandsteine hellfarben, braun oder rot aus. Die geologischen Voraussetzungen für die Bindemittel sind die Klimate. Wüstenklima bildet rote, gemäßigtes, feuchtes Klima bräunliche oder graue Sandsteine. Günstige Verfestigungshorizonte sind Grundwasserstockwerke, in denen kieselige und karbonatische Ausfällungen die Sande verfestigen (Ortsteinbildung). Auch die Flachmeerbereiche und Süßwasserseen fällen karbonatische, eisenoxidische, z. T. kieselige und silikatische Substanzen aus, die zwischen den Poren der lockeren Sandkörner Platz finden und die Gesteine verfestigen.

Vorkommen: Sande kommen weltweit in Flußniederungen, Küstenbereichen und Wüsten vor. Sandsteine sind weltweit verbreitet. Ein besonderes Vorkommen ist das Elbsandsteingebirge zwischen Dresden und Bad Schandau (DDR), das sich bis in die benachbarte ČSSR fortsetzt. Weitverbreitet sind Sandsteine (Buntsandsteine) im Thüringer Becken zwischen Thüringer Wald und Harz, bei Blankenburg, Halberstadt (DDR); im Wesergebiet (BRD); Colorado-Plateau (USA).

Praktische Bedeutung: Sande sind wichtige Baustoffe. Sehr reine Quarzsande dienen zur Glasherstellung. Sandsteine finden vielseitige Verwendung beim Häuserbau, besonders auch als Fassaden-, Verblend- und Bildhauergestein, z. B. im Dresdner Zwinger und vielen anderen Repräsentationsgebäuden.

Schamottesteine

Schamottesteine sind feuerfeste Materialien, die zur Gruppe der Grobkeramik gehören.

Mineralbestand: Mullit und Glas

Gefüge: Schamottesteine haben ein keramisches Gefüge mit Grob-, Mittel- und Feinkorn, oft hohe Porosität. Die Körner bestehen aus einem äußerst feinkörnigen Filz von Mullitnadeln (kleiner als 0,001 mm) in einer Glasmatrix.

Chemische Charakteristik: SiO_2 (50 bis 65 %), Al_2O_3 (32 bis 45 %), Fe_2O_3 (1 bis 2 %), $K_2O + Na_2O$ (1 bis 2 %)

Entstehung: Ton wird in Schollenform bei Temperaturen über 1000 °C gebrannt, wodurch die Tonminerale zerfallen und Teilschmelzen bilden, aus denen Mullit auskristallisiert. Die entstandenen Schamotteschollen werden zerkleinert, das Korngemisch wird sortiert und nach entsprechender Formgebung unter Zusatz von Rohton zu Schamottesteinen gebrannt.

Verwendung: Schamotte ist das älteste bekannte und zugleich billigste Feuerfestmaterial. Es findet vielfältige Verwendung in Koksöfen, Gaserzeugern, beim Stahlguß, in Hochöfen, Drehrohröfen und Glasschmelzöfen.

Aus dem Schamottestein wurde durch ständige Verbesserung der feuerfesten und mechanischen Eigenschaften die lange Reihe hochwertiger Feuerfestmaterialien für moderne Hochleistungsanlagen entwickelt (Korund-Schamotte-Steine, Mullitsteine, schmelzflüssig gegossene Korund- und Korund-Zirkon-Steine usw.)

Schiefertone

Sedimentgestein der Tongesteine (s. d.) mit schichtparallelen Ablösungsflächen (schieferähnlich). Schiefertone quellen in Wasser auf und können so von den schwach metamorph beeinflußten Tonschiefern unterschieden werden.

Schlacken

mhd. slaggen – schlagen

Schlacken sind feste Abfallprodukte der Metallurgie und der Feuerungstechnik, die durch völliges oder teilweises Aufschmelzen der Rohstoffe in Hochtemperaturöfen entstanden sind (s. Tabelle 41). Sie bestehen aus kristallinen und glasigen Anteilen, deren Mengenverhältnis von der chemischen Zusammensetzung und den Abkühlungsbedingungen abhängt. Die makroskopische Erscheinung der Schlacken ist durch erstarrte Fließformen und oft große Porosität gekennzeichnet. Die meisten Schlacken sind durch metallische, sulfidische oder kohlige Bestandteile dunkel gefärbt. Da der Mineralbestand sehr unterschiedlich ist, werden die wichtigsten Schlacken gesondert behandelt. Nach den industriellen Verfahren werden metallurgische und Brennstoffschlacken, nach den Rohstoffen oder Hauptprodukten der betreffenden Industriezweige Kohlenschlacken, Ölschlacken, Eisen-, Stahl-, Kupfer-, Blei-, Nickelschlacken usw. unterschieden. Die Schlacken fallen in großen Mengen an, und ihre Beseitigung verursacht beträchtliche Kosten. Deshalb versucht man, die Schlacken nutzbringend zu verwenden. Obwohl bereits zahlreiche Möglichkeiten der Weiterverarbeitung genutzt werden, sind für große Schlackenmengen bisher nur geringe oder keine Einsatzmöglichkeiten gefunden worden. Die Forderung der Schlackenverwertung bietet die Grundlage für die weitere Arbeit der Gesteinskundler auf diesem Gebiet.

Serpentinite

Metamorphite
lat. serpentinus – schlangenartig

Die Serpentinite (Serpentingesteine) sind chemisch und mineralisch umgewandelte Peridotite, Pyroxenite, Pikrite und mitunter auch Dolomite. Sie sind chemisch basische Silikatgesteine (s. Tabelle 27).

Mineralbestand: An der mineralischen Zusammensetzung sind vor allem die Serpentinminerale Chrysotil, Antigorit (Bastit), Olivine als Relikte, die Pyroxene Enstatit, Bronzit, Diopsid, Diallag, teilweise auch in Blätterserpentin (Bastit) umgewandelt, beteiligt. Mitunter finden sich reichlich Granate (Pyrope), die öfter in chloritischen und anderen Mineralen (Tremolit, Aktinolith) als Umsetzungsprodukte vorkommen. In manchen Serpentiniten heben sich die »goldbronzeglänzenden« Chrysotilasbestlagen, die mitunter ganze Serpentinitpartien durchsetzen, deutlich ab. Je nach Zusammensetzung bezeichnet man die Serpentinite als Bronzitserpentinite, Granat-(Pyrop-)Serpentinite, Pyroxen-Granat-Serpentinite. Nach der Herkunft werden Dunitserpentinite, Hortonolithserpentinite, Harzburgitserpentinite, Lherzolithserpentinite, Wehrlitserpentinite u. a. Abarten unterschieden.

Gefüge: Es sind dichte, weiche, mitunter schiefrig ausgebildete Gesteine (Serpentinitschiefer) von schwarzblauer, bräunlicher, grünlicher Farbe, mehr oder weniger geflammt, durchadert mit eingesprengten Mineralen.

Entstehung: Die meisten Serpentinite sind chemisch und mineralisch umgewandelte Peridotite, wobei der meiste Olivinanteil durch Wasseraufnahme (Hydratisierung) in Serpentinminerale umgesetzt worden ist.

Hier sei vermerkt, daß beim Austritt des Eisens aus dem Olivin der in Serpentiniten weitverbreitete Magnetit entsteht. Auffällig dabei sind die Veränderungen der gesteinsphysikalischen Eigenschaften im Vergleich zu den Ausgangsgesteinen.

	Peridotite	Serpentinite
Dichte in g/cm^3	3,00 bis 3,30	2,60 bis 2,80
Gesteinsmagnetismus (cgs-Einheiten)	0 bis 100	50 bis 10 000
Druckhärte in MPa	300	70 bis 80

Die Umwandlung kann bereits primär nach der Olivinkristallisation durch wässerige Lösungen hydrothermal vor sich gegangen sein. Viel öfter jedoch erfolgt die Umwandlung bei gebirgsbildenden Prozessen (Regionalmetamorphose), indem die Ausgangsgesteine (Peridotite, Pyroxenite) tektonisch (dynamisch) beansprucht wurden.

Um eine andere Entstehungsart handelt es sich bei der Umwandlung von Dolomitgesteinen in Serpentinit. Hier wirken bei der Serpentinisierung vor allem kieselsäurehaltige Wässer (hydrothermale Lösungen), die als Mobilisate das im Dolomitgestein gebundene Kohlendioxid (CO_2) verdrängen. Ein Ionenaustausch findet statt, demzufolge sich die Kieselsäure mit dem Magnesium verbindet und die Serpentinminerale an die Stelle der Dolomitkristalle treten.

Vorkommen: Zöblitz (Sächsisches Erzgebirge), Hohenstein-Ernstthal, Waldheim, Böhrigen (Sächsisches Granulitgebirge, s. Bild 34) (DDR); Fichtelgebirge, Schwarzwald (BRD); Kremce bei Budweis (ČSSR); Vogesen, Pyrenäen (Frankreich); Alpen (Österreich); Apenninen (Italien); Ural, Kleiner Kaukasus (UdSSR); Kuba; Neukaledonien; Rhodopen (Bulgarien); Albanien; Jugoslawien; Anatolien (Türkei); weltweit verbreitet

Praktische Bedeutung: Serpentinite werden als Nutzgesteine für Bauzwecke vielseitig verwendet. Sie haben große Bedeutung als Denkmalsteine (das Grabmal Lincolns in Springfield in Illinois, USA, besteht aus Zöblitzer Serpentinit). Für die Anfertigung kunstgewerblicher Gegenstände eignen sich die Serpentinite vorzüglich. In manchen Serpentinitverbänden (Dunit-, Harzburgitserpentinite) liegen Chromit- und Platinerze (Ural). Mitunter bilden sich über Serpentiniten, die aus Peridotiten hervorgegangen sind, Nikkel-Eisenerz-Lagerstätten (Ural; Sächsisches Granulitgebirge/DDR). Auf Spalten in Serpentiniten entsteht zeitweilig Magnesit durch Umsetzungsprozesse. Die Granatserpentinite liefern die Pyrope für Granatschmuck.

Siemens-Martin-Schlacken

Mineralbestand: Dikalziumsilikat, Merwinit, Monticellit, Trikalziumsilikat, Wüstit, Periklas, Manganosit, Brownmillerit, metallische Einschlüsse.

Gefüge: Siemens-Martin-Schlacke ist ein makroskopisch dicht, mitunter großporig erscheinendes Gestein, dessen Gefüge nur aus dem mikroskopischen Bild ersichtlich wird (s. Bild 11). Die rasche Erstarrung bewirkt ein scheinbar eutektisches Gefüge, in dem äußerst kleine Kristalle (Größenordnung hundertstel Millimeter) von Kalksilikaten, Eisen-, Mangan-, Magnesiumoxid und Kalziumaluminatferrit eng miteinander verzahnt sind. In dieser Grundmasse liegen größere rundliche Kristalle von Dikalziumsilikat und stenglige Kristalle von Merwinit, Monticellit und Trikalziumsilikat. Die Farbe schwankt zwischen braun und schwarzbraun.

Chemische Charakteristik: Die Siemens-Martin-Schlacken besitzen eine stark basische (kalkreiche) Zusammensetzung, in der neben CaO (48 bis 52 %) und SiO_2 (10 bis 25 %) Eisenoxide, MnO, MgO, Al_2O_3 eine Rolle spielen (s. Tabelle 41).

Tabelle 41. Chemische Zusammensetzung einiger Schlacken in Masse-%

Chemische Verbindung	Hochofenschlacke	Siemens-Martin-Schlacke	Thomas-Schlacke	Braunkohlenschlacke	Heizölschlacke
SiO_2	25...38	10...25	4...10	40...50	2...5
Al_2O_3	6...18	bis 3	1...3	8...10	bis 2
Fe_2O_3	—	1...10	5...6	15...25	2...12
FeO	bis 2	6...21	7...10		
MnO	0...10	6...15	4...6		
CaO	35...50	48...52	45...50	15...20	2...8
MgO	2...13	2...6	1...4	3...6	1...3
$Na_2O + K_2O$	0...1	0...1	0...1	1...2	6...10
NiO					3...8
V_2O_5					25...50
P_2O_5	0...1	0...3	15...20		

Entstehung: Die metallurgische Aufgabe der Schlacke beim Siemens-Martin-Verfahren besteht darin, die sauren Oxide SO_3 und P_2O_5 aus dem Roheisen und Schrott zu entfernen. Deshalb wird versucht, während des Schmelzprozesses durch ständige Zugabe von Kalk (CaO) die Schlacke so basisch wie möglich zu machen. Die laufende Kalkzugabe und die damit bewirkte Bildung fester Kalksilikate in einer Schmelze sind charakteristisch für die Entstehung der Siemens-Martin-Schlacke. Nach dem Abstich erkaltet die Schlacke relativ rasch in großen Kübeln und kristallisiert deshalb sehr feinkörnig aus.

Praktische Bedeutung: Wichtig ist die Eisenrückgewinnung aus den Schlacken durch Magnetscheidung und ihr Einsatz im Hochofen als Manganlieferant. Mitunter wird sie wegen der hohen Kalkgehalte als Düngemittel benutzt. Ein Hauptanwendungsgebiet aufbereiteter Siemens-Martin-Schlacken ist die Herstellung von Unterbau- und Belagmaterial vor allem im Wirtschaftsstraßenbau (sogenannter Mineralbeton).

Silikasteine, Dinassteine

Silikasteine sind feuerfeste technische Gesteine und gehören zur Gruppe der Grobkeramik

Mineralbestand: vorwiegend Cristobalit, daneben Tridymit, Quarz und Glas, Kalziumsilikate und Kalziumferrite

Gefüge: Silikasteine haben ein keramisches Gefüge mit Grob-, Mittel- und Feinkorn. Nach der Porosität unterscheidet man Silikasteine und Silikaleichtsteine mit unterschiedlichen Festigkeits- und Wärmeisolationseigenschaften.

Chemische Zusammensetzung: vorwiegend SiO_2 (93 bis 97 %), Al_2O_3 (0,5 bis 2 %), Fe_2O_3 (0,3 bis 1,5 %), CaO (1,4 bis 3 %)

Entstehung: Natürliche Kieselsäuregesteine wie Quarzite, Feuersteine u. ä. werden zerkleinert, nach Zusatz von Kalkmilch und Sulfitablauge geformt und bei Temperaturen über 1000 °C gebrannt. Die hohen Brenntemperaturen sind erforderlich, um das SiO_2 in die bei hohen Temperaturen stabilen Modifikationen Cristobalit und Tridymit umzuwandeln.

Praktische Bedeutung: Silikasteine werden zur Ausmauerung von Brennöfen in der Metallurgie, Glasindustrie und in Kokereien in großen Mengen benötigt.

Skarne

schwedische Gesteinsbezeichnung

Skarne sind mehr oder weniger mit Magnetit und Buntmetallerzen vermengte Kalksilikathornfelse.

Mineralbestand: An der Zusammensetzung der Kontaktgesteine beteiligen sich Pyroxene (Diopsid), Amphibole (grüne Hornblende, Aktinolith), Granate (Grossular, Andradit), Vesuvian, Zoisit, Epidot, Chlorit, Erze (Magnetit, Hämatit, Pyrrhotin, Chalkopyrit, Sphalerit, Löllingit) u. a. Minerale (s. Kontaktgesteine und Tabelle 42).

Tabelle 42: Mineralbestand einiger Erzgebirgsskarne in %

Gestein	Granate: Andradit, Grossular	Pyroxene: Diopsid (Salit)	Amphibole	Zoisit	Epidot	Biotit, Chlorit	Calcit, Dolomit	Magnetit, Hämatit	Sulfidische Erze	Physikalische Eigenschaften	
										Dichte in g/cm³	Gesteinsmagnetismus (cgs)
Marmor						4	96			2,70	15
Granat-Pyroxen-Skarn	78	22								(3,30)	110
Granat-Amphibol-Skarn	73		26					1		2,94	80
Pyroxen-Granat-Skarn	10	66	8					10		3,20	100
Amphibol-Granat-Skarn	7		50			3		14		3,55	4 000
Amphibol-Chlorit-Skarn			37	1		16		46		3,17	40 000
Pyroxen-Magnetit-Skarn		73	2					25		3,29	85 000
Pyroxen-Granat-Magnetit-Skarn	16	60					4	20		(4,30)	38 000
Pyroxen-Magnetit-Skarn		90	3	2				5	6	4,56	90 000
Magnetit-Amphibol-Skarn			8		12		13	67	26	4,80	100 000

Gefüge: unterschiedlich körnig (fein- bis grobkörnig)

Entstehung: Skarne entstehen unter dem Einwirken gasreicher granitischer bis syenitischer Gesteinsschmelzen auf Kalksteine, Dolomite, Mergel oder Vulkantuffe. Dabei findet ein Stoffaustausch im Kontaktbereich mit den Sedimentgesteinen statt.

Vorkommen: Sächsisch-Böhmisches Erzgebirge (DDR/ČSSR); Magnitogorsk u. a. Orte des Urals, Mittelasiens u. a. (UdSSR); Banat (Rumänien); Schweden; Iron Mountains, Iron Springs, Utah (USA); weltweit verbreitete Vorkommen (s. auch Hornfelse)

Praktische Bedeutung: Skarnlagerstätten werden als Eisenerz- (Magneteisenstein-) und Buntmetall-Lagerstätten (Kupfer, Zink) abgebaut.

Spilite

Ergußgesteine der Feldspat-Vulkanite

Spilite leiten von den Keratophyren zu den Diabasen über. Die verwandtschaftlichen Beziehungen dieser Gesteine zeigen sich am gemeinsamen Vorkommen in bestimmten geologischen Verbänden. Mit den Diabasen (s. d.) haben sie die hohen Anteile an dunklen Gemengteilen (über 40 %) gemeinsam, mit den Keratophyren (s. d.) die Umwandlung des ursprünglichen Mineralbestandes in Albit, Calcit (ehemals Plagioklas) und Chlorit (ehemals Pyroxen) u. a. Die Verknüpfung mit entsprechenden Tuffgesteinen (Schalsteine s. Pyroklastite) und mit marinen Tonschiefern zeugen von der wohl vorwiegend untermeerischen (submarinen) vulkanischen Entstehung.

Gefüge: Spilite sind dichte, seltener feinkörnige, splittrige Gesteine von grünlicher bis graugrüner Färbung. Da sie in alten Faltengebirgen auftreten, sind ihre ursprünglichen Lagerungsformen schwer zu rekonstruieren. Der nur mikroskopisch erfaßbare Mineralbestand entspricht einer metamorphen Umwandlung (Grünschieferfazies).

Vorkommen: Elbingerode im Harz, Thüringer Wald, Vogtland (DDR); Lahn-Dill-Gebiet (BRD); Cornwall (Britische Inseln) u. a. Orte in variszischen Gebirgsrümpfen

Praktische Bedeutung: örtlich als Straßenbaumaterial

Syenite

Gesteinsgruppe der Feldspat-Plutonite

benannt nach Syene (heute Assuan), Ägypten

Das bei Syene (Assuan) vorkommende Gestein erwies sich bei genauer Untersuchung als Hornblende-Granit. Das lange Zeit als Standardtyp des Syenits geltende Vorkommen vom Plauenschen Grund bei Dresden ist wegen seines zu hohen Plagioklasgehaltes ein Monzonit.

Mineralbestand: Charakteristischer Mineralbestand der Syenite sind Alkalifeldspate (Orthoklas und Anorthoklas) mit Hornblende (in selteneren Fällen auch Pyroxen oder Biotit) sowie häufig als Nebengemengteil Titanit. Nach der Nomenklatur der Plutonite sind Syenite nur quarzfreie bis quarzarme,

mitunter foidführende Feldspatgesteine mit einem Verhältnis von Alkalifeldspat zu Plagioklas zwischen 9 : 1 und 2 : 1 (s. Tabelle 11 und Bild 28).
Je nach Art der dunklen Gemengteile unterscheidet man Syenit i. e. S. (mit Hornblende), Biotit-Syenit und Augit-Syenit.

Gefüge: Syenite sind rötlich, braungelblich, violett oder grünlich gefärbte, mittel- bis grobkörnige Gesteine, durch die gleichmäßig verteilten dunklen Gemengteile getüpfelt erscheinend (s. Tafel VI, VII/1). Nicht selten sind größere Alkalifeldspatkristalle eingesprengt.

Entstehung: Syenitische Magmen besitzen eine spezielle chemische Zusammensetzung, in der die Alkalien Kalium und Natrium gegenüber dem Erdalkalielement Kalzium stark betont sind. Ihre Herkunft ist noch nicht restlos geklärt. Das gegenüber granitischen Gesteinen weitaus seltenere Vorkommen, die geringere Größe der Syenitmassive, ihr stetes Gebundensein an spezielle geologische Großformen (tektonische Brüche) sowie die Mannigfaltigkeit der Varietäten innerhalb eines Plutons führen zu der Auffassung, daß Magmenvermischung (Hybridisierung) und Assimilation von Fremdgesteinen eine wesentliche Rolle bei der Syenitbildung spielen. Charakteristisch ist auch das Vorkommen von Lagerstätten seltener Elemente wie Lanthanide, Niob und Tantal in Verbindung mit syenitischen Gesteinen.

Vorkommen: Oslogebiet (Südnorwegen); von dort stammend als eiszeitliche Geschiebe im Moränenschutt verbreitet (DDR); Piemont (Italienische Alpen); Vogesen (Frankreich); Ural, Kasachstan u. a. (UdSSR); Namibia (Afrika); Madagaskar; Montreal (Kanada) u. a.

Praktische Bedeutung: Schotter, Splitt, Packlager; schön gefärbte Arten auch als Dekorationsmaterial, Sockel- und Denkmalgesteine

Theralith

Tiefengestein der Feldspat-Foid-Plutonite

Mineralbestand: Charakteristisch ist die Kombination Nephelin-Plagioklas; Alkalifeldspat ist nur in geringen Mengen vertreten, 30 bis 60 % dunkle Gemengteile, vorwiegend Pyroxen, untergeordnet Hornblende und Biotit. Mitunter kann etwas Olivin auftreten (s. Tabelle 10).

Entstehung: Theralithe sind seltene basische Abkömmlinge natriumbetonter hybrider Alkalimagmen, die mit anderen Alkaliplutoniten wie Essexiten und Foyaiten in lokal begrenzten Gebieten tiefreichender tektonischer Brüche auftreten (s. Feldspat-Foid-Plutonite).

Vorkommen: Duppauer Gebirge (ČSSR); Auvergne (Frankreich); Quebec (Kanada); Madagaskar; Schottland; Vesuv (Italien) u. a.

Praktische Bedeutung: keine

Thomas-Schlacke

Mineralbestand: Hilgenstockit (Tetrakalziumphosphat), Silikocarnotit (Kalziumphosphatsilikat), Wüstit, Manganosit, Periklas, Spinell, Ferrite

Gefüge: Die feinkristalline Struktur wird von meist gut ausgebildeten Kalziumphosphat- und Spinellkristallen in einer ebenfalls kristallinen Grundmasse von Silikocarnotit gebildet. Makroskopisch sind die einzelnen Minerale nicht zu unterscheiden. Die Porosität der Thomas-Schlacke ist gering.

Chemische Charakteristik: Die Thomas-Schlacke ist eine Kalk-Eisen-Phosphat-Schlacke mit nur geringen Gehalten an SiO_2 (4 bis 10 %). Die MnO- und MgO-Gehalte liegen bei 3 bis 6 % (s. Tabelle 41).

Entstehung: Roheisen mit 2 bis 3 % Phosphorgehalt wird mit Kalkzusatz in eine Thomasbirne, die mit Dolomit ausgekleidet ist, in flüssigem Zustand eingefüllt. Der Kalkzusatz bewirkt, daß eine zur Aufnahme von Phosphorsäure befähigte, sehr basische Schlacke entsteht. Beim darauffolgenden Durchblasen von Luft werden Kohlenstoff, Mangan, Silizium und der gesamte Phosphor des Roheisens verbrannt. Das entstehende Phosphoroxid vereinigt sich mit dem Kalk unter Bildung flüssiger Thomas-Schlacke, die abgegossen wird und langsam erstarrt.

Praktische Bedeutung: Thomas-Schlacke wird zu Pulver vermahlen und ist als Thomasmehl ein hochwertiges Düngemittel.

Tongesteine, Tone

Tongesteine, die am weitesten verbreiteten Sedimentgesteine der Erde, sind feinkörnige (Korndurchmesser kleiner als 0,02 mm), lockere bis schwachverfestigte, dunkel- bis hellgraue, bläuliche, rötliche, z. T. rote, mitunter buntfarbige Sedimentgesteine. Wegen ihres feinen Korns werden die Tongesteine auch als Pelite (grch. pelos – Schlamm) bezeichnet.

Die Einteilung erfolgt in drei Gruppen: Tone, Schiefertone und Tonschiefer, wobei die Tone lockere, erdige, vielfältig zusammengesetzte Gesteine, die Schiefertone mäßig verfestigte und die Tonschiefer feste Gesteinsmassen bilden.

Mineralbestand: Die Tone setzen sich aus Tonmineralen der Kaolinitgruppe, der Montmorillonitgruppe, aus Hydroglimmer (Illite) und aus Mineraltrümmern (Quarz, Feldspäten, Glimmermineralen, Schwermineralen) zusammen. In unterschiedlichen Mengen sind den Tongesteinen Limonit (Brauneisen), Hämatit (Roteisen), Karbonate (Calcit, Dolomit), Sulfate (Gips), Sulfide (Pyrit und Markasit) u. a. Minerale beigemengt (s. Tabelle 43). Aus der chemischen Zusammensetzung (s. Tabelle 44) kann man deutlich auf die Bildungsräume der Tongesteine schließen.

Tongesteine sind in den meisten Fällen Mischgesteine, die aus zwei und mehr Mineralkomponenten bestehen. Die vielfältige Zusammensetzung der Tongesteine ist im Stoffdreieck (Klassifikationsdreieck) nach *Ruchin* (s. Bild 45) anschaulich dargestellt.

Es zeigt, daß am Aufbau der Tongesteine in bestimmten Korngrößen Tonminerale und sandige Anteile (vorwiegend Quarz) beteiligt sind. Die Endkomponenten im Dreieck sind »reine« Tone, »reine« Sande und »reiner« Schluff (Bezeichnung für feinen Staubsand – Staubton). Der Zusammensetzung entsprechend bezeichnet man feinsandige Tone mit hohem Tonanteil als »fette«, stark mit Staubsand und Sand vermengte als die »mageren« Tone

Tabelle 43. Mineralbestand einiger Tongesteine in Masse-%
(nach *G. Seidel*, 1962)

	1	2	3	4	5
Quarz	64	9...36	20...32	12...18	22
Feldspat	17	9...15	23...27	—	—
Kaolinit	17	wenig	z. T.	0...10	12
Eisenoxide	1	±	3...5	3...5	4
Illit	—	38...78	32...48	55...68	42
Dolomit	—	4...5	5...6	6...22	16
Calcit	—	0...4	±	0...3	2

1 kaolinisierte Arkose: mittlerer Buntsandstein bei Eisenberg/DDR
2 Tongestein: unterer Buntsandstein/Thüringen/DDR
3 Tongestein: mittlerer Buntsandstein/Thüringen/DDR
4 Tongestein: oberer Buntsandstein/Thüringen/DDR
5 Keuper-Tonstein: Thüringer Becken/DDR

Tabelle 44. Chemische Zusammensetzung einiger Tongesteine und Laterite in Masse-%

	1	2	3	4	5	6	7	8	9
SiO_2	64,6	59,5	59,2	50,3	54,9	40,7	58,10	64,0	0,5...5,5
TiO_2	0,4	0,8	1,2	1,1	0,8	7,3	0,65	0,7	3,3...5,7
Al_2O_3	10,6	17,8	16,1	19,2	16,6	30,9	15,40	19,0	35,0...43
$Fe_2O_3 + FeO$	3,1	4,8	7,6	9,0	7,7	8,7	6,47	3,0	23,0...43
MgO	3,7	2,2	3,1	3,8	3,4	—	2,44	0,4	0,0...1,5
CaO	5,4	0,4	2,5	1,4	0,7	1,0	3,11	—	0,5...1,5
Na_2O	1,3	0,8	3,8	1,8	1,3	0,4	1,30	1,1	—
K_2O	2,1	4,2	2,0	4,0	2,7	0,3	3,24	3,8	—
CO_2	6,3	—	—	—	1,3	—	2,63	—	—
H_2O	2,0	8,9	2,3	8,6	—	11,0	5,00	—	14,0...26,0 (Glühverlust)

1 Grobsilt (Löß) Galena, Illinois/USA (nach *Pettijohn*, 1963)
2 Siltton: Bodensee/BRD (nach *Müller*)
3 Bänderton – Siltlage ⎫
4 Bänderton – Tonlage ⎭ (nach *Pettijohn*, 1957)
5 Roter Tiefseeton (nach *Landergren*, 1962)
6 Residualton aus Basalt (nach *Pettijohn*, 1957)
7 Durchschnittstongestein (nach *Clarke*, 1924)
8 Laterit
9 Durchschnittsbreite von Bauxiten mesozoischen Alters

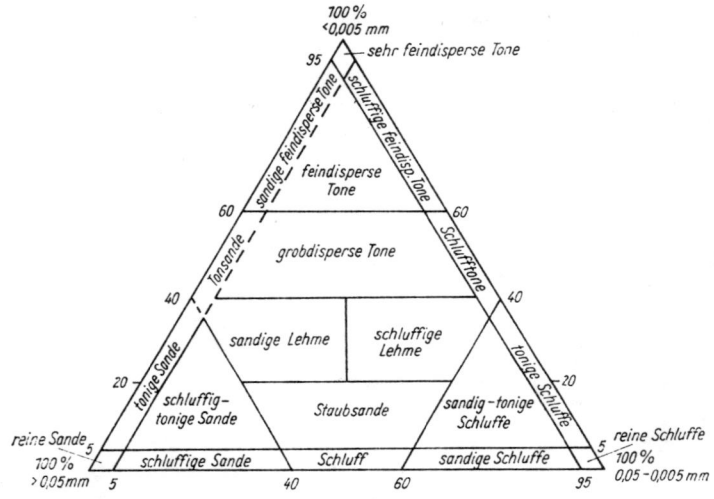

Bild 45. Schema der Klassifikation sandig-tonig-schluffiger Gesteine (nach *Ruchin*)

usw. »Letten« nennt man eisenoxidreiche Tone mit großer Wasseraufnahmefähigkeit.

Gefüge: erdig, feinklastisch; Unterscheidung Silt (0,02 bis 0,063 mm) – Ton (kleiner 0,02 mm)

Entstehung: Tongesteine sind chemische und mechanische Verwitterungsgesteine. Ausgangsminerale sind vor allem die aluminiumhaltigen Silikate, insbesondere die Feldspäte (Kalifeldspäte, Plagioklase) und der Biotit, aus denen die meisten Granite und granitähnlichen Gesteine zusammengesetzt sind. Die Feldspäte werden bei der Verwitterung in Kaolinit ($Al_2O_3 \cdot 2 SiO_2 \cdot 2 H_2O$) unter Wegführung des Kaliums, Natriums und Kalziums zersetzt. Eine ähnliche Zersetzung erleiden die dunklen basischen Silikate, wobei das frei werdende Magnesium und Eisen im wesentlichen mit an der chemischen Zusammensetzung des Tonminerals Montmorillonit (kompliziert zusammengesetztes Magnesium-Eisen-Aluminiumhydrosilikat) beteiligt sind. Bei dem am Aufbau der Granite beteiligten Quarz und dem in den Gneisen weitverbreiteten Kali-Tonerde-Glimmer Muskovit handelt es sich um chemisch schwer zerstörbare Minerale. Sie bilden vor allem die mechanischen Rückstände bei der Gesteinsverwitterung und werden beim Transport durch Wind und Wasser von den Tonmineralen, die eine leichtere Fraktion bilden, z. T. getrennt. Dabei entstehen lockere staubartige Tongesteine und lockere Sande, die hauptsächlich beim Transport durch Flüsse und Ströme weitere Umlagerungen erfahren. Die geologischen Räume, in denen die feinen Tonteilchen zur Ablagerung (Sedimentation) gelangen, sind die Flußmündungen, die Randgebiete der Meere, die Tiefsee, die auf dem Festland verbreiteten Binnenseen, die Fluß- und Stromtäler, in denen die tonigen Schwebeteilchen, die bekanntlich die Flußtrübe erzeugen, sich als Schlämme, Schluffe, Lehme absetzen.

Vorkommen: Tone sind die häufigsten Sedimentgesteine der Erde. Weite Gebiete werden von Tongesteinen (Böden) überdeckt. Oft kommen die Tone und Schiefertone in Wechsellagerung mit anderen Sedimentgesteinen vor. Tonschiefer bilden mitunter ganze Gebirgseinheiten, z. B. Harz, Thüringer Wald u. a. Gebiete der Erde.

Praktische Bedeutung: Die Tongesteine haben als Mineralrohstoff große Bedeutung. Die plastischen Tone finden vielseitige Verwendung in der Grobkeramik zur Herstellung von Schamotten, Ziegeln, Klinkern, Tonrohren, Tontöpfen und Keramiken verschiedener Art. Reine Kaolintone (»Kaolin«) bilden die Rohstoffgrundlage für die technischen Porzellane (Hochspannungsisolatoren usw.) und die Gebrauchsporzellane (Geschirr usw.). Fette Tone (quarzarme Tone) mit guten Quelleigenschaften verwendet man zum Abdichten von Teichen, Deichen, Stauseen und Meliorationsprojekten verschiedener Art. Die Tiefseetone speichern u. a. wichtige Minerale und Erze, die in naher Zukunft große Bedeutung erlangen werden.

In vielen Abarten bilden die lockeren Tongesteine die Böden und damit die Grundlage für das Wachstum der Pflanzen. Die festen Tongesteine (Tonschiefer) finden als Baustoffe Verwendung.

In ihren physikalischen Eigenschaften sind die Tongesteine außergewöhnlich variabel, wobei die Dichteunterschiede abhängig vom mineralischen Aufbau und der stark abweichenden Porosität sind. Ähnlich verhält es sich auch mit Druckfestigkeit, Plastizität und Quellfähigkeit, die abhängig vom Gehalt an Tonmineralen sind. Je fetter der Ton ist, um so plastischer ist er. Bei Magerung, besonders durch Quarz- und Schluffgehalt gekennzeichnet, ist vor allem ein bröckliges Verhalten zu verzeichnen.

Quelltone (Bentonite) finden vielseitige Verwendung in der chemischen Industrie und Gießereitechnik.

Trachyte

Gesteine der Feldspat-Vulkanite

grch. trachys – rauh (die meisten Trachyte fühlen sich auf Grund ihrer Porosität rauh an)

Die Trachyte umfassen eine größere Gruppe junger Vulkangesteine. Es sind Ergußäquivalente syenitischer Gesteinsschmelzen. In diesen Kalifeldspat-Plagioklas-Gesteinen variieren vor allem Plagioklas-, Hornblende-, Augit-, Biotit-, mitunter auch Olivinanteile

Mineralbestand: s. Tabelle 8 und Bild 29

Varietäten: Glimmer-Trachyt, Hornblende-Trachyt, Pyroxen-Trachyt, Augit-Trachyt, Olivin-Trachyt u. a.

Gefüge: Die Trachyte sind hell- bis dunkelgraue, meist poröse Gesteine. In einer dichten, z. T. glasigen Grundmasse liegen zahlreiche Sanidineinsprenglinge, die den meisten Trachyten eine porphyrische Struktur geben.

Textur: Viele Trachyte besitzen stark ausgeprägte Fließtexturen.

Entstehung: Die Trachyte gehören zum Finalmagmatismus großer Gebirgsauffaltungen. Auf tektonisch gebildeten Spalten, die bis in die Magmenkammern reichen, dringen syenitische, bereits zähflüssig gewordene Gesteinsschmelzen zur Erdoberfläche. Es kommt dabei weniger zu großräumigen Lavaergüssen, wie sie den basaltischen, meist dünnflüssigen Laven eigen sind, sondern zu Lavastauungen und Quellkuppenbildungen.

Vorkommen: Tokaier Gebirge (Ungarn); Böhmisches Mittelgebirge (ČSSR); Kleiner Kaukasus (UdSSR); Rhodopen (Bulgarien); »Drachenfels«, Laacher See/Eifel (BRD); »Puy de Dome«/Auvergne (Frankreich); Albaner Berge, Phlegräische Felder, Insel Ischia, z. T. Monte Somma-Vesuv (Italien); Lussambo/Kiwu-See-Gebiet (Ostafrika) u. a. weltweit verbreitete Vorkommen. Eine nach Mineralbestand und Entstehungsbedingungen zu den Trachyten gehörende, im Erscheinungsbild aber abweichende Vulkanitgruppe sind die geologisch älteren Paläotrachyte. Sie wurden mit den heute nicht mehr üblichen Namen »Orthophyr« und »Porphyr« bezeichnet. Ähnlich wie bei den Paläorhyolithen (s. d.) sind sie infolge Hämatitausscheidungen in den Kalifeldspaten rötlich gefärbt. Ein typisches Beispiel bildet das »Leuchtenburggestein« bei Tabarz im Thüringer Wald, ein anderes der sogenannte »Rhombenporphyr« von Südnorwegen (bekanntes eiszeitliches Geschiebe).

Praktische Bedeutung: Die Trachyte eignen sich wegen ihrer Porosität vorzüglich als Bausteine. In Trachytgebieten wurden ganze Städte und Ortschaften damit gebaut.

Travertin

Sedimentgestein

Travertin ist ein Süßwasserkalkstein (s. Kalksteine) mit sehr reinen, oftmals durch Eisenhydroxid buntgefärbten Absätzen in Quell- und Flußgebieten, die in Kalksteingegenden liegen. Von weitgehend entwässerten lockeren Kalkschlämmen (Kalktuff) bis zu verfestigten hochporösen Travertingesteinen gibt es alle Übergänge. Häufig sind Lebensspuren (Blattabdrücke, Schneckengehäuse u. a.) in diesen geologisch sehr jungen Sedimenten zu finden (s. Tafel XV).

Vorkommen: Bad Langensalza, Weimar-Ehringsdorf/Thüringen (DDR); Baden-Württemberg (BRD); Hohe Tauern (Österreich); Slowakei (ČSSR); Süttö (Ungarn); Russe (Bulgarien); Krim (UdSSR) u. a.

Praktische Bedeutung: Travertin ist ein sehr reiner Süßwasserkalk für die chemische Industrie; verfestigte Travertine werden als dekoratives Verblendgestein genutzt.

Urtit

Gestein der Foid-Plutonite
benannt nach dem Vorkommen von Parga, Lugar-Urt (Halbinsel Kola)
ein extrem nephelinreiches Gestein (bis 95 % Nephelin)

Mineralbestand: s. Tabelle 13 und Bild 30

Gefüge: mittelkörniges hellfarbenes Gestein mit dunklen Aegirineinsprenglingen

Entstehung: Während komplizierter Differentiationsprozesse meistens basischer (dioritischer, gabbroider) Gesteinsschmelzen kommt es bei mangelndem SiO_2- und relativ hohen Na_2O- und Al_2O_3-Gehalten zur Ausscheidung von Nephelin. Vor allem spielen als Mineralisatoren die flüchtigen Komponenten Fluor und Chlor eine entscheidende Rolle. Sie trennen die Urtitschmelze in Teilschmelzen auf, wobei Ijolithe, Chibinite und Apatit-Nephelin-Gesteine zur Kristallisation gelangen.

Vorkommen: Halbinsel Kola (UdSSR); Fengebiet in Telemarken bei Oslo (Norwegen); Lijdenburg (Transvaal); Congress-Bluff/Ost-Ontario (Kanada)

Praktische Bedeutung: Mit den Urtiten entstanden Apatitlagerstätten, darunter als eine der größten die von Chibiny, Halbinsel Kola.

Vulkanite, Extrusivgesteine

Sammelbezeichnung für Ergußgesteine

Vulkanite sind die Erstarrungsprodukte des entgasten, als Lava an der Erdoberfläche oder unter geringer Bedeckung ausgeflossenen Magmas.
Es gibt vielfältige Lagerungsformen von weitreichenden Deckenergüssen (s. Tafel XVIII/2) bis zu einzelnen Vulkanbergen (Quellkuppen, Staukuppen, s. Tafel XIX/1) und deren Resten (Schlotfüllungen). Sehr häufig sind die Vulkanite mit vulkanischen Aschensedimenten (Tuffe, Pyroklastite) vergesellschaftet.
Die Kristallisation der Schmelzen beginnt bereits in der Tiefe analog den Plutoniten, wird aber durch die Eruption unterbrochen und danach in kürzester Zeit beendet. Daraus resultiert das charakteristische Vulkanitgefüge: oft gut ausgebildete, mitunter zerbrochene Einsprenglingskristalle (makroskopisch erkennbar – Phänokristalle) in einer mehr oder weniger glashaltigen, stets mikro- bis feinkristallinen Grundmasse. Die Bestimmung der Vulkanite ohne Zuhilfenahme des Mikroskops kann daher mit Erfolg nur auf Grund des Phänomineralbestandes erfolgen. Deshalb werden die Vulkanite nach ausschließlich makroskopischer Bestimmung unter Zufügen der Vorsilbe »Phäno« bezeichnet (z. B. Phänorhyolith, Phänotrachyt usw.).
Die Vulkanite werden entsprechend den aus gleicher Schmelze gebildeten Plutoniten nach dem Mineralbestand in folgende Hauptgruppen gegliedert (s. Bild 23):

Rhyolith-Dacit-Gruppe (Quarz-Feldspat-Vulkanite)
Trachyt-Gruppe (Feldspat-Vulkanite)
Andesit-Basalt-Gruppe (Feldspat-Vulkanite)
Phonolith-Tephrit-Gruppe (Foid-Feldspat-Vulkanite)
Foidit-Gruppe (Foid-Vulkanite)
Pikrit-Melilithit-Gruppe

Da in den quarzfreien intermediären bis basischen Vulkaniten die zur genaueren Bestimmung benötigten hellen Gemengteile (Alkalifeldspat, Plagioklas, Foide) meist einschließlich der Einsprenglingskristalle erst mikroskopisch unterschieden werden können, gebrauchen wir in diesem Gesteinsbestimmungsbuch die Sammelbezeichnung »basaltische Gesteine« für dunkle (dunkelgraue bis schwarze), »phonolithische Gesteine« für helle (schmutzigweiße bis gelblichgraue) dichte Vulkanite ohne makroskopisch bestimmbare Feldspate oder Foide.

Zementklinker

Mineralbestand: Alit (Trikalziumsilikat mit Beimischungen), Belit (Dikalziumsilikat mit Beimischungen), Trikalziumaluminat und Brownmillerit (Tetrakalziumaluminatferrit) als Hauptkomponenten, untergeordnet Kalk, Periklas, Quarz und in seltenen Fällen Sulfide

Gefüge: Zementklinker bildet annähernd kugelförmige Granalien von 1 bis 4 cm Durchmesser von grauer bis hellbrauner Farbe. Der kristalline Aufbau ist nur unter dem Mikroskop zu erkennen. Die Einzelkristalle der beteiligten Komponenten zeigen Größen von wenigen hundertstel Millimetern. Je nach den Abkühlungsbedingungen ist das Gefüge völlig kristallin oder besteht aus Alit- und Belitkristallen in einer glasigen Grundmasse.

Chemische Charakteristik: Die chemische Zusammensetzung der wichtigsten Zemente schwankt nur innerhalb enger Grenzen: CaO (64 bis 68 %), SiO_2 (21 bis 24 %), Al_2O_3 (4 bis 7 %), Fe_2O_3 (2 bis 4 %). Nebenbestandteile sind MgO, SO_3, Na_2O, K_2O.

Entstehung: Der Zementklinker wird aus einem Gemisch von Kalkstein-, Ton- und Eisenoxidpulver im Drehrohr- oder Schachtofen bei Temperaturen bis 1450 °C gebrannt. Bei den höchsten auftretenden Temperaturen schmilzt nur ein Teil der Rohmasse, wobei sich die Klinkerminerale aus den Rohstoffkomponenten bilden (Sinterung). Der Abkühlung muß besondere Aufmerksamkeit gewidmet werden, da sich die Klinkerminerale bei langsam sinkender Temperatur umwandeln und zerfallen können.

Verwendung: Die Zementklinkergranalien werden mit etwas Gipszusatz staubfein gemahlen und gelangen in dieser Form als Zement zur Verarbeitung. Die ständig zunehmende Verwendung von Beton im Bauwesen bedingt eine Steigerung der Zementproduktion. Die jährliche Welterzeugung von Zement liegt z. Z. bei etwa 500 Millionen Tonnen.

Ziegel

technische Gesteine aus der Gruppe der Grobkeramik

Mineralbestand: vorwiegend amorphe Verbindungen von SiO_2 und Al_2O_3, Glas, Mullit, Cristobalit, Eisenoxid und Quarz

Gefüge: Das Gefüge der Ziegel zeichnet sich durch hohe Porosität und extreme Feinkörnigkeit der Hauptmasse aus, die auch unter dem Mikroskop keine Einzelkristalle erkennen läßt. In dieser Grundmasse liegen Quarzkörner bis mehrere Millimeter Größe und mikroskopisch kleine Hämatitschuppen.

Entstehung: Ziegel werden aus Lehm (Mischungen von Sand und Ton) gebrannt, der sich bereits bei Temperaturen unter 1000 °C durch Sintervorgänge verfestigt. Die meist rote Farbe der Ziegelwaren rührt von der Oxydation der Eisenverbindungen des Lehms während des Brennprozesses her.

Quellenverzeichnis

Barth, T. F. W., C. W. Correns und *P. Eskola:* Die Entstehung der Gesteine. Berlin, Heidelberg, New York: Springer Verlag 1970

Betechtin, A. G.: Lehrbuch der speziellen Mineralogie, 7. Auflage. Leipzig: VEB Deutscher Verlag für Grundstoffindustrie 1977

Cloos, H.: Einführung in die Geologie. Berlin: Verlag Gebr. Borntraeger 1936

Benes, K., G. N. Katterfeld und *S. S. Schulz:* Geologische Betrachtungen an Mondgesteinsproben. Geologie 21 (1972) S. 247–269

Freund, H.: Handbuch der Mikroskopie in der Technik. Bd. IV, T. 1 Allgemeine Mikroskopie der Gesteine. Frankfurt/Main: Umschau Verlag 1974

Frondel, J. W.: Lunar Mineralogy, New York: John Wiley a. Sons 1975

Füchtbauer, H., und *G. Müller:* Sedimente und Sedimentgesteine (Sediment-Petrologie Teil II). Stuttgart: E. Schweizerbarthsche Verlagsbuchhandlung 1970

Jubelt, R.: Mineralbestimmungsbuch, 2. Auflage. Leipzig: VEB Deutscher Verlag für Grundstoffindustrie 1976

Kayser, E., und *R. Brinkmann:* Abriß der Geologie. Stuttgart: Ferdinand Enke Verlag 1956

Klein, C.: Lunar Materials: Their Mineralogy, Petrology and Chemistry. Earth-Sci. Rev. 8 (1972) S. 169–204

Mason, B., und *W. E. Melson:* The Lunar Rocks. New York, London, Sydney, Toronto: Wiley-Interscience 1970

Mathé, G.: Die Metabasite des sächsischen Granulitgebirges. Freib. Forsch.-Heft C 251. Leipzig: VEB Deutscher Verlag für Grundstoffindustrie 1969

Müller, W. F.: Stoßwelleneffekte in den Mondproben. Umschau 1970, Heft 11, S. 331–335

Niggli, P.: Gesteine und Minerallagerstätten, Bd. 1 und 2. Basel: Verlag Birkhäuser 1948/1952

Peschel, A.: Natursteine. Leipzig: VEB Deutscher Verlag für Grundstoffindustrie 1977

Petrow, W. P.: Magma und die Genese der magmatischen Gesteine. Z. angew. Geol. 20 (1974) S. 281–284

Pfeiffer, L.: Beiträge zur Petrologie des Meißener Massivs. Freib. Forsch.-Heft C 179. Leipzig: VEB Deutscher Verlag für Grundstoffindustrie 1964

Pfeiffer, L., M. Kurze und *G. Mathé:* Einführung in die Petrologie. Akademie-Verlag Berlin 1981

Pietzsch, K.: Geologie von Sachsen. Berlin: VEB Deutscher Verlag der Wissenschaften 1962

Prinz, M., and *K. Keil:* Mineralogy, Petrology and Chemistry of ANT-suite Rocks from the Lunar Highlands. Phys. Chem. Earth. Vol. 10 (1977) S. 215 bis 237

Ramdohr, P., und *H. Strunz:* Klockmanns Lehrbuch der Mineralogie, Stuttgart: Ferdinand Enke Verlag 1967
Ringwood, A. E.: Limits on the Bulk Composition of the Moon. Icarus 28 (1976) S. 325–349
Rittmann: Vulkane und ihre Tätigkeit. Stuttgart: Ferdinand Enke Verlag 1960
Rösler, H. J., und *H. Lange:* Geochemische Tabellen, 2. Auflage. Leipzig: VEB Deutscher Verlag für Grundstoffindustrie 1976
Rösler, H. J.: Lehrbuch der Mineralogie. 2. Aufl. Leipzig: VEB Deutscher Verlag für Grundstoffindustrie, 1981
Ruchin: Grundzüge der Lithologie. Lehre von den Sedimentgesteinen. Berlin: Akademie Verlag 1958
Seidel, G., H. Huckauf und *J. Stark:* Technologie der Bindebaustoffe, Bd. 3. Berlin: VEB Verlag für Bauwesen 1978
Sobolew, W. S., A. P. Burow u. a.: Die Diamanten Sibiriens. Z. angew. Geol. 4 (1958)
Sonenschejn, L. P.: Probleme der globalen Tektonik. Z. angew. Geol. 19 (1973) S. 175–182
Streckeisen, A.: Classification and Nomenclature of Igneous Rocks. N. Jb. Miner. Abh. Stuttgart: 107 (1967) S. 144–214
Strunz, H.: Mineralogische Tabellen. Leipzig: Akademische Verlagsbuchhandlung Geest und Portig 1966
Tröger, E.: Spezielle Petrographie der Eruptivgesteine. Stuttgart: Verlag der Deutschen Mineralogischen Gesellschaft (Bonn) 1969
Tröger, E.: Tabellen zur optischen Bestimmung der gesteinsbildenden Minerale. Stuttgart: E. Schweizerbarthsche Verlagsbuchhandlung 1952
Trojer, F.: Die oxydischen Kristallphasen der anorganischen Industrieprodukte. Stuttgart: Ferdinand Enke Verlag 1963
Watznauer, A., H. J. Behr und *G. Mathé:* Die Granulite Sachsens. Freib. Forsch.-Heft C 268. Leipzig: VEB Deutscher Verlag für Grundstoffindustrie 1971
Winkler, H. G. F.: Die Genese der metamorphen Gesteine. Berlin, Heidelberg, New York: Springer Verlag 1965
Entwicklungsgeschichte der Erde. Brockhaus Nachschlagewerk Geologie 1/2. Leipzig: F. A. Brockhaus Verlag 1970

Quellenverzeichnis Farbtafeln

Dr. *H. Rast:* III/1, 2, 3, 4; V/1, 2, 3, 4; VII/1, 2, 3, 4; IX/1, 2, 3, 4; XI/1, 2, 3, 4; XIII/1, 2; XV/1, 2
D. Spott: XIII/3, 4; XVIII/2; XIX/1; XX
Dr. *P. Schreiter:* XVI/2; XVII/1, 2
Dr. *G. Andrehs:* XVI/1
L. Wegewitz: XVIII/1; XIX/2

Gesteinsverzeichnis

Aderit 78
Adinol 138
Alabaster 111
Alaskit 115
Alaunschiefer 64, 142
Albitpegmatit 159
Albitphyllit 163
Aleurolith 76
Alkalibasalt 81
Alkaligranit 51, 115
Alkalikalkgranit 115
Alkalipyroxenit 166
Alkalirhyolit 51, 168
Alkalisyenit 51, 76, 101
Alkalisyenitpegmatit 159
Alkalitrachyt 51, 103
Almandinfels 114
Amphibolfels 76
Amphibolit 54, 65, 69, 71, 76, 138
Amphibolschiefer 76
Anatexit 78, 138
Andesit 12, 13, 51, 52, 70, 78, 95, 103, 154, 156, 188
Anhydrit 64, 79
Anorthosit 52, 79, 101, 149, 166
Anthrazit 132
Aplit 66, 69, 80, 110, 119
Aplitgneis 113
Arkose 66, 81, 122, 135, 172
Asphalt 91
Asphaltkalk 127
Augengneis 112
Augengranulit 120
Augit-Andesit 78
Augitit 86
Augit-Diorit 95
Augit-Granit 116
»Augitporphyrit« 156
»Augitsyenodiorit« 153
Augit-Trachyt 185

Bänderton 183
Basalt 12, 13, 22, 32, 38, 51, 52, 81, 84, 103, 132, 149, 188
basaltisches Gestein 70, 71, 84, 147, 188
Basalttuff 165
Basanit 83, 84, 86, 100, 103
Bauxit 43, 84, 89, 145, 183
Bentonit 185
Beton 17, 44, 47, 65, 89
Bimssteine 41, 89, 154
Biotit-Diorit 95
Biotit-Granit 45, 90
Biotit-Granodiorit 153
Bitumen 91
Bogheadkohle 133
Braunkohle 61, 132
Braunkohlenfilterasche 91
Braunkohlenquarzit 166
Braunkohlenschlacke 92
Brekzie 53, 65, 93, 132, 148
Bronzitit 160, 166
Bronzit-Norit 153
Bronzitserpentinit 139, 176
Bytownitanorthosit 79
Bytownitfels 79

Camptonit 144
Carnallitit 74, 171
Charnockit 115
Chibinit 98, 106, 125, 187
Chloritoidglimmerschiefer 111
Chloritoidschiefer 162
Chloritphyllit 163
Chloritschiefer 46, 61, 122
Chorismit 78
Cordieritgneis 112, 120, 138

Dachschiefer 64, 163
Dacit 32, 51, 52, *93*, 168, 188
Dacitbimsstein 89
Desmosit 138
Diabas 67, 69, 70, 71, 76, 82, 84, *94*, 96, 114, 122, 147, 155, 163, 180
Diabasamphibolit 76
Diabastuff 94, 122, 165
Diallagit 160, 166
Diatexit 78
Diatomit 130
Dinassteine *178*
Diopsidit 161, 166
Diorit 12, 39, 51, 52, 68, 76, *95*, 101, 108, 121, 151
Dioritaplit 80
Dioritgneis 139
Dioritpegmatit 158
»Dioritporphyr« 110
Disthenglimmerschiefer 111
»Dolerit« 86, 94, 103
Dolomit 53, 62, 87, *96*, 122, 126, 135, 176
Dolomitmarmor 146
Dolomitmergel 76, 122
Dunit 39, 132, 151, 160
Durit 134

Eisenkalkstein 128
Eisenquarzit 167
Eklogit 12, 54, 68, 77, *96*, 138
Eklogitamphibolit 96
Eläolithsyenit 99, 106
Enstatitit 160, 166
Enstatit-Norit 153
»Enstatitporphyrit« 156
Epidotchloritschiefer 123
Epidotfels 122
Erbsenstein 127
Erdgas 91
Erdharz 91
Erdöl 91
Erdpech 91
Erdwachs 91

Essexit 51, 52, *97*, 98, 181
Essexitaplit 80
Essexitgabbro 99
Eukrit 107
Evaporate 170
Extrusivgesteine *187*

Feldspat-Foid-Plutonite 97, 99
Feldspat-Foid-Vulkanite 84, 99, *100*
Feldspat-Plutonite 51, 68, 101
Feldspat-Vulkanite 51, 102
Felsquarzite 166
Fergusit 104
Feuerstein 53, 69, 130, 166
»Flasergabbro« 110, 154
Flasergneis 113
Flint 130, 166
Foidite 51, 52, 83, 84, *103*, 188
Foidolithe 51, 52, *104*
Foid-Plutonite *104*
Forellenstein 108
Forsteritstein *105*
Foyait 51, 52, 98, 99, 104, *106*, 181
Fruchtschiefer 63, *106*, 137

Gabbro 12, 39, 51, 52, 68, 76, 96, 101, *107*, 114, 121, 122, 151, 153, 155, 160, 166
Gabbroamphibolit 76, 140
Gabbroaplit 80
Gabbrodiorit 95, 101, 107
Gabbropegmatit 158
Gabbroschiefer 34
Ganggesteine *110*
Gangquarz 167
Garbenschiefer 63, 106
Gauteït 80
Geröllgneis 112
Geysirit 130
Gipsstein 53, 61, *111*
Glanzkohle 134
Glasbasalt 150
Glaukonitkalkstein 128

Glimmer-Andesit 78
Glimmerschiefer 13, 39, 45, 54, 63, 77, *111*, 120, 138, 163
Glimmer-Trachyt 185
Gneis 13, 22, 29, 45, 47, 54, 66, 67, 77, *112*, 121, 122, 138
Gneisglimmerschiefer 63, 111, 138
Granatamphibolit 76, 138
Granatfels 65, 96, *114*, 138
Granatglimmerschiefer 111
Granatgneis 39, 112, 120, 138
Granatserpentinit 139, 176
Granit 21, 22, 23, 29, 31, 38, 47, 52, 66, 109, *115*, 138, 152
Granitaplit 80
Granitgneis 112
Granitpegmatit 158
»Granitporphyr« 67, 110
Granodiorit 22, 51, 66, 90, 95, 115, *119*, 152
Granodioritaplit 80
Granodioritgneis 112, 139
Granogabbro 118
Granulit *120*, 138
Graptolithenschiefer 64, 142
Graphitglimmerschiefer 111
Graphitgneis 112
Graugneis 112
Grauwacke 65, 119, *121*, 135, 172
Griffelschiefer 64
Griquait 39, 132
»Gröbait« 152
Grospydit 132
Grünschiefer 54, 77, *122*, 138, 140, 180
Grünstein 94, 155, 180

Hälleflinta *164*
Hämatit-Magnetit-Quarzit *125*
Hämatit-Quarzit *125*, 167
Hämatitschiefer 125
Halitit 74, 171
Hartsalz 74, 171
Harzburgit 160
Hauynit 86, 103

»Hauynophyr« 86, 103
Heizölschlacken *123*
Hochofenschlacken *124*
Hornblende-Andesit 78
Hornblende-Biotit-Granit 22
Hornblende-Eklogit 96
Hornblendefels 76
Hornblende-Gabbro 107
Hornblende-Granit 116
Hornblende-Granodiorit 153
Hornblende-Monzonit 101, 153
Hornblendeschiefer 76
Hornblende-Syenit 101
Hornblende-Trachyt 185
Hornblendit 161, 166
Hornfels 54, 71, 106, 135
Hortonolith-Dunit 161
Hyperit 107
Hypersthen-Andesit 78
Hypersthen-Diorit 95
Hypersthenit 160, 166
Hypersthen-Norit 153

Ignimbrit 165, 169
Ijolith 104, *125*, 187
Impaktit 149
Injektionsgneis 78, 138
Itabirit *125*, 167
Italit 104

Kännelkohle 133
Kalkmarmor 146
Kalkmergel 126
Kalkphyllit 155, 163
Kalksilikatfels 155, 178
Kalksinter 127
Kalkstein 53, 62, 91, *125*, 135, 146, 180, 186
Kalktuff 127, 186
Kaolin 73, 185
Kaolinton 72
Karbonatgesteine 42, 45, *125*, 135
Keramik *128*

Keratophyr 71, 94, *129,* 155, 180
Keratophyrmandelstein 129
Keratophyrschalstein 129
Keratophyrspilit 129
Kersantit 144
Kies 21, 23, 44, 72, 73
Kieselgesteine *129*
Kieselschiefer 69, 71, 130
Kimberlit 97, *131,* 161
Knötchenschiefer 63, 106 137
Kohle 44, *132*
Kohlegestein 53
Konglomerat 44, 53, 65, 93, 121, *134*
Kontaktgesteine 45, 106, *135*
Korallenkalk 127
Kreide 44, 73, 126
Kristalline Schiefer *138,* 163
Kugelpechstein 157
»Kugelporphyr« 169
Kukersit 91
Kupferschiefer 64, *142*
Kupferschlacke *142*

Labradoranorthosit 79
Labradorfels 79
Lamprophyr 67, 69, 76, 84, 96, 110, 119, *143*
Lapilli 165
Larvikit 76, 101
Laterit 84, *145,* 160, 183
Latit 51, 103
Latitandesit 51, 103
Latitbasalt 51, 103
Laurdalit 106
Lehm 23, 72, 73, 185, 189
Leptit *164*
»Letten« 184
Leucitbasanit 86
Leucitit 51, 85, 103
Leucitolith 88
»Leucitophyr« 86, 103
Leucitphonolith 88, 162
Leucitsyenit 88, 98, 99, 106
Leucittephrit 85, 88

Leucittrachyt 85
Lherzolith 39, 160
Limburgit 86
»Liparit« 169
Lithographenkalk 128
Löß 73
Lößlehm 72
Lusitanit 101
Lydit 130

Magnesiasteine *145*
Magnetchloritschiefer 122
Magnetitphyllit 163
Magnetitquarzit 167
Malignit 99, 106
Marmor 45, 54, 62, 77, 137, 138, *146,* 155, 179
Mattkohle 134
»Melaphyr« 67, 71, 82, 84
Melilithit 84, *146,* 188
Melteigit 104
Mergel 73, 128, 135, *147,* 180
Metabasit 77, 154
Metagabbro 120
Metatexit 78, 138
Miascit 106
Migmatit 66, 78
Mikrodiorit 110
Mikrogabbro 94, *147,* 149
Mikrogranit 24, 53, 67, 110
Mikrosyenit 110
Minette 144
Missourit 104
Monchiquit 144
Mondgesteine 79, *148*
Monticellitmelilithit 86
Monzodiorit 51, 101, *153*
Monzogabbro 51, 101
Monzogranit 51, 90, 115
Monzonit 51, 68, 101, *151*
Monzonitaplit 80
Muschelkalk 62, 126
Muskovit-Biotit-Glimmerschiefer 111
Muskovitschiefer 111

Nephelinbasanit 86
»Nephelindolerit« 103
Nephelinit 51, 85, 103
Nephelinsyenit 98, 99, 106
Nephelinsyenitaplit 80
Nephelinsyenitpegmatit 158
Nephelintephrit 86
Newlandit 132
Norit 107, 149, *153*
Nosean-Phonolith 162

Obsidian 22, 89, *154*, 157
Oligoklaspegmatit 159
Olivinbasalt 149
Olivingabbro 107
Olivinmelilithit 86
Olivin-Trachyt 185
Ölschiefer 91
Oolith-Kalkstein 126
Ophicalcit 62, *155*
Ophiolith *155*
Opoka 130
Orthogneis 112
»Orthophyr« 186
Ortstein 174
Ottrelithschiefer 163
Ozokerit 91

Paläoalkalitrachyt 129
Paläoandesit 67, 78, *155*
Paläobasalt 84, 94
Paläodacit 94
Paläorhyodacit 94
Paläorhyolith 70, *156*, 169
Paragneis 112, 139
Paragonitschiefer 111
Pechkohle 133
Pechsteine 71, 154, *157*
Pegmatit 22, 66, 67, 110, 119, *158*
Pelit 182
Pelitschiefer *163*
Peridotit 12, 27, 51, 52, 65, 96, 109, 149, 155, *158*, 176
Perlit 154, *157*
Phänoandesit 71, *155*

Phänobasalt 67, 70, 71, 84
Phänorhyolith *156*
Phänotrachyt 70
Phonolith 51, 52, 70, 71, 99, 100, 103, *161*, 188
Phonolithtephrit 51, 83, 84, 100, 162
Phyllit 39, 45, 46, 54, 61, 63, 77, 112, 120, 121, 138, *163*
Pikrit 51, 52, 161, *163*, 176, 188
Plagifoyait 51, 99
Plagioklasamphibolit 77
Plagioklaspegmatit 159
Plateaubasalt 82, 83
»Plauenit« 152
»Porphyr« 70, 138, 186
»Porphyrit« 67, 71, *155*, 176
Porphyroid *164*
Porzellan 128, *164*
Prasinit 77, 122
Psammit 172
Pulaskit 76, 101
Pyriklasit 139
Pyroklastit 41, 63, 73, 93, 94, *165*, 187
Pyrolit 83, 97
Pyropfels 114
Pyropserpentinit 114, 139, 176
»Pyroxengranitporphyr« 170
Pyroxengranulit 68, 120, 139
Pyroxenit 39, 96, 160, *165*, 176
Pyroxen-Monzodiorit 101
»Pyroxenquarzporphyr« 157
Pyroxen-Trachyt 185

Quarzandesit 51, 168
Quarzdiorit 51, 95, 115
Quarzdioritaplit 80
Quarzdioritgneis 112
Quarz-Feldspat-Gestein 51, 168
Quarzit 54, 65, 69, *166*
Quarzitschiefer 69, 139, 167
»Quarzporphyr« 70, 94, *156*, 169

Radiolarit 130
Rapakivi 115

Rapakiviaplit 80
Regolith 148
»Rhombenporphyr« 186
Rhyodacit 51, 156, 168
Rhyolith 13, 23, 51, 52, 93, 154, 156, *167*, 188
Rhyolithbimsstein 89
Rhyolithtuff 165
»Riesensteingranit« 120, 152
Riffkalk 62, 127
Rogenstein 62, 126
Rongstockit 97
Rotgneis 113
Runit 159
Rußschiefer 142

Salzgesteine 53, 74, 79, *170*
Salzkohle 133
Sandmergel 126
Sandsteine, Sandgesteine 22, 44, 53, 63, 65, 81, 121, 135, *172*
Saxonit 160
Schalstein 64, 165, 180
Schamottesteine *174*
Schiefer 29, 46
Schiefergneis 138
Schieferton *175*, 182
Schlacken *175*
Schlackenbims 89
Schluffstein 184
Schwarzschiefer 142
Schweißtuff 165
Sericitphyllit 163
Sericitschiefer 107, 163
Serpentinit 64, 120, 138, 155, 160, *175*
Shonkinit 98, 99, 106
Siemens-Martin-Schlacke 28, *177*
Silikastein *178*
Silikatmarmor *155*
Sillimanitgneis 112, 138
Siltstein 69, 76, 183
Skarn 46, 54, 115, 137, *178*
Sodalithbasanit 86
Spessartit 144

Spilit 71, 94, 103, 122, 129, 155, *180*
Spilosit 138
Spongilit 130
Sprudelstein 127
Staubtuff 64
Staurolithglimmerschiefer 111
Steinkohle 62, 132
Steinsalz 74, 171
Stinkkalk 127
»Stinkschiefer« 91
Stringocephalenkalk 126
Süßwasserkalk 61, 73, 127, 186
Süßwasserquarzit 166
Syenit 51, 52, 68, 88, 101, 108, 151, *180*
Syenitaplit 80
Syenitgneis 112, 140
Syenitpegmatit 158
»Syenitporphyr« 110
»Syenodiorit« 152
Syenogranit 51, 115
Sylvinit 74, 171
Syntektit 78

Talkmagnesitfels 122
Talkschiefer 61, 122
Tephra 73, 165
Tephrit 51, 52, 83, 84, *86*, 99, 100, 103, 162, 188
Tephritphonolith 51, 100, 162
Tertiärquarzit 166
Theralith 51, 98, 99, 104, 181
»Tholeït« 82
Thomasschlacke *181*
Thuringit 63
Tiefseeton 183
Tinguait 80
Tonalit 115
Tongesteine 53, 61, 72, 76, 163, 175, 182
Tonschiefer 44, 135, *163*, 182
Topfstein 122
Torf 132

Trachyt 51, 52, 70, 85, 88, 103, 154, *185*, 188
Trachytbimsstein 89
Trachyttuff 165
Trappbasalt 83
Travertin 62, 126, *186*
Tripel 130
Troktolith 107, 150
Trondkjemit 118
Tuff 53, 137, 165
Tuffgesteine *165*, 187
Tuffit 165
Turmalin-Granit 22, 45, 116

Ultrabasit 158
Urtit 104, 125, *187*
Vesuvit 86, 88
Vitrit 134

Vitrophyr 154
Vogesit 144
Vulkanit *187*

Websterit 160, 166
Wehrlit 161
Weißsteingranulit 66, 120, 139

Zementklinker *188*
Zementquarzit 166
Ziegel 48, *189*
Zinngranit 117
Zoisitamphibolit 76
Zweiglimmergneis 112
Zweiglimmergranit 117

Im gleichen Verlag sind erschienen:

Lehrbuch der Mineralogie

Von Prof. Dr. rer. nat. habil. *Hans Jürgen Rösler*

Hochschullehrbuch
3., überarbeitete und ergänzte Auflage

833 Seiten mit 685 Bildern, 65 Tabellen und 3 Beilagen
Format 16,5 × 23 cm · Leinen 60,– M
Bestell-Nr.: 541 492 8
ISBN 3-342-00002-3

Mit dem vorliegenden Buch wurde ein im Zusammenhang mit dem ständig wachsenden Bedarf an mineralischen Rohstoffen dringend benötigtes modernes Lehrwerk über das gesamte Spektrum der Mineralogie geschaffen. Es löst das bekannte „Lehrbuch der speziellen Mineralogie" des vor Jahren verstorbenen sowjetischen Autors Prof. *A. G. Betechtin* ab.
Einleitend werden die wissenschaftlichen Grundlagen und allgemeingültigen Gesetzmäßigkeiten der Minerale als Voraussetzung für das Verständnis des mineralbeschreibenden Hauptteiles vermittelt. Unter Berücksichtigung struktureller und genetischer Beziehungen werden die einzelnen Minerale ausführlich beschrieben, wobei neben zahlreichen qualitativ hochwertigen Kristallfotografien aussagekräftige Strukturmodelle und mikroskopische Aufnahmen das Bestimmen der Minerale und Erkennen der kristallchemisch-kristallstrukturellen Zusammenhänge erleichtern sollen.
Dieses Lehrbuch wird insbesondere für die Studenten, die die Mineralogie als Nebenfach belegen, also Geologen, Geophysiker, Geotechniker, Berg- und Hüttenleute, Aufbereiter und Chemiker, unentbehrlich sein und stellt für alle in der geologischen und rohstoffkundlichen Praxis tätigen Fachleute, aber auch für wissenschaftlich interessierte Sammler, ein vielseitiges und umfassendes Nachschlagewerk dar.

Arkogenese und Entwicklung der Erdkruste

Von *Ivan V. Koreškov*

Übersetzung aus dem Russischen
Übersetzt und bearbeitet von Doz. Dr. sc. nat. *Otto Leeder*

162 Seiten mit 16 Bildern und 3 Tabellen
Format 16,5 × 23 cm · Leinen · DDR 38,– M, Ausland 38,– DM
Bestell-Nr.: 541 749 1

Die geowissenschaftlichen Forschungen der letzten drei Jahrzehnte führten zu einem dynamischen Bild der Erde, das in der Neuen Globaltektonik einen entsprechenden Ausdruck fand. Durch großräumige Prozesse im Erdmantel werden Kräfte wirksam, die zu Spaltung, Drift, Kollision und Unterschiebung von Krustenplatten kontinentalen Ausmaßes und zur wesentlichen Umgestaltung des Oberflächenbildes sowie der Struktur und des stofflichen Aufbaus der Erdkruste führen.

Der sowjetische Wissenschaftler *I. V. Koreškov* lenkt in seiner Monographie die Aufmerksamkeit auf geologische Prozesse vergleichbaren Ausmaßes, die sich unter der Wirkung der gleichen innenbürtigen Antriebskräfte unterhalb und innerhalb der Krustenplatten abspielen.

Anhand mehrerer Beispiele von kontinentalen Auswölbungszonen (Arkogenen) veranschaulicht er deren Auswirkung auf die morphologische Umgestaltung großer Krustenbereiche, die strukturelle Gliederung in Hochschollen, Becken, Senken, Störungen verschiedener Art und Auswirkung sowie die Entstehung und Veränderung charakteristischer Fomationen magmatischer und sedimentärer Gesteine. Die Prozesse der arkogenen Gestaltung der Kruste sind von lagerstättenbildenden Vorgängen begleitet, die zu wirtschaftlich bedeutenden Anreicherungen von Erzen, nutzbaren Gesteinen, Kohlen und Erdöl-Erdgas-Lagern führen.

Zum Leserkreis gehören Geologen, Geophysiker, Geomorphologen sowie Forschungsstudenten dieser Disziplinen.

Bestellungen nehmen alle Buchhandlungen entgegen.

VEB Deutscher Verlag für Grundstoffindustrie, Leipzig